U0176128

ON DATA
GOVERNANCE

数据治理系列丛书

数据治理之论

主　编／梅　宏
副主编／杜小勇　吴志刚
　　　　赵俊峰　潘伟杰

中国人民大学出版社
·北京·

编 写 委 员 会

前　言

　　自党的十八届五中全会将"实施国家大数据战略"写入公报以来，我国的大数据事业开启了快速发展模式，建设数字中国、发展数字经济成为社会经济发展的一条主线，成就斐然。党的十九届四中全会《中共中央关于坚持和完善中国特色社会主义制度　推进国家治理体系和治理能力现代化若干重大问题的决定》首次将"数据"列为生产要素，提出了"健全劳动、资本、土地、知识、技术、管理、数据等生产要素由市场评价贡献、按贡献决定报酬的机制"，这充分反映了党中央对信息技术发展的时代特征及未来趋势的准确把握，也充分凸显了数字经济时代数据对于经济活动和社会生活的巨大价值。然而，充分释放数据的价值并不是一件简单的事情，这在很大程度上有赖于构建一套科学合理的数据治理体系。在当前数据治理的研究和实践中，存在着认识不深、概念不清、权责不明、工具缺失等问题，严重掣肘了数据价值的释放。在此背景下，开展数据治理的理论探索和实践创新既是数据治理这门新兴学科发展的需要，也是全面释放数据价值、助力数字经济发展、数字赋能国家治理体系和治理能力现代化的需要。

贵州作为我国第一个国家级大数据综合试验区，围绕数据资源管理与共享开放、数据中心整合、数据资源应用、数据要素流通、大数据产业集聚、大数据国际合作、大数据制度创新等七大主要任务开展系统性试验，建立了全国首个省厅级大数据管理机构、推行云长制、建立"一云一网一平台"、构建省市县三级数据调度体系、开展数据资源安全管理相关立法探索等，形成了一套切实可行的"贵州经验"。贵州省取得了数字经济增速连续四年排名全国第一、数字经济吸纳就业增速连续两年排名全国第一、全国省级政府电子服务能力综合指数第一、大数据产业发展情况全国第三等优秀成绩，为推动数字化转型提供了良好示范。

贵州大数据综合试验区的实践为我们开展数据治理研究提供了极好的样本。贵州省大数据发展管理局为本研究提供了经费。北京大学、中国人民大学、中国软件评测中心、贵州省量子信息和大数据应用技术研究院共同组成了研究课题组。课题组从数据治理的理论框架、实践路径、工具方法三个层面进行研究和探索，梳理形成了数据治理研究的系列丛书，分别是第一册《数据治理之论》、第二册《数据治理之路》、第三册《数据治理之法》。其中，第一册从理论上探讨和构建数据治理的框架体系；第二册、第三册在数据治理的理论框架基础上，重点研究数据治理的实践路径和工具方法，并以贵州作为主要案例进行剖析和论证。

本书《数据治理之论》为该丛书的第一册。通过对国内外大数据应用实践现状的深入分析，指出对大数据的巨大应用需求与现实可以提供的数据服务能力之间存在较大"鸿沟"，我们面临严重的"数据危机"。要解决或缓解"数据危机"，我们需要与大数据应用相关的基础理论、方法和关键技术、产品方面的突破，更需要数据治理体系建设方面的保障。基于对数据治理以数据价值释放为根本目标、以建立体系化的规则秩序为核心内容、以安全隐私保护为底线要求的基本认识，本书提出了一套数据治理理论框架，旨在为进一步的研究与实践探索提供引导或参考。本书的主体内容可以通过如下五个关键词呈现。

数据危机：这是我们对大数据技术发展和应用现状的基本认识，也是数据治理理论研究的出发点。目前数据流通、数据质量、数据安全等方面问题频现，从表象上来看，与法律政策、制度机制、技术体系、人才队伍滞后相关，但从根源上来看，是由于人们对数据这一新型生产要素的本质属性、存在形态、潜在价值、利用方式等的认识还不到位，尚未建立科学系统的数据治理规则秩序，无法支撑数据资源有序且高效的开发利用，从而导致数据资源的利用能力远远跟不上整个社会对数据价值的期待，形成数据危机。本书提出的数据治理的理论框架为数据治理的研究与实践提出了参考框架，为应对数据危机提供了新的思路。

价值释放：这是数据治理的根本目标。当前，数据的价值仅仅显露冰山一角。数据利用情况的好坏、价值释放的大小已成为一个国家、地区、组织综合竞争力的关键指标。数据治理要以促进数据利用、释放数据价值为根本目标。通过理论与实践相结合、制度与技术双驱动，提升数据质量、促进共享开放与开发利用，为"用数据说话、用数据决策、用数据管理、用数据创新"奠定良好基础，进而为推动国家治理体系和治理能力现代化奠定基础。

规则秩序：这是数据治理的核心内容。数据作为一种新型生产要素，具有区别于传统生产要素的典型特征，传统管理模式无法直接适用。数据治理探索的核心内容就是要构建适用于这一新型生产要素的一整套系统性的规则秩序，建立并完善推动规则秩序执行的方法和手段。这些规则秩序需要体系化，覆盖国家、行业、组织等三个层次，包括确立数据的资产地位、界定数据管理的体制机制、促进数据共享开放、保护数据安全与隐私等四方面内容，以及执行和落实中所需要的制度法规、标准规范、应用实践、支撑技术等方法和手段。这一系列规则及方法构成了数据治理的框架体系，成为本书的核心内容。

安全底线：确保数据安全和保护个人隐私是数据治理的底线要求。围绕数据流通的全生命周期，从制度、技术、标准等方面建立和完善数据安全管理体系，是数据治理的重要内容之一。当然，安全是一个相对的概念，没有绝对的安全。正如习近平总书记所强调的，安全是发展的前提，发展是安全的保障。数据治理要坚持以释放数据价值作为目标，以安全作为底线要求，"发展"先行、"安全"跟进。

学科交叉：这是我们做数据治理研究的站位和视角。数据治理不仅仅是技术工作，而是需要从法律、经济、管理、技术等多方面考虑。因此，研究数据治理，应坚持多学科视角，综合法学、经济学、管理学、数据科学、信息资源管理科学等多学科观点，兼容并蓄、形成合力，全方位解读与分析，系统地开展数据治理的理论研究。

本书从结构上分为两篇。第一篇是"数据治理：大数据时代的重要使命"，包含四章。

第1章是"数据危机的出现"。主要介绍了大数据时代数据的爆炸式增长现象，阐述了数据在变革思维方式、优化公共服务模式、推动治理体系和治理能力现代化、赋能全社会经济高质量发展等方面的重要作用。重点分析了当前面临的数据安全隐患、数据流通不畅、数据质量不高等问题，进而剖析了数据危机产生的根源，包括认识混沌、治理失序、技术滞后、人才不足等方面。根据这些分析我们认为，开展数据治理研究具有时代必要性和紧迫性。

第2章是"数据治理理论与实践现状"。首先界定了数据治理的概念内涵，在此基础上，分别从确立数据的资产地位、界定数据管理的体制机制、促进数据共享开放、保护数据安全与隐私这几个方面详细介绍了目前数据治理相关理论研究与实践现状，为数据治理理论框架的提炼提供了依据。

第3章是"数据治理的基本思路"。数据治理覆盖数字世界和物理世界，是一个综合程度高、复杂度高的课题。构建数据治理体系必须有正确的方法论予以指导，本章提出数据治理要坚持战略思维、辩证思维、创新思维、底线思维等思维方法，以此作为构建数据治理的体系框架的基本原则。

第4章是"数据治理的体系框架"。数据治理具有多维度特点，本章提出了数据治理体系的参考框架，包含数据治理主体、数据治理内容和数据治理工具三个维度。其中数据治理主体包括国家、行业和组织三个层次，数据治理内容包括资产地位确立、管理体制机制、共享与开放、安全与隐私保护四个方面，数据治理工具包括制度法规、标准规范、应用实践和支撑技术四种手段。本章还进一步按照国家、行业和组织三个层次对数据治理及实践进行了详细阐述，以期为我国各地区、各行业的数据治理提供参考。

第二篇是"多学科视角下的数据治理"，组织了分属法学、经济学、管理学、信息资源管理学、数据科学的几位学者，将各自学科针对数据治理的有代表性的观点、判断进行了阐释和介绍，包含六章。

第5章是"数据治理研究的多学科特征"。数据治理并不是单纯的技术问题，很多相关学科都非常关注数据治理，并从不同的视角对数据治理为何、数据治理从何而来向何而去、数据治理有何价值、数据治理需要遵从哪些客观规律等问题做出了各自的解释和回答。

第6章是"法学视角下的数据治理"。从对数据的治理和算法规制两个维度进行阐述。法治建设既需要促进数据流通，又需要保护企业利益和个人隐私。

第7章是"经济学视角下的数据治理"。主要关心数据产权问题、数据开放问题、数据共享问题以及社会相关方面的治理能力问题等挑战，并提出了完善数据治理的政策猜想。

第8章是"管理学视角下的数据治理"。管理学的目的是研究如何通过合理的组织和配置人、财、物等因素，提高生产力水平。本章从管理学的基本假设和方法出发研究数据治理，在深入剖析数据治理存在的问题的基础上，提出了改善数据治理水平的建议。

第9章是"数据科学视角下的数据治理"。数据科学的目标是从数据世界挖掘出有效的知识来影响和改变物理世界。本章从数据科学角度出发来分析数据治理面临的挑战，并从数据准备、数据管理和数据分析三个层次提出相应的解决方法。

第10章是"信息资源管理学视角下的数据治理"。信息资源管理学认为，信息资源是信息社会三大资源中的核心资源，而数据是信息社会中信息资源的主要存现方式。本章从信息资源管理学的视角分析了数据的价值，梳理了我国在数据治理过程中遇到的问题，并提出了解决问题的思路。

需要说明的是，尽管我们在第一篇给出了本书关于数据治理的概念和数据治理的框架体系，努力尝试统一术语和认识，但是由于数据治理的话题在各个学科的研究中还处于初期，为了与相关学科的概念体系"相容"，我们没有要求第二篇的作者完全遵从第一篇的概念界定，而是采用"自成体系"的方式。这可能会给读者在阅读时带来一些困惑，但我们认为这更好地反映了数据治理研究的现状，请读者予以理解。

　　本书由北京大学、中国人民大学和中国软件评测中心的多位作者合作完成，包括第一篇第 1 章的作者王芳、赵小亚、易倩，第 2 章的作者赵俊峰、王亚沙、王芳，第 3 章的作者王闯，第 4 章的作者梅宏、赵俊峰、王亚沙、陈晋川；第二篇第 5 章的作者赵国俊、杜小勇，第 6 章的作者张吉豫、第 7 章的作者魏楚、朱蓓，第 8 章的作者姚建明，第 9 章的作者陈晋川，第 10 章的作者赵国俊。此外，王芳、吴志刚、杜小勇、张莉、王伟玲、王闯等对第一篇各章内容进行了审阅，提出了修改意见；赵国俊和杜小勇对第二篇各章内容进行了审阅，提出了修改意见。感谢以上编写人员的辛苦付出。

　　特别感谢贵州省大数据发展管理局马宁宇局长、李刚副局长、贵州科学院景亚萍院长以及中国科学院冯海红博士等领导和专家对课题研究的指导。数据治理是数字经济时代面临的重要课题，这方面的研究才刚刚开始。囿于我们的认识和水平，不足之处在所难免，希望通过本书抛砖引玉，会有更多专家和学者加入数据治理的研究与实践中来，为数据价值的充分释放贡献力量。

2020 年 3 月于北京

目　录

第二篇　多学科视角下的数据治理

数据治理：大数据时代的重要使命

第1章　数据危机的出现

1.1　大数据时代

随着互联网、云计算、移动互联网等信息技术的发展，网络空间成为继陆、海、空、天之后的第五大空间，承载了越来越多的人类活动，而数据[①]是连接网络空间与现实空间的纽带，是网络空间的核心要素。2018 年 11 月国际数据公司（IDC）发布的《数据时代 2015》（Data Age 2015）显示，2018 年全球数据量为 33 泽字节[②]，预计 2025 年将达到 175 泽字节。2018 年我国数据量达 7.6 泽字节，预计 2025 年增长到 48.6 泽字节，在全球数据量中的占比将从 23.4% 增长到 27.8%，成为第一数据大国。我们已经进入了一个大数据时代。

1.1.1　数据爆炸的时代

根据《牛津英语词典》，1941 年就有了"信息爆炸"（information explosion）一词；1961 年，德里克·普赖斯（Derek Price）出版的《巴

---

① 数据和信息：数据是记录事物的原始资料，是构成信息的基础颗粒；信息是元数据和数据经过加工合成的产物（产品或服务），承载着便于人们理解的内容，如文章、情报等，也可作为新的数据被进一步加工使用。

② 泽字节（ZettaByte），简称 ZB，计算机存储容量单位，1 泽字节（ZB）=1 024 艾字节（EB）=1 024^2 派字节（PB）=1 024^3 太字节（TB）=1 024^4 吉字节（GB）。

比伦以来的科学》指出，新期刊的数量呈指数增长，而不是呈线性增长，每 15 年翻一番，每半个世纪增长 10 倍；1990 年 9 月，彼得·J. 丹宁（Peter J. Denning）在美国《科学》杂志上发表的《拯救一切》中提到"信息流的速度和数量淹没了我们的网络、存储设备和检索系统以及人类的理解能力"；1998 年 4 月，SGI（美国硅图公司）首席科学家约翰·马西（John R. Mashey）在 USENIX 会议上发表了题为《大数据……和下一波基础设施浪潮》的论文[①]，文中用了"大数据"（Big Data）一词来描述数据量的快速增长带来的数据难理解、难获取、难处理和难组织等挑战。[②] 当前，伴随着信息技术不断发展，大数据及相关技术已经成为时下热点，引起了各行各业的深入思考与研究。

1.1.1.1 信息化发展以数字化、网络化和智能化为主线

大数据是信息技术发展的必然产物，更是信息化进程的新阶段，其发展推动了数字经济的形成与繁荣。在此之前，信息化已经历了两次高速发展的浪潮，第一次是始于 20 世纪 80 年代，由个人计算机大规模普及应用所带来的以单机应用为主要特征的数字化（信息化 1.0）；第二次是始于 20 世纪 90 年代中期，由互联网大规模商用进程所推动的以联网应用为主要特征的网络化（信息化 2.0）。当前，我们正在进入以数据的深度挖掘和融合应用为主要特征的智能化阶段（信息化 3.0）。在"人机物"三元融合的大背景下，以"万物均需互联、一切皆可编程"为目标，数字化、网络化和智能化呈融合发展的新态势。

在信息化发展历程中，数字化奠定基础，实现数据资源的获取和

---

① Big Data...and the Next Wave of InfraStress. https://www.usenix.org/legacy/publications/library/proceedings/usenix99/invited_talks/mashey.pdf.

② A Very Short History Of Big Data. https://www.forbes.com/sites/gilpress/2013/05/09/a-very-short-history-of-big-data/#4772b5ef65a1.

积累；网络化构建平台，促进数据资源的流通和汇聚；智能化展现能力，通过多源数据的融合分析呈现信息应用的类人智能，帮助人类更好地认知复杂事物和解决问题。[①] 可以说，不断汇聚的数据、不断更新迭代的网络平台以及不断优化智能的逻辑算法推动了信息化的不断升级发展。

1.1.1.2　无限增长的数据资源

数据从人类社会出现就有，从计算机发明到现在也已经有 70 多年历史，为什么到近十多年来，数据热才出现呢？究其原因主要有以下几方面：

◆ **通信网络和数据采集设备的广泛普及应用使数据井喷式增长**

信息通信技术的突飞猛进，计算机技术的迅速发展，电脑、移动终端、各类数据采集设备的不断普及迭代，为数据时代的到来奠定了基础。每个社会主体甚至非生命体都是数据的生产者和采集者，数据量爆发式增长，这吸引了全球各行各业的目光，成为新时代的热点。

从世界范围来看，华为的报告《全球产业展望 GIV 2025》指出，相比 2018 年，预计到 2025 年，全球所有联网的设备总数将从 340 亿增长到 1 000 亿。其中全球个人智能终端数量将从 200 亿增长到 400 亿，智能手机数量将从 40 亿增长到 80 亿，可穿戴设备数量将从 5.5 亿增长到 80 亿，智能家居等也会快速增长。人均日通信流量将从 1.2GB 增长到 4GB 以上，其中人均日移动通信流量将从 0.15GB 增长到 1GB。[②]

---

① 梅宏.十三届全国人大常委会专题讲座第十四讲 大数据：发展现状与未来趋势.中国人大网，2019-10-30.

② 5G 与高质量发展联合课题组.迈向万物智联新世界——5G 时代·大数据·智能化.北京：社会科学文献出版社，2019.

◆ 网民规模的不断扩大和移动智能设备的广泛应用使每个人都
成为数据生产者

从我国来看，根据中国互联网络信息中心（CNNIC）2019 年 8
月发布的第 44 次《中国互联网络发展状况统计报告》，截至 2019 年
6 月，我国网民规模达 8.54 亿，互联网普及率达 61.2%，手机网民
规模达 8.47 亿，我国网民使用手机上网的比例达 99.1%。如图 1–1
所示。

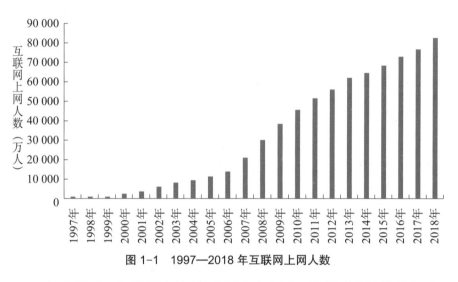

图 1–1　1997—2018 年互联网上网人数

与此同时，智能设备也被更广泛地应用。根据《中国统计年鉴
（1998—2019）》，从 1997 年到 2018 年，我国电话普及率从 4.7 部 / 百
人增长到 126 部 / 百人，移动电话普及率从 0.3 部 / 百人增长到 112.2
部 / 百人，如图 1–2 所示。由智能设备的广泛应用衍生出的应用场景
不胜枚举，每个人都参与到了数据的生产和传播过程中。

◆ 数据处理技术的不断革新使数据增值成为可能

云计算、大数据、人工智能、区块链等技术蓬勃发展，各种新理
念、新应用、新需求不断涌现，为数据价值的释放提供了更多可能。

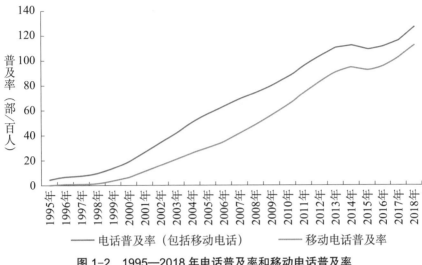

图 1-2　1995—2018 年电话普及率和移动电话普及率

　　云计算成为重要信息基础设施，推动资源集约化、运行高效化。云计算具有按需自助服务（on-demand self-service）、无处不在的网络接入（ubiquitous network access）、与位置无关的资源池（location independent resource）、快速弹性（rapid elastic）、按使用付费（pay per user）等显著优势。[①]政府、企业、各类组织等社会主体不再需要单独部署存储计算设备，利用云平台可以更加合理地动态调配云服务资源，提高资源利用效率。在企业云方面，2018 年 8 月，工业和信息化部印发了《推动企业上云实施指南（2018—2020 年）》[②]，引导企业运用云计算加快数字化转型升级。中国信息通信研究院（简称信通院）发布的《云计算发展白皮书（2019）》[③]显示，截至 2018 年 12 月，全国已有上海、浙江、贵州等 20 多个省市出台了企业上云政策，明确了工作方向和内容。以贵州为例，作为国家大数据综合试验区，贵州在工

---

① https://blog.csdn.net/qq_38265137/article/details/80330353.

② http://www.gov.cn/xinwen/2018-08/12/content_5313305.htm.

③ http://www.199it.com/archives/901658.html.

业、农业、旅游、物流、电商等领域建设形成了一批开放性、差异化、特色鲜明的行业融合大数据平台，企业使用云平台的比例达 36.4%。其中，贵州"工业云"为企业提供了各类产品及应用近 300 个、共享工具软件 120 余项、技术专利超过 1.5 万项、标准超过 3.5 万项，累计发布需求 1.6 万条、产品 2.5 万个，成交金额达 11.28 亿元；"电商云"集聚全国及省内优质服务商 200 余家，超过 2 200 家企业入驻平台进行销售管理和服务；"物流云"已接入全省 8 家主要物流企业信息化平台和 10 家物流园区信息系统。在政务云方面，截至 2018 年底，我国政务云市场规模达 370.8 亿元；全国 31 个省级行政区（不包括港澳台）全部实现政务云的应用；全国 334 个地级行政区中政务云的利用率也超过 70%。

　　大数据技术为科学决策、研判预警和精准管理提供了工具。大数据是中共中央政治局学习的第一个技术主题，同时也是明确的国家战略。[①]2017 年 12 月 8 日下午，中共中央政治局就实施国家大数据战略进行第二次集体学习。习近平总书记在主持学习时强调，要推动实施国家大数据战略，加快完善数字基础设施，推进数据资源整合和开放共享，保障数据安全，加快建设数字中国，更好服务我国经济社会发展和人民生活改善。[②]随着数据资源的日益丰富、传输能力的逐步增强、核心算法的不断优化，大数据技术的融合应用在生产生活中更加广泛。例如，北京、浙江、海南等地借助"城市大脑"，及时分析交通流量、优化交通指令，有效缓解了城市拥堵。再如，贵州是全国脱贫攻坚的主战场之一，贵州通过协调推进大扶贫、大数据、大生态三大战略行动，运用大数据支撑大扶贫。据统计，截至 2019 年底，贵州"扶贫云"整合省直部门扶贫相关业务数据指标 278 项，精准提供

---

① http://www.ccps.gov.cn/zt/xxddsbjwzqh/zyjs/201812/t20181211_118164.shtml.

② http://www.xinhuanet.com//politics/leaders/2017-12/09/c_1122084706.htm.

"两不愁三保障""四有人员"等基本信息数据，落实精准扶贫、精准脱贫基本方略，加快了脱贫步伐，提升了脱贫质量。

　　根据百度百科，人工智能技术是研究开发用于模拟、延伸和扩展人的智能的理论、方法、技术及应用系统的一门新的技术科学。试图通过了解智能的实质，生产出一种新的能以与人类智能相似的方式做出反应的智能机器。人工智能的应用和发展已成为全球趋势。我国于2017年发布了《新一代人工智能发展规划》（国发〔2017〕35号）并提出"三步走"战略目标[①]：第一步，到2020年人工智能总体技术和应用与世界先进水平同步，人工智能产业成为新的重要经济增长点，人工智能技术应用成为改善民生的新途径，有力支撑进入创新型国家行列和实现全面建成小康社会的奋斗目标；第二步，到2025年人工智能基础理论实现重大突破，部分技术与应用达到世界领先水平，人工智能成为带动我国产业升级和经济转型的主要动力，智能社会建设取得积极进展；第三步，到2030年人工智能理论、技术与应用总体达到世界领先水平，成为世界主要人工智能创新中心，智能经济、智能社会取得明显成效，为跻身创新型国家前列和经济强国奠定重要基础。作为新一轮科技革命和产业变革的重要驱动力，我国已经把人工智能发展放在国家战略层面，系统布局、主动谋划，牢牢把握人工智能发展新阶段国际竞争的战略主动，打造竞争新优势、开拓发展新空间。2018年10月31日下午，中共中央政治局就人工智能发展现状和趋势举行第九次集体学习。习近平总书记在主持学习时强调，要发挥好人工智能的"头雁"效应，也要"加强人工智能相关法律、伦理、社会问题研究"[②]。这为我国人工智能健康发展指明了方向。

---

① http://www.gov.cn/zhengce/content/2017-07/20/content_5211996.htm.

② http://www.gov.cn/xinwen/2018-10/31/content_5336251.htm.

区块链技术凭借高安全性，逐步受到政府、企业的推崇。2019年10月24日下午，中共中央政治局就区块链技术发展现状和趋势进行第十八次集体学习。习近平总书记在主持学习时强调，要把区块链作为核心技术自主创新的重要突破口，明确主攻方向，加大投入力度，着力攻克一批关键核心技术，加快推动区块链技术和产业创新发展。习近平总书记的重要讲话深入浅出地阐明了区块链技术在新技术革新和产业变革中的重要作用，对区块链技术的应用和管理提出了具体要求。① 区块链在促进数据共享、优化业务流程、降低运营成本、提升协同效率、建设信任体系等方面具有显著优势，"区块链+"成为时下热门，在金融、政务等领域得到广泛应用。例如，南京建设了基于区块链的电子证照共享平台，以解决传统中心化的证照库采集和应用权责不分、数据可能被篡改等问题。杭州互联网法院引入司法区块链，让电子数据的生成、存储、传播和使用全流程更加可信。

此外，移动互联网、虚拟现实、物联网等新技术也都为数据的应用创新和价值释放带来了新的想象空间，为组织结构重组、流程再造、服务方式创新提供了技术支撑，尤其是在公共政策定量推演、政府投资精准化管理、VR交互办事大厅、全场景智能化监控等领域具备了更加丰富广阔的发展空间。

1.1.2 数据本质特征

数据作为一种新型生产要素，具有独特的自然属性和社会属性。

1.1.2.1 一种新型生产要素

数据古来有之，随着信息化的不断发展，在不同的阶段数据的社

---

① 把区块链作为核心技术自主创新重要突破口 .http://www.cac.gov.cn/2019-10/26/c_1573627685044200.htm.

会属性在不断发生变化，在社会中的地位也日益重要。

◆　驱动现实的重要力量

最初的信息时代以单机应用为主要特征，数字化办公和计算机信息管理系统逐渐取代了纯手工处理，将现实世界中的事物和现象以数据的形式存储到网络空间中，主要是一个生产数据、存储数据的过程。数据的主要作用在于准确描述现实，数据是记录自然、生命、人类行为、社会发展的重要载体。

自 20 世纪 90 年代开始，互联网应用成为信息化发展的主要特征，"互联网 +"成为新范式，互联网与政治、经济、文化、社会等各领域的快速融合加速了数据流通与汇聚，数据呈现出海量、多样等一系列特征。在这个阶段，人们逐步认识到数据的重要作用，基于数据分析、挖掘而产生的各类应用逐步兴起，网上购物、社交平台、电子地图、智能导航等各类应用平台纷纷进入人们的视野，"数据 +"平台不断革新人们的工作、消费、互动、出行、办事等生产和生活方式，成为改变现实的重要力量之一。

当前，数据不断产生、计算、分析和应用，成为网络空间不停流动的血液和知识经济的原材料，数据的大体量、多维度、及时性等特征更加明显，数据蕴含的价值更值得期待，各类企业、部门加快了数据的聚合、处理、分析和应用。数据成为反映现实、优化管理、科学决策的主要依据，也成为驱动现实发展的重要力量。

总体来讲，从数字时代到网络时代再到智能时代，数据的作用也逐渐从描绘现实向改变现实进而向驱动现实转变，信息技术由最初经济发展的辅助工具演变为引领经济发展的核心引擎。

◆　重要的社会生产要素

当前人类社会已经进入数字时代，在农业时代，土地是关键生产要素；工业时代以劳动、资本、技术作为关键生产要素；数字时代最显著的特征则是以数据作为关键生产要素，进而催生一种新的经济范式——"数字经济"。随着数据收集、存储和处理成本的大幅下降、计算能力的大大提高，采集、管理、分析、利用好各种海量数据已成为国家、地区、机构和个人的核心能力之一，数据流可以引领技术流、资金流、人才流不断汇聚与重组，逐渐改变国家或地区的综合实力、重塑战略格局。可以说，数据资源的多寡和利用情况的好坏已成为一个国家、一个地区软实力和综合竞争力的重要标志。

中共十九届四中全会审议通过的《中共中央关于坚持和完善中国特色社会主义制度　推进国家治理体系和治理能力现代化若干重大问题的决定》（以下简称《决定》）中提出，健全劳动、资本、土地、知识、技术、管理、数据等生产要素由市场评价贡献、按贡献决定报酬的机制。这是国家层面首次增列"数据"作为生产要素，数据资源的重要地位得以确立。这反映了随着经济活动数字化转型加快，数据对提高生产效率的乘数作用凸显，成为最具时代特征的新生产要素的重要变化；体现出新时期背景下我国制度的与时俱进；数据作为新生产要素从投入阶段发展到产出和分配阶段；标志着我国正式进入了数据红利进一步释放的阶段，数据将作为生产要素参与到市场的投入、管理、产出、分配等各个阶段。

借用吴军博士在《智能时代》里的观点：如果我们把资本和机械动能作为大航海时代以来全球近代化的推动力，那么数据将成为新一轮技术革命和社会变革的核心动力。我们应该在这样一个高度上理解大数据，以及由它带来的全球数字化、智能化革命。

1.1.2.2　体量巨大、增长迅速

随着信息技术的蓬勃发展，社交平台、电商平台、搜索引擎等平

台工具的广泛使用，以往所不能获取的文字、方位、沟通、心理等内容都被数据化，并产生"取之不尽，用之不竭"的数据，数据量由以前的 GB 和 TB 级别，发展到如今的 PB 和 EB 级别。

另外，与传统的数据载体不一样，纸质媒体的传播速度非常有限，而互联网在线使得数据的产生和传播速度非常快，每天都会有很大量级的数据被高速地创建、移动、汇集到服务器上，这对数据处理平台和技术都提出了更高的要求。大数据的处理响应时间非常短，一般要在秒级的时间范围内给出结果，时间意味着价值，数据处理速度越快，意味着传播速度越快，就能在越短的时间内做出反应，从而具有先发优势。

面对如此大规模的数据量，迫切需要新的技术和平台来处理这些数据，进而对数据进行统计、分析和预测。在数据量少的时候，人们只能通过部分样本来预测分析，如今数据量已经达到很大的量级，人们可以使用全样本的数据来进行统计、分析和预测。如今，数据量的限制正在消失，通过无限接近"样本＝总体"的方式来处理数据，我们会获得很大的好处，能更快速地了解一个事物的大致轮廓和发展脉络，这是大数据带给我们的巨大惊喜。

1.1.2.3　多维复杂的天然属性

数据是具有多个维度的。以服装为例，它具有材质、大小、价格、生产厂家、适用季节、适用性别、适用年龄等多种属性。再结合网民的访问终端是手机还是电脑、手机或电脑的型号、上网时间、历史访问记录、定位信息等，通过不同的组合，可以推断出特定网民的消费习惯、年龄、学历、生活状态等不同分析结果。数据的多维度、多层次的属性应用到社会经济生活的各个领域中，可以加速流程再造、降低运营成本、提高生产效率、加速供需信息匹配、提高产业链协同效率，从而放大生产力乘数效应，创造更大的价值。

数据还具有复杂性。以行为数据为例，人的行为具有适应性。所谓适应性，指人的行为是依据自己对事物的认知，主动适应环境的结果。行为数据正是无数个体的适应性行为通过系统进行记录、存储在数据库的集合。人的认识是不断建构、迭代的，从人类行为轨迹可以看出，数据的产生遵循这样一个过程：当人们接受到外部环境的刺激时，做出反应并产生某种行为，通过系统/平台进行记录，继而在某个数据库中留下某个数据，进而刺激其他个体的某些行为并留下相应的数据，对这些数据的学习改变了认知结构，从而产生新的进一步的行为，这些行为又刺激了更多数据的产生……这个过程将会是无穷无尽的。① 行为数据具有复杂性的原因在于人们行为之间的适应性相互作用，而这样的相互作用会形成多样化的数据记录。再加之，由于人们接受到的外部环境刺激不同，因此做出的反应和形成的记录也不同，再加上记录的系统工具不同，进一步应用的场景不同，从而数据结构不尽相同，呈现出文字、图像、音频、视频等不同形式，在内容逻辑层面也出现看似杂乱无章的情况。但这些看似杂乱无章的数据其实是有章可循的，当我们进行关联性分析比对时，就能发现蛛丝马迹。例如，当将个人的姓名、身份证号码、电话号码、所使用的手机品牌、移动支付的账号、购物的习惯、笔迹、指纹等数据进行关联性分析时，就能得出很多清晰的结论。正是这些能基于杂乱数据，为各项工作寻找到最科学答案的智能化算法，成为当下和未来一段时间大数据技术的攻破重点，也是数据企业的核心竞争力所在。

1.1.2.4 依赖平台存在的无形资源

与传统资源不同，数据具有虚拟性、无形性，依靠平台而存在。

---

① 理解大数据时代的复杂性——裸奔者的足迹.http://blog.sina.com.cn/s/blog_4a16ddee0102xb4o.html.

只有将数据存储在相应介质上并通过设备显示，数据才能以更直观的
方式被人们感知、度量、传输、分析和应用，数据质量的好坏、价值
的高低才可能被评估。数据的虚拟性、无形性特点决定了数据的管理
有别于传统生产要素的管理模式：

- ◆ 数据管理与数据平台管理不可分割；
- ◆ 数据的价值与平台算力、算法模型有密切关联；
- ◆ 数据无法从平台单独剥离，从而倒逼现行资产管理法律法规
  升级完善。

综上所述，伴随着 5G、云计算、大数据、互联网、物联网等信息
技术的创新突破，万物皆能产生数据，数据间皆能关联，数据正在爆
炸性地增长着。我们畅游在数据海洋中，将走入"万物互联、万物智
能"时代，也必将推动传统思维模式、生产方式等产生巨大变革。

1.1.3　从数据资源到数据资本

如前所述，数据资源是一种重要生产要素，在不同阶段、不同场
景中，数据将具备资源、资产、资本的不同属性。

1.1.3.1　数据资源

马克思和恩格斯的定义是："劳动和自然界在一起才是一切财富
的源泉，自然界为劳动提供材料，劳动把材料转变为财富。"[①] 马克思
和恩格斯的定义既指出了自然资源的客观存在，又把人（包括劳动力
和技术）的因素视为财富的另一不可或缺的来源。可见，资源的来源
及组成不仅是自然资源，而且包括人类劳动的社会、经济、技术等因
素，还包括人力、智力（信息、知识）等资源。根据百度百科，资源
是指自然界和人类社会中可以用以创造物质财富和精神财富的具有一

---

① 马克思，恩格斯 . 马克思恩格斯选集：第 3 卷 . 3 版 . 北京：人民出版社，2012：988.

定量的积累的客观存在形态，如土地资源、矿产资源、森林资源、海洋资源、石油资源、人力资源、信息资源等。

对比资源的定义，我们可以看出，数据是一种重要的资源，具有明确的来源（包括人、社会组织、企业以及各类动物、非生命体等），可以被有效地采集获取（例如，政府基于履职需求，采集人们的个人信息、行为信息），是一种可被量化的客观存在。另外，将采集到的数据基于数据平台进行加工、开发与应用可带来巨大的价值，包括物质财富和精神财富。目前，数据作为一种重要资源，已经得到社会各界的广泛认可。

1.1.3.2　数据资产

随着数据价值被普遍认可，数据资产也越来越成为一个重要议题。根据《企业会计准则——基本准则》第二十条，"资产是指企业过去的交易或者事项形成的、由企业拥有或者控制的、预期会给企业带来经济利益的资源"。其中，"企业过去的交易或者事项"包括购买、生产、建造行为或其他交易或者事项，预期在未来发生的交易或者事项不形成资产；"由企业拥有或者控制"是指企业享有某项资源的所有权，或者虽然不享有某项资源的所有权，但该资源能被企业所控制；"预期会给企业带来经济利益"是指直接或者间接导致现金和现金等价物流入企业的潜力。《企业会计准则——基本准则》第二十一条还提出："符合本准则第二十条规定的资产定义的资源，在同时满足以下条件时，确认为资产：（一）与该资源有关的经济利益很可能流入企业；（二）该资源的成本或者价值能够可靠地计量。"

由上述资产的界定来看，资产具有现实性、可控性和经济性三个基本特征。现实性是指资产必须是现实已经存在的，还未发生的事物不能称为资产；可控性是指对企业的资产要有所有权或控制权；经济性是指资产预期能给企业带来经济效益，且资产的成本或者价值能够被可靠地计量。

结合资产的特征，由于数据的确权问题、成本及价值的可靠计量等问题，在现行法律框架下，数据资产尚无法体现在企业的财务报表中。但当前，企业所掌握的数据规模、数据鲜活程度，以及采集、分析、处理、挖掘数据的能力决定了企业的核心竞争力。探索将数据以资产管理方式进行管理和评估，还需要不断探讨和深化。

1.1.3.3　数据资本

舍恩伯格在他的新书《数据资本时代》中指出，在海量数据市场上，数据的价值将全面赶超货币，数据将是未来市场的基础。[①] 数据资本化的过程，就是将数据资产的价值和使用价值折算成股份或出资比例，通过数据交易和数据流动变为资本的过程。但这个过程还需要不断地探索，与实物资本不同，数据资本也有自身的特性。例如，非竞争性，即实物资本不能多人同时使用，但是数据资本由于数据的易复制特点，其使用方可以无限多；不可替代性，即实物资本是可以替换的，人们可以用一桶石油替换另一桶石油，而数据资本则不行，因为不同的数据包含不同的信息，其所包含的价值也是不同的。

香港交易及结算所有限公司集团行政总裁李小加认为，中国的经济已经进入数字化时代，海量的数据已经离"资本"很近了。比如，很多大平台已经开始高度利用获取的数据通过大数据和人工智能得到产品，得到更新的服务。但当前，仍然面临数据孤岛、灰色黑色交易，数据与资本之间的"传输""算力""人工智能""产品"在确权、定价、标准、存证、信用体系、溯源和分润、收益分配方面都有很大

---

① 李小加 . 5G 时代为何数据与资本看着很近实际很远 . https://tech.163.com/19/0331/11/EBJFETNE00097U7R.html。

的不确定性。只有在源头与最终结果之间有了清晰的利益准则和分配标准，资本才会源源不断地落入每个环节。

由于数据资源、资产、资本的概念问题在理论上尚处于不断探索完善的阶段，因此本书后续论述中对数据资源、资产等概念不做明确的区分。但值得一提的是，无论将数据作为资源、资产还是资本，数据价值的发挥都在于汇聚、打通及利用。数据"活"于流动之中，只有在互联互通中，才能最大限度地挖掘和释放数据的价值。

1.2 数据的价值

数据古来有之，最初仅作为记录事物的载体，承载着记录、通信、文化传承的作用。近年来随着数据的爆发式增长，大数据的价值进一步凸显，从本质上体现为提供了一种人类认识复杂事物的新思维和新手段。从理论上而言，在足够小的时间和空间尺度上对现实世界数字化，可以构造一个现实世界的数字虚拟映像，这个映像承载了现实世界的运行规律。在拥有充足的计算能力和高效的数据分析方法的前提下，对这个数字虚拟映像的深度分析将有可能理解和发现现实复杂系统的运行行为、状态和规律。应该说大数据为人类提供了全新的思维方式和探知客观规律、改造自然和社会的新手段，这也是大数据引发经济社会变革的最根本的原因。[①]

1.2.1 带来思维方式的变革

数据爆炸带给人们的最大改变莫过于思维方式的革新，即向人们提供了一种认识复杂事物的新思路、新手段。

---

① 梅宏.十三届全国人大常委会专题讲座第十四讲 大数据：发展现状与未来趋势.中国人大网，2019-10-30.

1.2.1.1　从机械思维向数据思维转变

17 世纪以来，机械思维是指导我们生产和生活的主要思维体系。机械思维认为所有事物都是具有确定规律的，这些规律都可以用简单的公式或者语言表达、具有普适性，可以作为各种未知领域的基本遵循。机械思维的基本方法论为通过观察和分析获得数学模型的雏形，然后利用数据进一步验证，从而细化和优化模型形成基本规律。因此，最具代表性的有欧几里得的几何学、托勒密的地心说以及牛顿的自然科学理论。机械思维带领我们进入了工业时代，瓦特的蒸汽机、爱因斯坦的相对论、现代医药学等都是机械思维的伟大产物。

由于人们认识世界是具有时代局限性的，因此机械思维也存在局限性，即否认世界存在不确定性，正如爱因斯坦的名言"上帝不会掷骰子"一样，机械思维体系中所有影响事物的要素都是可以预知和确定的。但随着社会经济的不断发展，人们对事物的认知逐渐清晰，尤其是越来越多的规律被逐一总结和归纳后，人们发现事物是存在很多不确定性的，影响事物的变量、参数特别多，通过规律无法解决所有事情。比如，掷骰子的时候我们无法精准预测哪一面会朝上，因为这取决于掷骰子的人出手时的力量、高度、角度、空气的质量、风的速度、骰子的材质、骰子着落位置的弹性等各种各样的复杂因素。再比如，股市投资，尽管投资者可以获得社会经济环境、所投资行业情况、上市公司经营状况、股票的历史走势等各类经济数据，但依然无法保证股票投资稳赚不赔。原因就在于世界的不确定性，我们无法精准测量每一类要素的参数及其可能的变化，也无法预测是否还有其他新的要素未被发现。

大数据时代的到来为解决世界的不确定性提供了新的思路和手段。正如电商平台基于对大量用户购买行为数据的分析，可以精准地预测用户的性别、年龄、消费水平、生活状态（上学、结婚、生子）等情况，可以形成用户画像，为用户更加精准地推送所需产品和服务，但如果电商平台拥有的数据很少，上述精细化的分析和推送也就无从谈起。过去，由于数据量少，即使有了数据、有了分析，不确定性也很难消除，这也是大数据在当代繁荣的原因之一。

新时代，要"懂得大数据，用好大数据"，应具备三方面的能力：一是要理解大数据的内涵。认识到大数据不仅是体量巨大的数据集，更多强调的是多源数据的聚集关联后所形成的某个领域的数据全集，对多源数据的充分融合和深度挖掘是大数据价值实现的重要途径。二是要建立大数据思维方法。在大数据时代，信息技术和数据深入渗透到经济社会的方方面面，"数字化生存"的时代已经到来，为了更好地建立概念、解决问题、推理和决策，需要具备与数字化和"以数据为中心"相匹配的新思维方式。三是要学习和掌握运用大数据的相关技能。掌握获取数据、分析数据、应用分析结果解决问题的基本方法。同时，也要认识到大数据理论和技术都还处于发展的早期阶段，远未成熟，在利用大数据分析的结论辅助决策时，仍需保持谨慎态度，批判性思维先行。[①]

1.2.1.2　从集中流程化向分布协同化转变

数据带给人们思维的另一个转变是从过去的集中流程化向分布协同化转变。

在工业时代，由于人们获取信息的渠道较少、信息传播速度较慢，信息获取具有不均衡性，管理层往往接受过更好的教育，能更及时、全面地获取信息、知识以及上级指令。在这种背景下，工业流程强调上层管理，地域边界、行业边界被强行划开，形成条块化的管理

---

① 　http://www.dcfjj.gov.cn/list_content.asp?ArticleID=5757.

架构。通过上层的集中管理，将发展愿景和工作目标不断细化并拆解为一个个阶段任务，然后按照阶段任务组建部门、设置岗位，制定标准化的生产流程。每个部门的每个人只要按照岗位职责和工作流程完成自己的工作，整个工作目标也就实现了。这种流程化价值链可用图 1-3 表示：

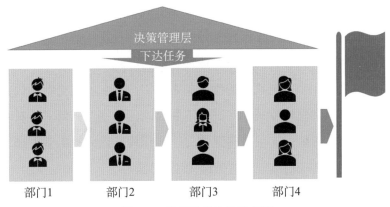

图 1-3　流程化价值链示意图

在这种模式下，各个环节相对独立，不需要团队的每个人都了解整体愿景和目标，每个人只需专注于自己的领域、各司其职。这种模式有效保障了工作的专业性和高效性，尤其对安全级别较高的业务，能更有效地规避安全风险，提升防范力度。

进入数字化时代之后，互联网为人们构建起了蜂巢式的结构，任何个体之间都可以实现点对点的连接和互通，随着通信网络技术的不断迭代发展，数据流动更加迅速。整个社会的受教育程度、信息透明度、知识和信息获取能力均不断提高。在工业时代，由信息获取不均衡造成的上层管理的信息权威性逐渐弱化，传统的流程化价值链暴露出了如下缺陷：

一是条块分割、各自为政，无法形成合力。不同组织、同一组织不同单元之间形成了数据壁垒、烟囱林立，每个个体的价值取向都朝自己的关键绩效指标看齐，而不是朝着团队总体的发展愿景看齐，占资源、抢平台、怕担责、踢皮球等现象屡见不鲜，信息交互能力较差、工作效率较低、工作质量不高。而在数字时代，人们的判断和决策依靠更高效的数据交互、更全面的数据分析，传统的流程化价值链显然无法适应创新发展的时代需求。

二是环节拆解、专业分工，压抑了学习成长的积极性。传统的流程化价值链致力于将完整的业务链条进行细化拆解，每个个体负责固定的环节和模块，在提升业务专业性的同时，也固化了思维模式。随着数字时代的到来，全社会的生产要素、生产关系不断更新迭代，固有的知识体系和思维模式无法满足不断裂变的数字经济要求，新时代对人们全面学习能力、信息筛选能力、知识构建能力提出了更高的要求，而这些是传统的流程化价值链无法满足的。

数字时代需要更加高效、敏捷、扁平化的价值链条，打通数据烟囱，消除数据孤岛，重塑组织架构。我们把这种新的价值链总结为"同心圆价值链"，主要组织模式可用图 1-4 表示。

这种同心圆价值链具有如下特点：

第一，共同愿景和目标是核心驱动力。每个个体、每个组织单元都参与价值链，都能充分了解整体发展愿景与目标，在完成自身任务的同时，都能向发展目标看齐。驱动整个组织向前发展的不再是强有力的命令或指令，而是基于对共同愿景的认可，赋予每个个体或单元相应的信任、权利、责任，形成统分结合、权责清晰的共建共享共治的工作机制。

第二，数据是组织运行的重要生产要素。通过数据安全、有序的流通，推动资本、人才、技术等要素不断重组和优化，提升组织竞争力，推动整个组织愿景和目标的实现。

第三，监督和评价是贯穿整个组织各项活动、全生命周期的必要

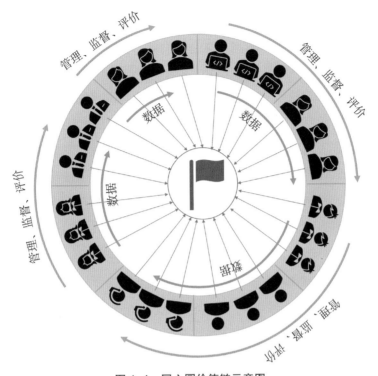

图 1-4　同心圆价值链示意图

制度。价值链中的每个体系、单元甚至整个组织都要接受监督和评价，监督和评价方式可以是行政监督、社会监督、自我评价、交叉评价、第三方评价等，不一而足。

1.2.1.3　从独家占有向共享共赢转变

过去，人们生产和生活的目标及习惯在于获得生产资料的所有权。因温饱需求买房子、买衣服，因阅读需求买书籍、买报纸，因出行需求买自行车、买机动车，人们通过获取生产资料的所有权而享受完整的占有、使用、收益、处分的权利，从而提升生活的安全感。而进入大数据时代后，人们获取生产资料的所有权意识逐渐弱化，分享、共享成为新常态。

根据马斯洛需求层次理论，人类具有生理需求、安全需求、社交需求、尊重需求和自我实现需求五类。这五类需求依次由较低层次到较高层次排列。人们在满足生理、安全基础需求后，会不断追求社交、尊重和自我实现这些更高层次的需求，而这些需求的满足均依托于社会参与和交互，而信息分享是促进社会参与和交互的直接方式之一。

过去，人们通过信件、电报、电话等方式进行分享，在进入数据时代后，人们的交互方式逐渐发展为各种各样的线上社交平台，如微信、微博、抖音、快手等。线上社交平台不仅为公众提供了即时通信的服务，更为广大网民提供了展现自我、实现自我的平台，人们的分享意愿被充分激发。根据《2019 微信年度数据报告》，2019 年微信月活跃账户数超过 11 亿，分享交流的信息包括饮食、育儿、旅游、音乐、热点资讯等工作和生活中的各类信息。根据抖音发布的《2019 抖音数据报告》，截至 2020 年 1 月 5 日，抖音日活跃用户数已经突破 4 亿，2019 年抖音用户分享的全球打卡次数为 6.6 亿次，分享的足迹覆盖全球 233 个国家和地区，艺术类视频全年播放量超 5 431 亿次，被点赞超 169 亿次。分享成为数字时代人们明显的思维习惯之一，也成为数字时代共享经济发展的重要助推力之一。

当人们将照片、文字等分享到社交平台之后，这意味着这些信息成为网络的共享资源，网络上的其他人也可以使用。凯文·凯利在其著作《必然》中用"数字社会主义"来描述这一现象，"新兴的数字社会主义不同于老式的社会主义，它借助网络通信技术运行在没有边界的互联网上，催生了贯穿全球一体化经济的无形服务"。[①] 互联网平台通过对这些共享信息进行分类、贴标签、加关键词来方便平台用户更好地查找这些信息，从而基于这些已有信息资源创造出更丰富、更

---

① 凯文·凯利.必然.周峰，董理，金阳，译.北京：电子工业出版社，2016：155.

有创造性、更有价值的信息内容。

在分享方式变化的同时，我们还可以看到获取方式也发生了变化。我们通过网站看电影、听音乐，但并没有电影、音乐的所有权；阅读电子图书时我们并不拥有图书的所有权，但是我们可以通过网络获取无限量的电子图书，我们每天使用的东西都远多于我们拥有的东西。随着数据时代的到来，数据推动了各类资源高速运转与重组，加速了社会经济从生产产品向优化服务转变，极大地丰富了我们的物质和精神文化资料，我们可获取的东西越来越多，但大部分我们都不具备所有权。在数字时代，对资源的独家占有不再像以前那么重要，而对资料的使用诉求逐渐攀升。

1.2.2 优化公共服务模式

党的十八大以来，以习近平同志为核心的党中央把人民置于经济社会发展的中心环节，把"以人民为中心"的发展思想贯穿于"五位一体"总体布局和"四个全面"战略布局中，贯穿于治国理政的全部活动之中，彰显了人民至上的价值追求。坚持为人民服务，是我党我国各个时期的核心思想。当前，随着社会经济的发展、信息革命的不断推进，数据与技术相结合，带来了整个社会服务体系的优化，为人们提供了比以往更加便捷化、高效化、智能化的服务体验。

1.2.2.1 从被动走向主动

过去政府、公共企事业单位面向公众提供服务的出发点在于公众，即由公众发起诉求，政府、公共企事业单位被动地做出响应。长期以来的被动式服务带来的最大弊端在于服务供给方对社会公共需求的了解有限，服务模式僵化、服务内容贫瘠、服务链条无法整合，不利于国家治理体系的健全和完善，更无法充分彰显社会主义制度的优越性。

随着数据的累积以及信息技术的应用，大数据成为"解码"公众需求、提升服务温度的"利器"。通过对交通数据的监测分析，可以直观了解到不同时段交通的拥堵情况，从而制定对应的疏解对策，为未来交通道路优化建设提供参考；将食品和药品的"来龙去脉"记录在二维码中，方便公众了解食品和药品的产地、环境、真伪，使公众用得放心、吃得安心；通过互联网政务服务平台的网上服务、互动交流等渠道，及时发现公众办事的热点、堵点、痛点，提升服务的精准化、人性化水平。2018年，国家发展和改革委员会联合新华社、中国政府网分领域、分批次面向社会公开征集群众办事的100个堵点、难点问题。截至2018年12月，31个省（自治区、直辖市）人民政府签署了承诺书，根据实际全力以赴疏解百项群众办事堵点，并确保堵点解决情况的真实性和准确性，进一步提升政务服务水平，切实增强人民群众获得感，如图1-5所示。截至2019年6月14日，北京、上海、贵州等13个城市已经解决了堵点问题，受到了广大群众的好评。

值得注意的是，在利用大数据提升公共服务福祉的同时，还要以国家安全和个人信息保护为底线。既要善用大数据优化公共服务，又要为数据利用建好防护堤。

1.2.2.2　从窗口走向指尖

过去人们获取服务大多需要前往特定场所，结合自身需求寻找对应窗口，获取所需服务和产品。在数字时代，人们获取服务的习惯已经逐渐发生了变化，通过互联网、手机随时随地进行购物、支付、订餐、约车等，减少了过去"窗口服务"所带来的逛街逛到腿软却一无所获、排队等待遥遥无期、环境嘈杂无法回避等问题。根据 CINNIC 发布的《中国互联网络发展状况统计报告》，2016—2019 年间，我国网上购物人数由约 4.5 亿增长到 6.4 亿，增长率达 42%；网上外卖用户规模由约 1.5 亿增长到 4.2 亿，增长率为 180%；网上旅游预订用户由 2.6 亿增长到 4.2 亿，增长率为 62%（见图 1-6）。

各地区堵点解决进展情况		
北京 100/100	天津 100/100	河北 98/100
山西 100/100	内蒙古 100/100	辽宁 87/100
吉林 98/100	黑龙江 99/100	上海 100/100
江苏 100/100	浙江 100/100	安徽 100/100
福建 100/100	江西 100/100	山东 99/100
河南 99/100	湖北 99/100	湖南 100/100
广东 100/100	广西 98/100	海南 95/100
重庆 100/100	四川 99/100	贵州 100/100
云南 98/100	西藏 90/100	陕西 93/100
甘肃 98/100	青海 99/100	宁夏 95/100
新疆 98/100		

点赞

共收到661 246个赞

- 山东　39 355
- 广东　37 543
- 安徽　35 150
- 江苏　32 261
- 四川　31 924
- 陕西　23 641
- 河南　23 314
- 贵州　22 954
- 重庆　22 775
- 广西　20 529
- 江西　20 140
- 北京　19 956
- 福建　19 783

图 1-5　百项堵点疏解行动进展情况

资料来源：国家发展和改革委员会。

图 1-6　2016—2019 年我国网上购物、网上外卖、网上旅游预订的用户规模变化趋势

另外，过去人们一提到要去政府部门办事，都需要鼓足很大的勇气去应对可能面临的窗口工作人员不耐烦的态度和难看的脸色，"门难进、脸难看、事难办"一度成为找政府办事的顺口溜。当前，"放管服"改革不断向纵深推进，互联网政务服务体系逐步建立与完善，各地政府大刀阔斧地优化政务服务体系和模式，力求解决群众办事难、办事慢、多次跑、来回跑的问题，以网上办、指尖办、上门办等方式使人们的服务体验得到显著提升。例如，贵州省开展群众办事痛点疏解行动，全省"零跑腿"事项达 4.5 万项，贵阳市等地区行政审批时限较法定时限压缩 60% 以上，群众办事需提供材料减少 35%。"国家医疗健康大数据西部中心""中国（贵州）智慧广电综合试验区"加快建设，大数据在教育、医疗、旅游、交通等领域的深入运用取得新成效。省市县乡远程医疗服务总量达 60 万余例。这些应用和实践为政务数字化转型提供了良好的探索与示范。

1.2.3　推动治理体系和治理能力现代化

"要建立健全大数据辅助科学决策和社会治理的机制，推进政府管理和社会治理模式创新"[①]，习近平总书记的这一重要论断为推进国家治理体系和治理能力现代化打开了一条技术赋能的路径。用数字技术变革推进治理体系变革，也充分体现了我国与时俱进的先进治国理念。

在数据时代，基于大体量、多维度的数据资源，高性能存储、运算、分析能力，以及更加智能的算法模型，社会经济各个要素之间的关联性更容易被发现。大数据技术成为政府治理生态的关键要素，正在重塑和改造着政府的治理行为，成为优化组织管理模式、健全法律

---

① 习近平 . 实施国家大数据战略加快建设数字中国 .http://www.xinhuanet.com//politics/leaders/2017-12/09/c_1122084706.htm.

制度、创新治理手段的内在驱动力，从而推动治理体系向更高效能、更好质量、更低成本发展，从根本上提升国家治理能力。

1.2.3.1　优化组织管理模式

信息化最初是政府实施现代化管理的工具。我国政府自 20 世纪 90 年代开展电子政务建设，积累了大量数据，这些数据体量大、权威性高。但由于过去电子政务是以部门行政职能划分来确定电子政务功能的，因此电子政务项目也根据各部门的自身需求独立组织实施，如国家税务总局的金税工程、海关总署的金关工程、公安部的金盾工程等基本都由各个部门依据职能独立建设，建成之后形成了部门内部垂直的"条状"业务系统、业务专网和数据资源。过去的信息化管理模式有以下特点：

第一，数据被各个部门独立占有，不共享、不开放，降低了安全风险，但也无法进行业务协同。

第二，每个部门、每个信息系统都有自己的数据库、应用软件。由于建设时期、建设主体、应用领域各不相同，因此各类业务数据标准不一、结构各异，数据重复录入严重，"数据烟囱"林立。

第三，数据没有与需求、流程、制度、法律相结合，形成有序的管理模式，这也是公众"办事难"的关键。

虽然现在来看，过去条块分割的建设模式具有不少弊端，但在当时的管理体制、技术条件下，这些工程在国家开展宏观调控、市场监管、社会管理方面发挥了巨大作用，也为各地优化公共服务奠定了基础。

随着政府职能定位由管理型政府向服务型政府转变，电子政务的作用也不仅限于将政务活动电子化，而且需要面向公众服务需求进行调整与变革。随着社会经济的迅速发展，人们的流动性增大、社会活动日益增多，跨地区、跨行业、跨层级办事的需求迫切，对部门协同、数据共享提出更高的要求。需要变革电子政务建设管理模式，对政府业务活动进行优化，对跨部门、跨行业的网络资源、系统资源和数据资源进行重组，让电子政务投入产出效能最优。

面对日益增多的跨地区、跨行业、跨层级、跨部门办事的需求，传统的条块化信息化建设管理模式已经相对滞后。以数据资源的"聚、通、用"为目标，倒逼政府各部门打破行政壁垒，由过去的碎片化、项目式发展方式向集约化、效能型发展模式转变。这种模式有以下特点：

第一，统筹协调的工作机制是基础，明确数据统筹管理的牵头部门，统筹管理、协调、监督、评估信息化建设工作。

第二，责权清晰的管理体系是核心。明确界定了各个业务部门职责，形成建设管理合力，有效规避"过度集中"造成的"甩手掌柜"现象和可能面临的安全隐患。

第三，监管与评价体系是保障。既要守好安全底线，又要保障应用实效，建立健全权利与义务相统一、风险与责任相关联、激励与惩戒并重的制度是形势所迫。

1.2.3.2 推动法律制度健全

党的十九届四中全会《决定》中指出："建设中国特色社会主义法治体系、建设社会主义法治国家是坚持和发展中国特色社会主义的内在要求。"有什么样的国家制度，就必须实行与之相配套的法律制度。依法治国的最大优越性在于能够保持执政理念、路线和方针的连续性、稳定性、权威性。[①]

---

① 冯玉军.法治是国家治理体系和治理能力的重要依托.人大建设杂志，2019-12-09. https://baijiahao.baidu.com/s?id=1652407662769293456&wfr=spider&for=pc.

如前所述，数据资源有别于传统资源，大数据技术在助力政府高效解决社会问题的同时，也面临诸多问题。包括但不限于如下几方面：

一是数据确权问题。作为一种新生事物，数据属于何种权利、应配置哪种权利内容和责任义务尚未明确。但数据的确权问题关系着数据社会地位的确立、社会分配方式的制定等，还需大力探索。

二是数据安全风险。数据本身具有可复制、易传播的特点，大量行为在虚拟世界中发生，国家、个人、企业和其他组织的信息面临安全风险，数据应用的边界、不同主体敏感信息的边界等问题尚需探索和完善。

三是侵权追责问题。由于每个人都是数据的采集者、传递者和消费者，因此数据的整个流通环节多、线程复杂，当发生数据泄露时，如何进行问责、惩戒也是下一步需要明确的问题。

四是收益分配问题。数据源于每个生命体或非生命体，以个人数据为例，单个个体的数据在个人手中的价值是很小的，只有形成集聚效应，再加上优秀的算法模型和信息技术平台才能产生应有的价值，因此在数据产品或服务产生了增值效应后，如何进行定价与利益分配也是亟须解决的问题。

由此可见，大数据的发展与应用为法律制度的建立与完善提出了新命题。

1.2.3.3 创新社会治理手段

大数据技术为社会治理提供了更为精准、高效的手段，主要表现在以下几方面：

一是有效提升对治理对象的认知水平。科学治理有赖于对现状的清晰掌握。一个国家的社会经济活动涉及诸多领域，具有范围大、规模大、情况复杂等特点。在过去，由于监管手段缺乏，政府监管中越位、缺位、错位现象时有发生，监管效果不够理想。大数据以其处理速度快、时效性高、数据样本巨大等特点，准确动态地反映了客观现实，大大提升了管理者对社会现象的认识水平，为社会治理奠定了良好基础。

二是有利于推进决策科学化、民主化。在大数据时代，参与主体多元、信息来源多样、数据关联复杂。个人、企业、其他组织均能便捷、迅速地与政府"对话"，参与国家治理。政府决策思维、范式和方法得到了优化，推动政府决策更加民主、科学。

三是有利于加强权力监管、减少权力寻租。数据"聚通用"推进监管数据共享交换，及时发现监管漏洞。同时，通过公开行政权力清单、责任清单，加强"互联网＋监管"建设，使权力运行更加公开透明，最大限度地压缩诱发贪腐行为的权力寻租空间。

以贵州省纪委监委开展的"数据铁笼"试点工程为例，贵州依托大数据技术，在民生资金、"三公"经费、执纪执法审查等重点领域、关键环节建立4个监督系统，实现了资金流转、权力运行的全程记录、追溯和预警。以扶贫民生领域监督系统为例，该系统打通了与民政、人社、住建等主管部门的数据共享信息壁垒。通过数据比对，快速筛查异常信息。若发现问题线索，纪检监察机关就会及时跟进监督检查。截至2019年6月，该系统已采集了7.85亿条民生资金类数据，通过比对发现异常数据65.7万余条，核实发现违规问题33 417个，立案915件，追缴资金4 421万余元。①"数据铁笼"的应用加强了行政监督检查力度，压缩了权力寻租空间，不断推进国家治理体系和治理能力现代化。

_____

① http://www.ccdi.gov.cn/xbl/201906/t20190605_195147.html.

1.2.4 赋能全社会经济高质量发展

数据的另一个重要价值是催生出一种新的经济范式——"数字经济"。数字经济以数据为关键生产要素，以现代信息网络为重要载体，以信息通信技术的有效使用为效率提升和经济结构优化的重要推动力，是以新一代信息技术和产业为依托的新经济形态。

1.2.4.1 数字经济的特征

从构成上看，农业经济属单层结构，以农业为主，配合以其他行业，以人力、畜力和自然力为动力，使用手工工具，以家庭为单位自给自足，社会分工不明显，行业间相对独立；工业经济是两层结构，即提供能源动力和行业制造设备的装备制造产业，以及工业化后的各行各业，并形成分工合作的工业体系。数字经济则可分为三个层次：提供核心动能的信息技术及其装备产业、深度信息化的各行各业以及跨行业数据融合应用的数据增值产业。当前，数字经济正处于成型展开期，将进入信息技术引领经济发展的爆发期、黄金期！[①]

从另一个视角来看，如果说过去 20 多年互联网高速发展引发了一场社会经济的"革命"，深刻地改变了人类社会，那么现在可以看到，互联网革命的上半场已经结束。上半场的主要特征是"2C"（面向最终用户），主战场是面向个人提供社交、购物、教育、娱乐等服务，可称为"消费互联网"。而互联网革命的下半场正在开启，其主要特征将是"2B"（面向组织机构），重点在于促进供给侧的深刻变革，互联网应用将面向各行业，特别是制造业，以优化资源配置、提质增效为目标，构建以工业物联为基础和以工业大数据为要素的工业互联网。作为互联网发展的新领域，工业互联网是新一代信息技术与生产

---

① 梅宏.十三届全国人大常委会专题讲座第十四讲 大数据：发展现状与未来趋势.中国人大网，2019-10-30.

技术深度融合的产物，它通过人、机、物的深度互联，全要素、全产业链、全价值链的全面链接，推动形成新的工业生产制造和服务体系。当前，新一轮工业革命正拉开帷幕，在全球范围内不断颠覆传统制造模式、生产组织方式和产业形态，而我国正处于由数量和规模扩张向质量和效益提升转变的关键期，需要抓住历史机遇期，促进新旧动能转换，形成竞争新优势。我国是制造大国和互联网大国，对于推动工业互联网创新发展具备丰富的应用场景、广阔的市场空间和巨大的推进动力。[①]

1.2.4.2 数字经济发展现状

数字经济是新兴技术和先进生产力的代表，把握数字经济发展大势，以信息化培育新动能，用新动能推动新发展，已经成为全球经济发展的普遍共识。根据 IDC 最新发布的《全球半年度大数据支出指南，2018H2》，在 2019—2023 年预测期内，全球大数据市场相关收益将实现 13.1% 的 CAGR（复合年增长率），并预计总收益于 2023 年将达到 3 126.7 亿美元。

2019 年 12 月 12 日，新华社发布了 2019 年中央经济工作会议公报。公报指出六项重点任务，其中在"着力推动高质量发展"中，明确提出要"大力发展数字经济"，可见发展数字经济是提高经济发展韧性、建设现代化经济体系的重要内容。近年来，在以习近平同志为核心的党中央的坚强领导下，我国数字经济已初步建立了顶层引领、横向联动、纵向贯通的战略推进体系，取得了较好的成绩。据统计，2012 年至 2018 年，我国数字经济规模从 11.2 万亿元增长到 31.3 万亿元，总量居世界第二，占 GDP 的比重从 20.8% 扩大到 34.8%，已

---

① 梅宏.十三届全国人大常委会专题讲座第十四讲 大数据：发展现状与未来趋势.中国人大网，2019-10-30.

经成为经济高质量发展的关键支撑。[①]

数字产业化基础更加坚实。网络能力跻身全球前列。截至 2019 年 11 月，全国光纤用户渗透率达到 92.5%，4G 用户数量达到 12.8 亿户，占移动电话用户比例接近 80%，远高于 49.5% 的全球平均水平。移动通信技术实现了从 2G 空白、3G 跟跑、4G 并跑到 5G 引领的重大突破。产业发展量质齐升。2019 年 1—11 月，规模以上电子信息制造业增加值同比增长 9.7%，软件业务收入接近 6.5 万亿元，同比增长 15.5%，赋能、赋值、赋智作用日益凸显。产业生态逐步形成，京津冀、贵州等八大试验区大数据呈现集聚式发展态势；10 家互联网企业进入全球市值前 30 强，体现出"强者恒强"的发展态势；独角兽企业达 40 多家，专注于大数据细分领域应用行业。

产业数字化新业态发展迅猛。网上零售蓬勃发展，行业带动效应明显。2019 年 1—11 月，网络零售额达到 9.5 万亿元，规模居全球第一；2019 年前三季度移动支付交易规模达 252 万亿元；2015—2019 年，"双十一"一天的全网交易由 1 229 亿元增长到 4 101 亿元（见图 1-7）。网上交易的蓬勃发展对物流行业的带动效应明显。根据菜鸟网络统计，2015—2019 年"双十一"当天的物流订单由 4.67 亿单上升到 12.92 亿单，同比上涨率超过 170%。"码上经济"常态化，催生万亿经济规模。根据 2020 年 1 月 9 日清华大学全球产业研究院、腾讯社会研究中心联合微信·码上经济课题组宣布的《码上经济影响力报告》，2019 年，微信生态带来的码上经济规模达到 8.58 万亿元，微信带动码上经济就业机会 2 601 万个。这些新的经济发展形态是经济发展的新动能，对优化资源配置、促进跨界融通发展和大众创业万众创新、推动产业升级、拓展消费市场尤其是增加就业都有重要作用，也

---

① 陈肇雄.培育壮大数字经济新引擎.学习时报，2020-01-10，第 4 版.

是进一步鼓励、引导和规范的方向。

2015—2019年我国电商平台全网交易额

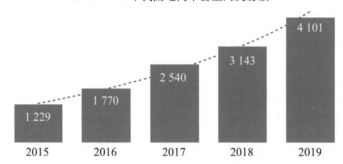

图 1-7　2015--2019 年我国电商平台全网交易额变化趋势（亿元）
注：根据网上公开数据整理。

工业数字化稳步推进。截至 2019 年 9 月，规模以上工业企业的数字化研发设计工具普及率、关键工序数控化率分别达到 69.7%、49.7%，具备行业、区域影响力的工业互联网平台超过 70 家，平均工业设备连接数超过 69 万台，已广泛应用于石化、钢铁、机械等实体经济各行业，降本增效提质作用显著。新动能不断释放，2018 年，产业数字化总量达 24.9 万亿元，占数字经济的比重接近 80%，是我国数字经济发展的主引擎，为实体经济的高质量发展注入了新动力。[①]

1.2.4.3　数字经济未来趋势

在未来，数字经济将呈现以下趋势：

一是以互联网为核心的新一代信息技术正逐步演化为人类社会经济活动的基础设施，并将对原有的物理基础设施完成深度信息化改造和软件定义，在其支撑下，人类极大地突破了沟通和协作的时空约束，推动平台经济、共享经济等新经济模式快速发展。以平台经济中的零售平台为例，百货大楼在前互联网时代对促进零售业发展起到了

---

① 陈肇雄.培育壮大数字经济新引擎.学习时报，2020-01-10，第 4 版.

重要作用。而从 20 世纪 90 年代中后期开始，伴随互联网的普及，电子商务平台逐渐兴起。与要求供需方必须在同一时空达成交易的百货大楼不同，电子商务平台依托互联网，将遍布全球各个角落的消费者、供货方连接在一起，并聚合物流、支付、信用管理等配套服务，突破了时空约束，大幅减少了中间环节，降低了交易成本，提高了交易效率。

二是各行业工业互联网的构建将促进各种业态围绕信息化主线深度协作、融合，在完成自身提升变革的同时，不断催生新的业态，并使一些传统业态走向消亡。如随着无人驾驶汽车技术的成熟和应用，传统出租车业态将可能面临消亡。其他很多重复性的、对创新创意要求不高的传统行业也将退出历史舞台。2017 年 10 月，《纽约客》杂志报道了剑桥大学两名研究者对未来 365 种职业被信息技术淘汰的可能性分析，其中电话推销员、打字员、会计等职业高居榜首。

三是在信息化理念和政务大数据的支撑下，政府的综合管理服务能力和政务服务的便捷性持续提升，公众积极参与社会治理，形成共策共商共治的良好生态。

四是信息技术体系将完成蜕变升华式的重构，释放出远超当前的技术能力，从而使蕴含在大数据中的巨大价值得以充分释放，带来数字经济的爆发式增长。

1.3　"危机"的出现

1.3.1　从软件危机到数据危机

"数据危机"一词是借鉴 20 世纪的"软件危机"提出来的。软件危机是计算机软件在开发和维护过程中所遇到的一系列问题，主要包含两方面：一是如何开发软件，怎样满足对软件日益增长的需求；二是如何维护数量不断膨胀的已有软件。这与当前人们对数据资源的利用能力远远跟不上整个社会对数据价值的期待的现象类似。

数据的爆炸式增长及其蕴含的价值让我们对数据的重要性产生了前所未有的重视。近年来，数据作为一种基础性战略资源，已成为全球共识，数字经济已经成为全球新一轮产业竞争的制高点。但任何事物都有两面性，人类在享受数据给我们的生活带来的极大便利的同时，也应该警惕其带来的一系列数据危机。正如古人云："欲思其利，必虑其害"。数据危机是指由于对数据认识不足、理论缺失、治理不善、技术能力不够等原因，导致数据从产生到应用过程中出现的一系列严重问题和隐患的现象，大大掣肘了数据价值的释放。

1.3.2 地位不明，影响价值释放

目前我国已成为世界上数据量最大、数据类型最丰富的国家之一，但是在海量数据高速增长的趋势下，绝大部分数据的价值还未被充分挖掘，数据价值亟待释放。2015 年我国第一次提出了关于大数据发展方面的顶层设计《关于促进大数据发展的行动纲要》，但整体而言，目前我国的大数据发展仍处于初级阶段，数据的价值仅如冰山一角初步显现。据统计，我国 44% 的企业还没有大数据部署和应用，24% 的企业部署了但未实现大数据应用，只有 1/3 的企业初步应用了大数据，数据蕴含的巨大商业价值也亟须挖掘。[①] 政务数据也面临数据共享不充分、数据开放质量低、开发利用推动无序等问题，大大影响了数据价值的释放。

明确数据的资产地位是促进数据价值释放的关键。目前，数据的

---

① 大数据：释放应用价值，数据融合先行 . https://searchcio.techtarget.com.cn/8-23483/.

资产地位尚未明确，数据的管理运营部门仍多为成本部门。到目前为止，明确数据资产地位的"上位法"尚未制定。如前所述，在现行法律框架下，数据资产尚无法体现在会计报表上，数据的确权、价值衡量、利益分配等问题仍然制约着数据的流通及相配套的秩序规则的建立和完善，从而影响数据价值的充分释放。

1.3.3　底线不清，安全问题频现

正如习近平总书记所强调的，安全是发展的前提，发展是安全的保障。[①]数据治理要以发展为导向，也要坚持安全底线，确保国家安全和个人隐私保护。数据是网络空间的核心要素。从网络安全形势看，全球互联网化程度加深，网络安全攻击更加频繁、更加隐蔽。世界经济论坛《2018 年全球风险报告》指出，网络攻击已成为全球第三大风险因素。国家互联网应急中心（CNCERT）发布的《2019 年上半年我国互联网网络安全态势》显示，2019 年上半年我国境内感染恶意程序的主机高达 240 万台，境内外 1.4 万个 IP 地址对境内 2.6 万个网站植入后门，同比增长 1.2 倍[②]，安全形势不容乐观。

数据泄露事件层出不穷。泄露数据量大、受影响用户多、泄露内容详细。例如，2019 年 Elasticsearch 数据库泄露事件包括 27 亿个电子邮件地址，其中 10 亿个密码都是以简单的明文存储；再如，2019 年 1 月 10 日，HackenProof 安全研究员 Bob Diachenko 发现，MongoDB 数据库中有超过 2.02 亿份中国求职者的详细简历信息已在网上被公布，疑似第三方应用泄露。这份数据库存储的 2.02 亿份简历中包含 202 730 434 条记录，信息非常详细，总计 854GB。数据类型

[①]　http://www.cac.gov.cn/2016-04/20/c_1118679422.htm.

[②]　CNCERT. 2019 年上半年我国互联网网络安全态势 . https://www.cebnet.com.cn/20190814/102594090.html.

包括求职者的姓名、身高、体重、地址、出生日期、电话号码、电子邮件地址、政治倾向、技能、工作经历、工资预期、婚姻状况、驾驶证号、专业经验和职业期望等。[①]除此之外，数据安全还涉及脏数据决策、算法霸权、数学式杀伤性武器、大数据杀熟等一系列问题。数据安全威胁渗透在数据生产、采集、存储、流通、开发和利用等各个方面、数据产业链的各个环节，风险成因复杂交织；既有外部攻击，也有内部泄露；既有技术漏洞，也有管理缺陷；既有新技术、新模式触发的新风险，也有传统安全问题的持续触发。

根据 2019 年 7 月 23 日 IBM Security 公布的《年度数据泄露成本报告》，数据泄露的成本在过去 5 年中上升了 12%，现在的平均成本已高达 392 万美元。[②]虽有如此高昂的成本代价，但数据泄露事件仍时有发生。从中我们可以看出，当前的数据安全认识能力、技术能力和管理能力还有较大短板。

我们试图综合和分析这些现状及造成这一系列问题的原因。研究发现，由于当前信息化应用不断深化，数据共享开放范围逐渐扩大，数据集中汇聚、管运分离、碰撞关联给安全带来了越来越多的挑战。一是数据共享权责界定难。数据共享开放导致安全管理从单一部门转变为多个部门，数据安全管理责任的主体发生了变化。如何界定数据采集、管理、使用等部门的安全责任？这是亟待研究解决的难题。二是数据流通边界管控难。受数据价值的利益驱动，在数据资源开放和开发利用过程中，数据超范围采集、超权限使用、超协定流转，产生了非法数据交易的"黑产"和"灰产"利益链，对个人隐私、商业秘

---

① 2019 年数据泄露全年盘点，让人"触目惊心". https://new.qq.com/omn/20191227/20191227A04N9A00.

② IBM Security 公布《年度数据泄露成本报告》. https://www.sohu.com/a/330490329_427953.

密甚至国家安全造成了极大侵害。三是数据关联汇聚风险识别难。由于数据挖掘、分析、处理技术与数据脱敏技术呈对抗性发展，数据在多维应用场景下开发利用产生新的数据，从而导致难以控制的未知风险，安全挑战更为严峻。因此，我们要不断提高网络和数据安全防控意识，积极应对各类安全威胁，持续提升网络安全防控能力，建立健全法律法规，加快核心技术突破，加强数据安全管理，强化个人信息和重要数据保护，加大对数据违法犯罪的处罚力度，努力构建一套行之有效的安全保护体系。

1.3.4 垄断严重，红利普惠不足

在大数据时代，数据是无形的，依赖于平台而存在，随着数字经济的蓬勃发展，平台成为一种新型的经济组织形式。一方面，平台具有与传统企业一样的员工、资产、组织结构等且参与市场竞争；另一方面，平台并不直接生产或销售商品，而是对供需双方提供匹配服务。在提供匹配服务的过程中，平台掌握了海量用户数据，这些数据单独对部分个人、组织来讲，价值不一定有多大，但对于平台而言，就能享受海量数据带来的巨大红利，因为平台可以通过数据挖掘与分析技术推动产生新的服务与产品，然后产生新的数据，不断进行升级迭代。尤其值得一提的是，部分先发平台在市场竞争环境中通过健全网络生态系统吸引千万流量，形成协同效应，汇聚海量数据并持续增加，使得后进入的平台很难吸引足够的客户，导致客户向先发平台集中，形成超级网络平台。

这些超级网络平台通过海量数据，提供更加精准化、高效化、个性化的商业服务，获取巨大利润，并且向社会公共基础服务领域渗透。但与此同时，我们还应该看到，作为掌握海量数据的网络平台，其数据治理能力也面临巨大压力和挑战。尤其是在安全隐私保护方

面，脸谱的"剑桥门事件"①就是超级网络平台的治理能力不足导致的危机。另外，超级网络平台通过强大的资本和技术支撑，对社会数据资源进行垄断，在一定程度上抑制了数字经济释放的红利对中小微企业的辐射。这对广大中小微企业拥抱变化、不断创新的能力提出了挑战。

数据垄断是大数据时代到来的一种自然现象，在面对这种现象时，不能一味地打击，我们要做的就是合理规制和引导平台健康有序发展，积极地运用政策手段，赋予平台运营相应的权利和义务，加强对平台数据安全管理的监督；同时要进行产业扶持，大力支持基础通用性技术的研发，以惠及整个社会数字化转型发展；也要积极引导超级网络平台通过网络生态体系的丰富和完善带动中小微企业发展，形成开放协同的发展格局。

1.3.5 壁垒林立，流通利用受阻

在大数据时代，如何最大限度地释放数据资源的价值，是一个关键问题。作为一种蕴含巨大潜在价值的资源，数据价值的发挥是一个让数据"动起来"的过程。麦肯锡发现，在过去十年中，数据流动推动全球 GDP 增长了10.1%。与连通性较低的经济体相比，连通性较高的经济体获得的收益最多高出40%。②数据之于互联网就像血液之于骨骼，但如今，国家之间、政府之间、企业之间以及政府与企业之间的数据壁垒就像血管中凝结的一个个血块，阻碍了大数据的自由流动。

---

① 2018年脸谱上5 000万个活跃用户的数据遭泄露，这些数据被一家名为剑桥分析的公司盗用，这家公司利用这些用户数据建立起用户画像，依靠强大的算法定向化地向用户推送相应的新闻，以此来影响用户的投票行为。

② 互联网遭遇"数据流动死结"，该如何打破数据壁垒？ https://blog.csdn.net/weixin_43634380/article/details/89242427.

国家之间数据跨境流动困难。数据是促进经济社会发展的重要引擎，也是推进国家治理现代化的战略资源。数据作为未来国家核心竞争力的一部分，基于对国家利益和安全的维护，以及对数据治理国际话语权的争夺，国家之间数据流通存在严重的障碍。目前世界上除了欧盟各成员国之间实现了数据标准互认外，数据跨境流通往往受限。值得一提的是日本与欧盟签订了《欧盟日本数据共享协议》，实现了与欧盟成员国之间的数据跨境流动。

政府部门之间数据共享难度大。政务数据是数据资源中的重要组成部分，是提高政务服务能力不可缺少的工具。政务数据的开放与共享对于公共产品和公共服务的提供来说具有重要的价值，对于公共服务供给侧结构性改革具有重要的基础性作用。然而，当下政务数据在开放与共享过程中仍然存在着技术短板、部门利益、安全陷阱、问责压力与产权纠结等主要障碍和壁垒，影响着政务数据的充分开发和利用，增大了行政成本、制度成本和协调成本。

企业之间数据共享意识不高。在大数据时代，这些庞杂的数据虽然孕育着各种机遇，但在全球范围内，企业数据共享这一概念还远远没有达成共识。数据作为企业的一种资产，涉及企业的知识产权、商业机密等，为了拥有核心竞争力，企业都以一种封闭的姿态，对数据资源进行管理。数据在企业间几乎无法自由流动。

政府与企业之间数据流动障碍重重。虽然目前政府均以一种开放的态度实行政务信息公开、政务数据资源开放，鼓励企业运用开放数据进行创业创新，但政府开放数据的质量、数量等不能够满足企业再次开发利用的需求。另外，企业掌握着大量的社会数据，即使政府需要企业掌握的公共数据，因面临上位法依据不足、数据确权不定、收益分配无章可循等问题，政府与企业之间的数据融合开发利用也仍然面临着重重挑战。

1.3.6　质量不高，应用效果有限

当前已经有越来越多的政府、企业认识到了数据的重要性，数据平台的建设如雨后春笋。但数据是一把双刃剑，它带来业务价值的同时也面临一定的风险。糟糕的数据质量常常直接导致数据统计分析不准确、监管业务难、高层领导难以决策等问题。据 IBM 统计，错误或不完整数据导致 BI 和 CRM 系统不能正常发挥优势甚至失效；数据分析员每天有 30% 的时间浪费在了辨别数据是不是"坏数据"上；低劣的数据质量严重降低了全球企业的年收入。[①] 可见数据质量是数据开发利用、释放价值的关键指标。

高德纳的报告显示，2011 年，75% 的组织因为缺乏数据质量保障体系而陷入明显的收入增长减缓和成本增加的状况。2017 年，Larry English 提出了因不良质量的业务信息导致的企业灾难一览表，这些损失共计高达数亿美元。[②] 由此可见，不完全符合监管要求的数据管理有可能导致严重的财务灾难甚至会影响到组织的存亡。

不仅企业面临严重的数据质量问题，在我国掌握着高可信数据的政府也同样面临数据质量问题，主要表现有：基于部门职权的数据体系不够完善，导致数据的完备性不足；部门冷数据、死数据偏多，数据共享开放成效差，数据的有效性较低；囿于传统条块划分，系统及数据标准不一，导致数据的标准化程度低；数据的权威性不够，主数据和参考数据依据不足，数据之间相互矛盾等问题影响了数据的高效应用。

高质量的数据有助于最大限度地发挥价值。保障数据质量是实现

---

① 数据质量问题是"技术"问题还是"业务"问题？ http://www.sohu.com/a/207344903_671228.

② 不良数据质量对业务的影响. http://www.carnation.com.cn/knowledge_show.php?id=36&type_news=2&menuid=7.

融合应用、释放数据资源有效价值、促进数字经济发展、增强经济韧性的关键环节。

1.4　"危机"的根源

如上所述，在数据资源释放巨大价值的同时，我们也面临着数据危机，这些危机的根源在于我们的认知水平、治理能力、技术支撑、人才队伍等方面均尚未跟上大数据时代的步伐，我们对大数据时代的到来尚未做好充分的准备。

1.4.1　认识混沌，大数据思维体系尚未形成

目前对大数据的概念存在各说各话的现象，不同专家学者和机构组织分别从不同的视角对数据进行解读和理解，尚未有统一的界定，对大数据尚未形成一个清晰全面的认知。

首先是对数据概念认识不清，对同一名词也尚未统一概念和内涵。从我国各省（自治区、直辖市）政务数据管理相关政策文件制定情况来看，各地对数据的定义各不相同，包括公共数据、公共信息资源、政务数据、政务信息资源、政务数据资产等不同提法。各类提法所对应的内涵也不尽相同，几类典型的提法及特点见表1-1。

表1-1　各地典型的关于数据的内涵界定情况

典型提法	内涵	代表省份	特点
公共数据（1）	公共数据是指本市各级行政机关和公共服务企业在履行职责和提供服务过程中获取和制作的、以电子化形式记录和保存的数据。其中，行政机关包括本市各级行政机关及法律、法规授权的具有管理公共事务职能的组织。公共服务企业包括供水、供电、供气、供热等承担公共服务职能的企业。	北京、吉林等	包括公共服务企业获取和制作的数据。

续表

典型提法	内涵	代表省份	特点
公共数据（2）	公共数据是指本市各级行政机关以及履行公共管理和服务职能的事业单位（以下统称公共管理和服务机构）在依法履职过程中采集和产生的各类数据资源。	上海、浙江等	不包含公共服务企业产生的数据资源。
公共信息资源	公共信息资源是指政务部门和公共企事业单位（以下简称公共机构）在依法履职或生产经营活动中制作或获取的、以一定形式记录和保存的非涉密文件、数据、图像、音频、视频等各类信息资源及其次生信息资源。	海南等	1. 包括公共服务企业获取和制作的数据；2. 排除涉密信息资源；3. 将次生信息资源纳入公共信息资源范畴。
政务数据	政务数据是指国家机关、事业单位、社会团体或者其他依法经授权、受委托的具有公共管理职能的组织和公共服务企业（以下统称数据生产应用单位）在履行职责过程中采集和获取的或者通过特许经营、购买服务等方式开展信息化建设和应用所产生的数据。	福建	1. 提出"数据生产应用单位"的概念；2. 提出数据包括以履行职责、特许经营、购买服务等方式开展信息化建设和应用所产生的数据；3. 范围较大，包括各类公共管理职能组织和公共服务企业。
政务信息资源	政务信息资源是指政务部门在履行职责过程中形成或获取的、以一定形式记录和保存的文件、资料、图表和数据等各类信息资源，包括直接或通过第三方依法采集的、依法授权管理的和因履行职责需要委托政务信息系统形成的信息资源等。其中，政务部门是指政府部门、法律法规授权的具有行政职能的事业单位和社会组织，也包括适用其他依法经授权具有公共管理职能的组织。	江苏、安徽等	1. 明确提出"直接或通过第三方依法采集的、依法授权管理的和因履行职责需要依托政务信息系统形成的信息资源"属于政务信息资源；2. 范围较大，包括具有行政职能的各类组织。
政务数据资产	政务数据资产是指由政务服务实施机构建设、管理和使用的各类业务应用系统，以及利用业务应用系统，依据法律法规和有关规定直接或者间接采集、使用、产生、管理的文字、数字、符号、图片和视频、音频等具有经济、社会价值，权属明晰、可量化、可控制、可交换的政务数据。这里所称的政务服务实施机构是指各级人民政府、县级以上人民政府所属部门、列入党群工作机构序列但依法承担行政职能的部门以及法律法规授权的具有公共管理、服务职能的组织。	山西	1. 明确将数据作为"资产"；2. 数据范围为建设、管理和使用的各类业务应用系统，以及利用业务应用系统直接或间接产生的政务数据；3. 数据要备"经济、社会价值，权属明晰、可量化、可控制、可交换"等特征；4. 范围较大，包括法律法规授权的具有公共管理、服务职能的各类组织。

资料来源：根据网上公开资料统计。

从上述提法中也可以看出，各地对数据和信息的理解、对政务数据和公共数据的理解、对数据是资源还是资产的理解均不一致。甚至基于同一种提法，不同地区的内涵界定也不相同，例如，同样是"公共数据"，北京、吉林等地的内涵范畴包括了本市各级行政机关和公共服务企业在履行职责和提供服务过程中获取和制作的电子形式数据；而上海、浙江等地则不包含公共服务企业产生的数据。在数据日益重要的今天，亟须明确政务数据、公共数据内涵体系，为确定数据管理范畴、明确数据质量标准、细化数据利用边界奠定基础。

除了以上对数据一词定义不清外，与之相关的"大数据""小数据""数字""信息""数字化""数据化"等提法也层出不穷，这些词语的概念依然处于模糊状态，亟须结合时代的发展变化，界定其概念、明确其内涵。

其次是对数据的本质特征和价值认识不清。传统意义上的数据仅仅是记录信息的一种载体，随着大数据分析等新一代信息技术的发展，存储在各个系统和平台内的数据进行了互通与融合，通过关联分析等方法，数据释放了新的价值与意义，赋予了新的特征，成为一种新型生产要素，而这种新型生产要素与传统生产要素不同，具备前文所述的独特属性。最典型的是不同的数据进行关联分析会产生出乎意料的化学反应、释放巨大的价值，而这些正是需要我们探索和认知的。例如，典型的购物篮分析，通过发现顾客放入其购物篮中的不同商品之间的联系，分析顾客的购买习惯；通过了解哪些商品频繁地被顾客同时购买，可以帮助零售商制定营销策略。另外，价目表设计、商品促销、商品的摆放和基于购买模式的顾客划分等都是数据释放出的价值。

人们对数据到底还有多大以及数据能否作为资产进行管理、能否作为资本进行运作等问题仍未达成一致认知。数据的社会地位、流通利用等仍然存在很多不确定因素，需要更加广泛深入的研究与探索。

1.4.2 治理失序，配套法律制度体系尚未形成

数据作为一种新型生产要素，具有区别于传统生产要素的典型特征，传统管理模式无法直接适用，而适用于数据资源的管理模式、秩序规则亟待建立健全。

围绕数据资源的体系化法律法规尚不健全。在数据确权方面，对于数据到底属于何种权利，有人认为是"信息权"[①]，有人提出是"物权"[②]、有人认为是"新型人格权"、有人认为是"知识产权"[③]……目前众说纷纭，尚未有明确的定论。数据的相关权利义务在法律性质、权利内容、权利归属等方面存在着诸多空白。在数据资源的管理、定价、分配模式方面，传统生产要素如土地、矿产、知识产权等有《中华人民共和国土地管理法》《中华人民共和国矿产资源法》《中华人民共和国著作权法》《中华人民共和国专利法》等从法律层面明确了资源的管理、交易、分配模式，但数据资源尚无明确规定。2019年10月底，党的十九届四中全会通过的《决定》中提出，健全劳动、资本、土地、知识、技术、管理、数据等生产要素由市场评价贡献、按贡献决定报酬的机制，在下一步的工作中，数据资源的管理、定价、分配等探索是一项重要任务。在数据安全保护方面，敏感信息的界限尚不够清晰。相同信息项对不同的人甚至在不同时期、不同情境下是否属于敏感信息都有不一样的界定，一些法律和标准对敏感信息的界定比较笼统、模糊，需进一步完善。总之，数据资源涉及的诸多法律

---

① 王晨晖.大数据的本质是信息权力. http://column.iresearch.cn/b/201404/674175.shtml.

② 大数据应该确定成什么权利. https://baijiahao.baidu.com/s?id=1618315752400142637&wfr=spider&for=pc.

③ 法学界四大主流"数据权利与权属"观点. http://gngj.gog.cn/system/2016/11/09/015207721.shtml.

法规问题仍需不断探索并确立。

制度机制亟待完善。一是组织机制需进一步建立和完善。近几年来，我国各地纷纷设置专门的数据管理机构。截至 2019 年底，全国 32 个省（自治区、直辖市）中有 22 个（占比 68.8%）明确了政务数据统筹管理机构，即在机构职能中明确了数据资源管理责任。但各省（自治区、直辖市）根据本地区实际情况设置的政务数据管理机构的类型各不相同，包括政府组成部门、政府直属机构、政府部门内设机构、政府部门管理机构、政府部门管理的事业单位、企业法人、省直事业单位分支机构等。由于数据管理机构的行政级别、机构性质不尽相同，因此管理模式也各不相同；同时数据管理的牵头单位的地位和职责不明确，政务数据统筹管理力度不高。二是职能体系亟待明确和细化。一些地方层面尚未明确数据管理的牵头单位，即使设置了数据管理机构，其职责也处于模糊状态。另外，大部分职能部门尚未明确其数据管理的职责和义务。统筹协同推进的数据治理格局尚未形成。三是监督评价机制尚需建立健全。数据管理能力、数据质量监督评价的机制尚处于起步期，亟待将数据管理能力和数据质量的考核纳入绩效，建立健全数据管理机制。

标准体系亟待构建和完善。基于过去的政务信息化建设模式，我国政府部门数据管理长期处于"各自为政"、分散管理的状态，重复性的基础设施建设不仅增加了数据管理成本，还阻碍了数据的汇聚与流通。随着业务的发展，亟须打破"数据孤岛"，此时数据的标准化建设成为一项重要工作。但目前围绕大数据的基础支撑、数据标准、技术平台、数据管理、业务应用等方面的标准体系尚不完善，完整的标准体系尚未建立起来。另外，缺乏对数据相关标准的评估和评价，即标准的合理性、规范性、适用性、先进性方面的评价有待进一步完善。

1.4.3　技术滞后，技术应用与突破仍需加强

近年来，数据规模呈几何级数高速增长，现有技术体系难以满足大数据应用的需求，大数据理论与技术远未成熟，未来信息技术体系将需要颠覆式的创新和变革。当前，需要处理的数据量已经大大超过技术处理能力的上限，从而导致大量数据因无法或来不及处理而处于未被利用、价值不明的状态，这些数据被称为"暗数据"。国际商业机器公司（IBM）的研究报告估计，大多数企业仅对其所有数据的1%进行了分析和应用。

虽然近几年大数据获取、存储、管理、处理、分析等相关技术已有显著进展，但是大数据技术体系尚不完善，大数据基础理论的研究仍处于萌芽期。首先，大数据的定义虽已达成初步共识，但许多本质问题仍存在争议，例如数据驱动与规则驱动的对立统一、"关联"与"因果"的辩证关系、"全数据"①的时空相对性、分析模型的可解释性与鲁棒性②等；其次，针对特定数据集和特定问题域已有不少专用解决方案，是否有可能形成"通用"或"领域通用"的统一技术体系仍有待于未来的技术发展给出答案；最后，应用超前于理论和技术发展，数据分析的结论往往缺乏坚实的理论基础，对这些结论的使用仍需保持谨慎态度。

---

①　"全数据"也称"全量数据"，是与"采样数据"相对的概念。传统的数据分析受限于数据采集、存储、处理的成本，一般都仅对问题相关的所有数据进行局部采样，并且基于采样获得的部分数据进行分析并得出结论，结论的准确性与采样方法以及对被采样数据的统计假设密切相关。而在大数据时代，人们开始提出"全数据"的概念，即并不采样，而是将与问题相关的所有数据全部输入分析模型并进行分析。这种方法避免了因采样而可能带来的误差，但是也增加了计算成本。

②　鲁棒是英文 Robust 的音译，也就是健壮的意思，因此鲁棒性也被翻译为健壮性。鲁棒性一般用于描述一个系统在异常或极端情况下仍然可以工作的能力。结合上下文，这里谈及的大数据分析模型的鲁棒性是指在数据存在错误、噪声、缺失，甚至存在恶意数据攻击等异常情况下，模型仍然能得到较为准确的结论的能力。

推演信息技术的未来发展趋势：在较长时期内仍将保持渐进式发展态势，技术发展带来的数据处理能力的提升将远远落后于按指数增长模式快速递增的数据体量，数据处理能力与数据资源规模之间的"剪刀差"将随时间推移持续扩大，大数据现象将长期存在。在此背景下，大数据现象倒逼技术变革，将使得信息技术体系进行一次重构，这也带来了颠覆式发展的机遇。例如，计算机体系结构以数据为中心的宏观走向和存算一体的微观走向，软件定义方法论的广泛采用，云边端融合①的新型计算模式，区块链技术与大数据治理等；网络通信向宽带、移动、泛在发展，海量数据的快速传输和汇聚带来了网络的 Pb/s 级带宽需求，千亿级设备联网带来了 Gb/s 级高密度泛在移动接入需求；大数据的时空复杂度急需标识、组织、处理和分析等方面的基础性、原理性突破，高性能、高时效、高吞吐等极端化需求呼唤基础器件的创新和变革；软硬件开源开放趋势导致产业发展生态的重构；等等。②

1.4.4 人才不足，知识体系结构不平衡

目前，我国处于新旧动能转换的关键时期，大数据技术作为产业转型升级的有力工具，需要与传统产业深度融合，推动数字经济蓬勃

---

① 云是指云计算中心，边是指边缘计算设备，端是指终端设备。以智能家居为例，智能电视、冰箱、空调等直接与用户交互的设备是"端"，通过互联网连接的异地的云计算平台是"云"，而安装在每个家庭的智能家居中控服务器是"边"。云计算中心具有强大的计算存储能力，一般用于复杂的数据计算处理；终端设备距离最终用户较近，对用户的操作响应快，一般负责与用户进行交互；边缘计算设备介于"云"和"端"之间，负责对端所采集的数据做本地化处理，同时将需要更强大的计算能力支持的任务和数据发往云计算中心处理，并将"云"返回的结果提供给端设备。云边端融合是一种"云""边""端"不同计算设备各司其职、密切协同且优势互补的新型计算模式。

② 梅宏. 十三届全国人大常委会专题讲座第十四讲 大数据：发展现状与未来趋势. 中国人大网，2019-10-30.

发展，而这一切都需要大量的人才支持。

目前，我国现有人才总量供应不足。《2018 全球大数据发展分析报告》（以下简称《报告》）显示，近年来中国针对"互联网+""大数据+"的融合创新，不仅累积了丰厚的数据资源，相关人才数量也已经占全球的 59.5%；比以 22.4% 位居第二的美国远远多出了一倍之多。但是《报告》也指出，虽然中国大数据产业人才数量傲视各国，但不容讳言，目前仍存在较大的人才缺口。《报告》称，大数据产业相关人才占中国整体就业人口规模的比例仅为 0.23%，相比美国的 0.41%、韩国的 0.43%、芬兰的 0.84%、以色列的 1.12%，仍有进步空间。[①] 猎聘《2019 年中国 AI & 大数据人才就业趋势报告》也显示，中国大数据人才缺口高达 150 万。

现有的人才结构不能满足大数据时代对人才的需求。目前我国产业数字化和数字化产业蓬勃发展，对大数据复合型人才提出了更高的要求：既要懂大数据技术又要懂相关产业。2017 年，清华大学经管学院互联网发展与治理研究中心联合全球职场社交平台 LinkedIn(领英) 发布的《中国经济的数字化转型：人才与就业》报告显示，大数据与人工智能领域人才缺口明显，"技术+管理"人才一将难求。该报告指出，目前中国 85% 以上的数字人才分布在产品研发类，而深度分析、先进制造、数字营销等职能的人才加起来只有不到 5%。[②]数据资源从采集、管理、利用再到市场，不仅涉及数据分析、人工智能等技术，而且涉及法律、伦理、经济、管理等多种学科、多种思维，急需具有综合性、交叉性学科背景的人才。

---

① 中国拥有全球近六成大数据人才 但这一缺口不容忽视 . https://baijiahao.baidu.com/s?id=1633796447863381357&wfr=spider&for=pc.

② 大数据人才缺口明显"技术＋管理"人才一将难求 . http://video.gongkong.com/newsnet_detail/372365.htm.

另外，目前的人才培养体系跟不上社会发展的需求。2016 年 2 月，教育部发布《教育部关于公布 2015 年度普通高等学校本科专业备案和审批结果的通知》（教高函〔2016〕2 号），公布的"2015 年度普通高等学校本科专业备案和审批结果"的"新增审批本科专业名单"中有新专业"数据科学与大数据技术"。截至 2019 年，我国已有 480 余所高校获批数据科学与大数据技术专业，在数据复合型人才培养方面取得了一定成绩。但在目前的教育体系下，高校人才培养过多地偏向于理论与技术，与现实业务对接较少。在大数据与各领域融合发展的过程中，不同的业务领域需要不同的理论、技术和工具的支持，是业务决定技术和工具，而不是根据技术、工具来考虑业务。[①]如何将理论和实践紧密结合，切实解决实际问题、驱动未来发展，是目前大数据人才培养中要重点思考的方向。同时，在人才培养方面，还存在培养内容片面化、缺乏综合且系统的培训体系、教学培训相对应试化、学生或学员实际应用能力不足等问题。整体来说，目前我国大数据人才培养体系还需要进一步建立健全。

目前，我国大数据人才队伍不仅在数量上存在巨大缺口，而且在人才培养结构上亟须优化。应通过政策引导、重点扶持等方式，加强对大数据技术领军人才、复合型高技能人才以及创新型人才的培养，打造多层次、多类型的大数据人才队伍，为我国数字经济的发展做好人才储备，以满足大数据时代对人才的需求。

综上所述，作为一种新型生产要素，数据可以为我们带来巨大价值，但由于当前认识水平、治理体系、技术能力、人才队伍尚不足以与新时代大数据的应用发展需求相匹配，导致了数据危机的产生。基于此，我们需要站在新的视角，思考一种有别于传统生产要素的治理

---

① 中国大数据人才培养体系（第一版）. https://www.sohu.com/a/206883055_99961855.

模式，在此背景下，数据治理成为当前信息化发展面临的重要课题。

参考文献

[1] 梅宏．十三届全国人大常委会专题讲座第十四讲 大数据：发展现状与未来趋势．中国人大网，2019-10-30．

[2] 梅宏．梅宏院士：导论大数据．中国计算机学会大数据专家委．https://mp.weixin.qq.com/s/rJTjQPRCtfTB1blJxc7Qzw．

[3] 王芳，吴志刚．做好数据治理，助力政府治理体系和治理能力现代化．中国电子报，2020-02-28．

[4] 张莉．数据安全与数据治理．北京：人民邮电出版社，2019．

[5] 凯文·凯利．必然．周峰，董理，金阳，译．北京：电子工业出版社，2016．

[6] 吴军．智能时代：大数据与智能革命重新定义未来．北京：中信出版社，2016．

[7] 曾鸣．智能商业．北京：中信出版社，2016．

第2章　数据治理理论与实践现状

　　纵观国内外大数据产业生态的发展，我们不难发现其重点领域随时间变化而不断迁移。大约 2012 年到 2013 年间，在大数据领域最具影响力的技术和产品主要围绕数据清洗、汇聚、存储、处理等基础设施展开。这一阶段，人们逐渐意识到以传统关系型数据库为核心的数据存储与处理技术和系统难以适应多源、异构、海量、高时效等大数据特征和应用需求，NoSQL、NewSQL 等新型数据库系统和批处理、流处理、图处理等多种计算模型成为这一阶段发展的热点。到 2014 年至 2015 年前后，随着基础设施技术和产品的发展，已经形成了一批针对特定应用场景的解决方案，而且数据驱动的人工智能方法取得了突破性的进展，人们分析数据、从数据中萃取知识和智能的热情高涨，数据分析方法、产品和相关企业成为这一阶段大数据生态系统中最为活跃的部分。到 2016 年，虽然大数据技术还远未成熟，但是体系已经渐趋完整，与传统产业、行业的结合也日益紧密，在市场营销、人力资源管理、客户服务、广告优化、金融服务等传统领域的应用初见成效，面向行业和领域的应用型企业发展迅猛，大数据生态系统的发展更加成熟。2017 年之后，随着大数据应用的不断深入，数据作为战略资源的地位日益凸显，数据共享与开放、安全与隐私保护、数据确权等问题引发了人们的深度思考。学术界和产业界意识到大数据绝非单纯的技术问题，需要从管理、规范和技术等多个维度综合考虑，大数据治理的概念逐渐受到人们的关注，大数据治理与数据安全成为大数据产业生态系统的新焦点。

我们从数据治理内涵界定、数据资产地位确立现状、数据安全与隐私保护现状、数据管理体制机制现状、数据开放共享现状这几个方面来分析大数据治理相关理论发展与实践现状。

2.1 治理的提出

面对不同的危机，人们提出相应的应对措施。面对能源危机，人们寻求的突破包括建立新理论找到新资源、应用新科技取得新突破、改进现有工艺取得新效果、扩大规模获得可观收益等。面对软件危机，人们的应对措施有软件工程、软件项目管理与技术生产、人工智能与软件工程的结合等。面对当下的数据危机，集约大数据去中心、多源异构、多元主体等特性，只有建立起与之配套的现代化治理体系——数据治理体系，才能有效解决新时代下面临的挑战。

2.1.1 春秋时期的治理思考

"治理"在中国的历史源远流长。最早出现在春秋战国时期，诸子百家将其用来抒发治国、理政、平天下的抱负。

儒家学说强调治理要"仁政""德礼教化"，其中《孟子》有述"君施教以治理之"，认为德礼教化是基本的治理方式；《荀子·君道》提出"明分职，序事业，材技官能，莫不治理，则公道达而私门塞矣，公义明而私事息矣"，把明公义、达公道作为治理秩序建构的根本价值追求，形成了以德礼教化、追求和谐目标的儒家特有的治理文化。

道家提倡以"无为而治""道法自然"作为治理的准则。《老子注·五章》指出，"天地任自然，无为无造，万物自相治理"才是最好的治理状态，反之，如果一味地追求"有恩有为"，通过人力的作为施加于万物，那么，万物的真实禀性就丧失了，这些物本身也就不存在了。追求"无为"达至"无不为"，认为顺其自然、不过分干预、无为而治为基本的治理模式。

法家的治理则推崇法律化的路径，宣扬"以法治国""废私立公"。《韩非子》提出："其法通乎人情，关乎治理也。""夫治法之至明者，任数不任人。是以有术之国，不用誉则毋适，境内必治，任数也。"论证了通过"法"与"术"、刑赏分明而治，达到政理之"势"的必要性。

综上可见，过去的"治理"主要强调"治国理政"之道，不同学派对治理的方法、手段都有不同的理解。

2.1.2　现代治理的探索

2.1.2.1　治理是政府、市场、社会互动的过程

现代意义上的"治理"一词源于西方，其英文是 governance，是20世纪90年代在全球范围内逐步兴起的。在郁建兴和任泽涛的文章中，治理是一个采取联合行动的过程，强调协调而不是控制。[①]在俞可平的文章中，治理是存在着权力依赖的多元主体之间的自治网络。[②]治理与管理的不同点在于，治理是多主体的行为，管理是单一主体的行为；治理的本意是服务，即通过服务来达到管理的目的；治理是决定由谁来进行决策，管理则是制定和执行这些决策。

英、美等西方发达资本主义国家早期大都奉行亚当·斯密的自由资本主义政策，主张"最小政府"。政府是国家和人民的"守夜人"，

---

①　郁建兴，任泽涛. 当代中国社会建设中的系统治理：一个分析框架. 新华月报，2013（4）：51-54.

②　俞可平. 治理与善治：一种新的政治分析框架. 南京社会科学，2001（9）：40-44.

主要职能在于保卫国家领土主权以及个人和集体利益不受侵害，而市场的资源配置主要依靠市场这只"看不见的手"。然而，20世纪30年代的世界性经济危机给人们带来了深刻的领悟，过分依赖市场会存在资源配置无效率、市场失灵现象。

凯恩斯指出，维持整体经济活动数据平衡的措施可以在宏观上平衡供给和需求。在凯恩斯宏观经济学理论的影响下，人们将视角逐渐转向国家，国家的职能定位由此发生了变化。第二次世界大战以后，在政府的干预下，着力建立针对所有国民的"从摇篮到坟墓"的社会福利体系，为了承担福利体系建设所需要的开支，政府大量占用经济资源，市场配置功能被进一步限制，政府在整个社会经济生活中处于支配地位，经济和社会地位进一步强化。然而，由于政府开支的增加，国家财政赤字和国债急剧上涨。为了弥补财政亏空，政府采取了举债、增税等办法，这导致市场积极性降低，国家经济发展低迷，失业增多，失业保障支出相应增多，形成恶性循环，从而导致政府失灵。

过去的实践经验给人们带来了一个重要的启示，就是过度的市场和过度地强调国家都会带来社会经济的失灵与无序。正如曼海姆的《重建时代的人与社会》所论证的一样，只有高度的民主参与，兼具高度的集中决策，才能保证一个既有民主参与又秩序井然的社会。随着公共管理和公共治理理论的发展与成熟，西方发达国家的治理机制与机制创新得到了进一步发展。诺贝尔经济学奖获得者奥斯特罗姆等提出"公共服务主体多元化"的思想，即以多元化的公共物品提供方式取代政府单一的物品提供方式，强调非政府组织在公共物品供给中的重要作用，以弥补市场失灵和政府失灵带来的真空。

由此可以得出这样一个结论：良性的现代化治理体系要构建新型的政府、市场和社会的关系，促进政府、市场和社会积极、有序互动。由此正如库伊曼所说："治理意味着国家与社会还有市场以新方式互动，以应付日益增长的社会及其政策议题或问题的复杂性、多样性和动态性。"

2.1.2.2　我国的国家治理体系和网络空间治理

2013 年 11 月，党的十八届三中全会提出："全面深化改革的总目标是完善和发展中国特色社会主义制度，推进国家治理体系和治理能力现代化。"这是"治理"思想首次进入国家高层文件，成为引领中华民族伟大复兴、实现中国梦的总方针和行动纲领。需要指出的是，这一总目标由"国家治理体系"和"治理能力现代化"两部分构成，明确和理顺两者的内在逻辑关系是深化改革的逻辑起点。"国家治理体系"是"治理能力现代化"的前提和基础，"治理能力现代化"是"国家治理体系"的目的和结果，要想实现真正的治理能力现代化，首要任务是建立健全一套完整、合法、有效的"国家治理体系"。

习近平总书记指出："国家治理体系和治理能力是一个国家制度和制度执行能力的集中体现。"[①]由此可见，国家治理体系是一系列国家制度的集成和总和。一般认为，国家治理体系是党领导人民管理国家的一整套制度体系，包括经济、政治、文化、社会、生态文明建设和党的建设等各领域的体制机制、法律法规的安排。可以看出，制度是国家治理体系的一个具有根本性与不可或缺性的内容。国家治理体系是一个以制度为中心的宏大系统。

党的十八大以来，以习近平同志为核心的党中央高瞻远瞩、审时度势，提出了一系列网络空间治理的新理念、新思想、新战略，习近平总书记关于网络空间治理多次做出重要讲话，要求形成党委领导、政府管理、企业履责、社会监督、网民自律等多主体参与，经济、法律、技术等多种手段相结合的综合治网格局，为我国开展网络空间治理工作提供了基本遵循。

---

① 习近平在党的十八届三中全会第二次全体会议上的讲话. http://lixian.abzgh.gov.cn/html/news/readnews_123.html.

建立网络综合治理体系是国家治理体系的重要部分。大力推进网络综合治理，一要加强统筹协调，充分发挥党委作用，负责做好网络综合治理的"顶层设计"和监督管理；二要创新政府组织管理模式，明确政府及各部门的权责体系，建立健全管理制度和监督体系，提升网络空间治理实效；三要形成多元参与、共建共享共治的治理格局，网络治理需要党委、政府、企业、社会、网民等不同主体的积极参与；四要综合运用经济、法律、技术等多样化手段来推动各项制度规则的落实，确保网络治理工作扎实、稳步地有效开展。

2.2 数据治理内涵界定

网络空间治理是国家治理体系中的重要组成部分，数据是网络空间的要素，数据治理也成为网络空间的一个核心内容。提到"数据治理"，不得不提到另一概念——"数据管理"，理顺二者的区别与联系能为科学认识"数据治理"提供参考。

2.2.1 数据管理的概念界定

数据管理（data management）的概念是伴随 20 世纪 80 年代数据随机存储技术和数据库技术的使用，计算机系统中的数据可以方便地存储和访问而提出的。数据管理是指通过规划、控制与提供数据和信息资产职能，包括开发、执行和监督有关数据的计划、政策、方案、项目、流程、方法和程序，来获取、控制、保护、交付和提升数据与信息资产价值。

2015 年，国际数据管理协会（Data Management Association International，DAMA）在 DBMOK 2.0 知识领域将其扩展为 11 个管理职能，分别是数据治理、数据架构、数据建模与设计、数据存储与操作、数据安全、数据集成与互操作、文件和内容、参考数据和主数据、数据仓库和商务智能、元数据、数据质量（见图 2-1）。表 2-1

列出了部分机构数据管理的定义。

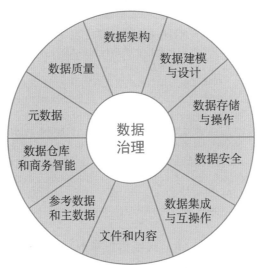

图 2-1　《DAMA 数据管理知识体系指南》数据管理框架图

表2-1　部分机构数据管理的定义一览表[①]

机构名称	数据管理
DAMA-DMBOK	数据管理（data management, DM）是为实现数据和信息资产价值的获取、控制、保护、交付以及提升对政策、实践和项目所做的计划、执行和监督。 该定义有以下三层含义： （1）数据管理包含一系列业务职能，包括政策、计划、实践和项目的计划和执行； （2）数据管理包含一套严格的管理规范和过程，用于确保业务职能得到有效履行； （3）数据管理包含多个由业务领导和技术专家组成的管理团队，负责落实管理规范和过程。 数据管理的其他称谓包括：信息管理（IM）、企业信息管理（EIM）、企业数据管理（EDM）、数据资源管理（DRM）、信息资源管理（IRM）、信息资产管理（IAM）。

①　浅谈数据治理、数据管理、数据资源与数据资产管理内涵及差异点 . https://mp. weixin.qq.com/s?__biz=MzU5ODQ1OTI4NQ==&mid=2247484992&idx=1&sn=b97439098f193a fc3eda978123bf8141&chksm=fe4290bac93519acf793d8c74831078e9d3a81c94d289c3b7e27780d 6f697eddc204b03be4fe&mpshare=1&scene=1&srcid=&sharer_sharetime=1571233012977&sharer_ shareid=2128aa9d5d3c0e637e328171a88883c8.

续表

机构名称	数据管理
ISO OBP	（1）数据管理提供对数据的访问、执行或监视数据存储以及控制数据处理系统中所有输入输出操作的功能。——摘自 ISO/IEC 20944-1:2013（en），3.6.6.2 （2）数据管理的接口有向更高级别的应用程序和接口提供读取、写入、收集、筛选、分组和事件订阅以及 RFID 标记数据通知的功能。——摘自 SO/IEC po24791-1:2010（en），4.2 （3）在数据处理系统中，数据管理提供对数据的访问、执行或监视数据存储以及控制输入输出操作的功能〔ISO/IEC 2382:2015，信息技术词汇〕。在整个数据生命周期中，提供对符合数据要求的业务和技术数据的规划、获取和管理。——摘自 ISO/IEC/IEEE 24765:2017（en），3.1017

数据管理强调单一主体，对本单位掌握的数据采取的一系列活动的目的在于保障本单位数据有序、高效管理和运转。

2.2.2 对数据治理的不同理解

目前，数据治理的相关定义内涵不一致。不同人从不同的角度对其进行了描述。例如，从体系框架角度，上海计算机软件技术开发中心的研究员张绍华等人则将大数据治理定义为"大数据治理是对组织的大数据管理和利用进行评估、指导和监督的体系框架。它通过制定战略方针、建立组织架构、明确职责分工等，实现大数据的风险可控、安全合规、绩效提升和价值创造，并提供不断创新的大数据服务"[1]；从信息治理计划和策略角度，曾任美国IBM信息治理总监的桑尼尔·索雷斯将大数据治理定义为"大数据治理是广义信息治理计划的一部分，即制定与大数据有关的数据优化、隐私保护与数据变现的政策"[2]；从部署与管理角度，Mohanapriya等人将大数据治理定义为

---

[1] 张绍华，等.大数据治理与服务.上海：上海科学技术出版社，2016.

[2] 桑尼尔·索雷斯.大数据治理.匡斌，译.北京：清华大学出版社，2014.

"大数据治理是企业数据可获性、可用性、完整性和安全性的部署及其全面管理"[①]；从策略或程序角度，美国数据管理咨询公司Knowledge Integrity 总裁戴维·洛辛将大数据治理定义为"描述数据该如何在其全生命周期内有用并对其进行管理的组织策略或程序"[②]。大数据治理的核心内涵目前还远未形成共识，仍需在研究和实践中进一步探索和思考。

目前，数据治理概念的使用相对"狭义"，研究和实践大都以企业组织为对象，仅从一个组织的角度考虑大数据治理的相关问题。例如，桑尼尔·索雷斯从大数据类型、产业与功能、治理科目三个维度定义了大数据治理框架，各企业可以根据该框架制订企业的大数据治理计划。张绍华等从原则、范围、实施与评估三个维度定义了大数据治理框架，各企业可以根据该框架推进大数据治理工作。可以看出，目前数据治理研究集中在组织层面，但大数据治理的范围仅限于组织内部显然是不够的，多源数据聚集和跨组织、跨领域的数据深度融合挖掘是展现大数据价值的前提，在价值驱动下，各界普遍存在着数据突破组织边界流动的需求。随着数据开放和流通技术及渠道的逐步完善，数据跨组织流动和应用已经发生，并呈现日益普遍的趋势。无疑，这将是涉及行业内和跨行业、区域内和跨区域、全国乃至全球多个层次的问题，企业组织的大数据治理离不开行业的规范和自律、国家的"上位法"甚至国家间的约定或协议，多层次协同才有可能构成大数据生态建设的基础性保障。

2.2.3 本书数据治理概念的界定

中国于2014年6月在悉尼召开的ISO/IEC JTC1/SC40（IT治理

---

① Mohanapriya C，Bharathi K M，Aravinth S S，et al. A trusted data governance model for big data analytics. *International Journal for Innovative research in Science and Technology*，2015，1（7）：307-309.

② David Loshin. Big Data Analytics. San Mateo：Morgan Kaufmann，2013.

和 IT 服务管理分技术委员会）第一次全会上，首次在 IT 治理领域中提出了"数据治理"的概念。概念一经提出，即引发了国际同行的兴趣和持续研讨。2014 年 11 月，在荷兰召开的 SC40/WG1（IT 治理工作组）第二次工作组会议上，中国代表提出了《数据治理白皮书》的框架设想，分析了世界上包括国际数据管理协会（DAMA）、国际数据治理研究所、IBM、高德纳咨询公司等组织在内的主流的数据治理方法论、模型，获得了国际 IT 治理工作组专家的一致认可。2015 年 3 月，中国信息技术服务标准（ITSS）数据治理研究小组通过走访调研，形成了金融、移动通信、央企能源、互联网企业在数据治理方面的典型案例，进一步明确了数据治理的定义和范围，并于 2015 年 5 月在巴西圣保罗召开的 SC40/WG1 第三次工作组会议上正式提交了《数据治理白皮书》国际标准研究报告。

根据国际标准化组织 IT 服务管理与 IT 治理分技术委员会、国际数据治理研究所（DGI）、IBM 数据治理委员会等机构的观点，数据治理意指建立在数据存储、访问、验证、保护和使用之上的一系列程序、标准、角色和指标，以期通过持续的评估、指导和监督，确保富有成效且高效的数据利用，实现企业价值。

由此可见，数据治理不同于数据管理，正如习近平总书记所指出的："治理和管理一字之差，体现的是系统治理、依法治理、源头治理、综合施策"。[1]治理本身源于拉丁文的"掌舵"一词，它是指政府掌握和操作的某种行动。治理是联合行动的过程，强调协调而不是控制；治理是存在着权力依赖的多元主体之间的自治网络；治理的本意是服务，通过服务来达到管理的目的；治理是决定谁来进行决策，管理就

---

① 习近平总书记创新社会治理的新理念新思想 . 中国共产党新闻网 . http://theory.people. com.cn/n1/2017/0817/c83859-29476974.html.

是制定和执行，二者之间还是有细微划分的。①二者的区别见表 2-2。

表2-2　数据治理与数据管理的区别

数据治理	数据管理
双向、多向互动	单项管理
多元经济主体（个人数据主体、政府机关、监管机构等）	单一主体
自上而下或平行运行的平衡协调	自上而下的控制
社会性、政治性和国际性	技术经济维度

　　数据治理以数据为对象，由于数据的来源、流通具有高度复杂性，因此数据治理是一个复杂的过程，包括数据采集、归集存储、分析处理、数据产品和服务定价与分配等多个复杂的流通环节；涉及数据生产者、数据采集者、数据管理者、数据平台运营者、数据加工利用者、数据消费者等多元参与主体（政府、市场、社会）（如图 2-2所示），是一个复杂的动态变化过程。

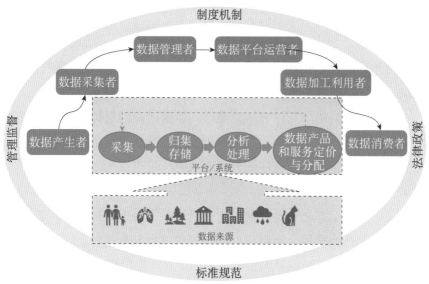

图 2-2　数据治理参与者及流程示意图

___

① 2018 年 4 月 21 日，在苏州举行的第十三届中国电子信息技术年会上，梅宏院士应邀作题为《大数据治理体系建设若干思考》的大会报告。参见 https://www.sohu.com/a/229032811_634549。

数据治理的核心在于"治理"，目的是为了保障数据有序运转，于是可以对数据治理做出这样一个界定：数据治理以"数据"为对象，是指在确保数据安全的前提下，建立健全规则体系，理顺各方参与者在数据流通的各个环节的权责关系，形成多方参与者良性互动、共建共享共治的数据流通模式，从而最大限度地释放数据价值，推动国家治理能力和治理体系现代化。

基于上述概念，我们可以明确数据治理的几个核心内容：

一是以释放数据价值为目标。数据治理的首要目标是通过系统化、规范化、标准化的流程或措施，促进对数据的深度挖掘和有效利用，从而将数据中隐藏的巨大价值释放出来。

二是以数据资产地位确立为基础。由于数据治理以数据为对象，那么作为核心要素，数据在社会经济发展中所处的地位直接决定了围绕数据的各项活动的开展方式、流程等。

三是以数据管理体制机制为核心。数据治理的重点在于建立健全规则体系，形成多方参与者良性互动、共建共享共治的数据流通模式，因此，围绕数据的各项管理体制机制的建立和完善是当前国家、组织、企业等各类主体的核心。

四是以数据共享开放利用为重点。数据治理的目标在于保障数据的有序流通，进而不断释放数据的价值。而数据流通的主要活动包括数据的共享、开放以及有序的开发利用等，这也成为当前阶段数据治理工作的重点。

五是以数据安全与隐私保护为底线。数据治理要以国家、企业和个人信息安全为前提，否则再好的治理模式也是有违社会正义的。因此，保障数据安全与隐私保护的各项活动是数据治理的底线保障。

2.3　数据资产地位确立现状

目前，各个国家出台了一些数据治理方面的法律法规，并制定了相关政策明确数据的所属权、控制权、使用权等。这些法律法规主要集中在数据资产地位确立以及数据安全与隐私保护方面。首先介绍一下数据资产地位确立的现状。

数据资产地位确立目前尚未有明确的法律法规，不过各国政府在这方面制定了一些相关的法规。

资产是任何有形或无形的、能够被拥有并产生价值的东西。明确将数据作为一种资产，则可以将数据的归属、估值、交易、管理等纳入人类社会一般资产的管理体系，对于促进数据的确权、流通、交易、保护等具有重要的基础性意义。

奥巴马政府在 2012 年 2 月宣布推动《消费者隐私权利法案》（Consumer Privacy Bill of Rights）的立法程序，这是与大数据最为息息相关的法案，明确了消费者对自身相关数据的所有权和控制权，指出消费者有权控制企业对个人信息的收集和使用。2018 年 6 月 28 日，美国加利福尼亚州州长签署公布一项数据隐私法案——《加利福尼亚州消费者隐私保护法案》（California Consumer Privacy Act，CCPA），并于 2020 年 1 月 1 日起正式施行。该项立法与当前全球个人信息保护立法的发展趋势基本一致，赋予了消费者更多权利，对企业施加了更严苛的义务。由于加州是全球互联网企业的聚集地，CCPA 有着较为广泛的影响力。

1995 年欧盟颁布《个人数据保护指令》，规定了数据的归属权，并制定了严格规范的个人信息保护法律框架，要求各成员国保证个人数据在成员国之间自由流通。2016 年 4 月 14 日，欧洲议会通过了新的个人数据保护法——《一般数据保护条例》，建立了数字时代欧盟统一的数据保护规则。2018 年 5 月 25 日，欧盟出台《通用数据保护条例》（General Data Protection Regulation，GDPR），其前身是欧盟在 1995 年制定的《计算机数据保护法》。GDPR 规定了数据的归属权，并制定了严格规范的个人信息保护法律框架，要求各成员国保证个人数据在成员国之间自由流通。该条例的适用范围极为广泛，任何收集、传输、保留或处理涉及欧盟所有成员国的个人信息的机构组织均受该条例的约束。

GDPR 主要的立法目的是用于保护个人隐私权和促进此权利的行使，其中在个人数据权利的法律归属方面，设定了"个人数据"、"数据主体"和"数据主体权利"以及采取了严格的全球个人隐私保护要求。CCPA 则是赋予了消费者更多权利，对企业施加了更严苛的义务，与当前全球个人信息保护立法的发展趋势基本一致。已经实施的GDPR 与 CCPA 之间存在着许多相似性，但是由于这两个保护法所处的立法环境、执法环境均不相同，因此在很多对象的约束与条款的实施上有所区别。CCPA 更加注重消费者保护的实际效果，以及与促进企业发展、技术创新之间的平衡。CCPA 更加明确了适用范围、扩展了个人信息定义、强化了消费者隐私权利保护等。表 2-3 具体比较分析了 GDPR 与 CCPA 的相同点与不同点。

表2-3　GDDR与CCPA的比较

	《通用数据保护条例》（GDPR）	《加利福尼亚州消费者隐私保护法案》（CCPA）
共同点	1. 目的类似：通过规范企业使用和处理数据的行为，强化其数据责任主体意识，并设定较为严格的处罚，旨在加强对个人数据和隐私的保护。 2. 立法内容共性之处： ● 关于个人信息都有较为广泛的定义； ● 都为个人新设了一些权利，如数据可携带权、删除个人信息权等； ● 都要求企业告知用户收集、使用、共享数据的具体信息，要求企业及时修改隐私政策，定期更新并确保在适当时间收到所需的通知； ● 都强调尊重个人对其信息的自决权； ● 都对儿童数据的使用作了具体规定； ● 都设定了较严格的处罚方式，为个人数据和隐私提供了自行维权的途径； ● 在鼓励数据流通、设置例外合规等方面，也具有较强的共通性。	

续表

		《通用数据保护条例》（GDPR）	《加利福尼亚州消费者隐私保护法案》（CCPA）
不同点	立场和出发点	GDPR 是基于监管者的立场，以保护基本人权为出发点，强调有关责任主体主动规范数据处理的行为；GDPR 对数据保护的规定更为全面。	CCPA 更偏向于消费者的立场，侧重于规范数据的商业化利用；CCPA 中基本是涉及消费者隐私保护的内容，并不像 GDPR 有关于数据安全方面的内容。
	适用对象	任何拥有欧盟公民个人数据的组织，包括：在欧盟境内拥有业务的组织；在欧盟境内没有业务，但是存储或处理欧盟公民的个人信息的组织；超过 250 名员工的组织；少于 250 名员工的组织，但是其数据处理方式影响数据主体的权利和隐私，或是包含某些类型的敏感个人数据。	处理加州居民个人数据的营利性实体，且要求：年度总收入超过 2 500 万美元，或为商业目的购买、出售、分享超过 50 000 个消费者、家庭或设备的个人信息，或通过销售消费者个人数据取得的年收入超过总收入的 50%。
	"个人信息"的定义	GDPR 侧重于使用抽象的概念来定义，实践中存在很大的可解释空间。	CCPA 采用抽象定义与实例列举相结合的方式，将"特定家庭的信息""设备"等纳入管辖范围，还将一些 GDPR 适用过程中容易产生争议的数据类型明确纳入 CCPA 的管辖范围。
	用户的加入与退出	GDPR 强烈建议用户选择加入。	CCPA 则根据用户的意愿，用户如果选择退出，就必须与第三方进行信息共享。
	个人权利的规定	GDPR 规定了个人对其数据享有知情权，且有删除个人数据、限制处理个人数据等相关权利。	CCPA 规定了更为广泛的访问个人数据的权利，且没有 GDPR 所规定的一些例外情况；CCPA 还提出了"财务激励计划"，在提前通知消费者并征得其同意的前提下，企业可因处理数据的行为向消费者提供财务激励，赋予个人信息财产属性。
	管辖权原则	GDPR 采用属地管辖、属人管辖和保护性管辖相结合的管辖原则。	CCPA 从风险影响程度和范围出发，聚焦重点，逻辑简明。CCPA 主要管辖如下实体：处理加州居民的个人信息的实体，且该实体以营利为目的并满足以下一个或多个条件：（a）年度总收入超过 2 500 万美元；（b）每年独自或与他人联合，为商业目的购买、出售、分享不少于 50 000 个消费者、家庭或设备的个人信息；（c）有不少于 50% 的年收入来自出售消费者的个人信息；（d）是处理个人信息的服务供应商。

续表

		《通用数据保护条例》（GDPR）	《加利福尼亚州消费者隐私保护法案》（CCPA）
不同点	最低标准	GDPR 没有设置最低标准，因此企业的所有业务都会受到监管。	CCPA 不会监管年营业额低于 2 500 万美元、业务范围不超过 50 000 个用户的公司，即使发现了该公司存在数据泄露的行为。
	关于数据跨境的限制	GDPR 环环相扣，严格限制，对数据跨境传输到欧盟境外的情况作了较为严格的规定，具体而言，设置了五道"关口"。	CCPA 则没有进行限制。美国的互联网乃至整个信息产业领先于全球，因而从价值取向上更加鼓励数据的跨境流动。
	处罚机制	GDPR 没有上限，规定企业会面临最高处以 2 000 万欧元或上一财年全球营业额 4% 的行政处罚（以较高者为准）。	CCPA 没有设置上限，规定罚款金额范围固定在 100 美元 / 个受影响用户至 750 美元 / 个受影响用户，没有上限的罚款标准比 GDPR 残酷了不少。
	救济机制	GDPR 规定了包括申诉权、针对控制者或处理者的司法救济权、求偿权等权利。	CCPA 的一大亮点是将损害赔偿一事授予了个人，规定了私人诉讼权，使得民事集体诉讼成为可能。
	实施时间	2018 年 5 月 25 日	2020 年 1 月 1 日

2012 年 12 月，第十一届全国人民代表大会常务委员会通过了《全国人民代表大会常务委员会关于加强网络信息保护的决定》。该决定要求，国家保护能够识别公民个人身份和涉及公民个人隐私的电子信息，网络服务提供者和其他企事业单位应当采取技术措施和其他必要措施，确保信息安全，防止在业务活动中收集的公民个人电子信息泄露、损毁、丢失。2013 年 7 月，工业和信息化部公布了《电信和互联网用户个人信息保护规定》。该规定是对《全国人民代表大会常务委员会关于加强网络信息保护的决定》的贯彻落实，进一步明确了电信业务经营者、互联网信息服务提供者收集、使用用户个人信息的规则和信息安全保障措施与要求。2014 年 3 月 15 日，新版《中华人民共和国消费者权益保护法》正式实施，明确了消费者享有个人信息依法得到保护的权利，同时要求经营者采取技术措施和其他必要措施，

确保个人信息安全，防止消费者个人信息泄露、丢失。

上述法律法规在一定程度上阐明了数据资产的地位，但是目前尚无将数据正式作为资产的相关立法。为了更好地利用大数据，发挥大数据的价值，需要在国家法律法规层面明确数据资产的地位。同时，在行业层面，需要在国家相关法律法规的框架下，考虑本行业中企业的共同利益与长效发展，构建相应的行业大数据治理规则，并且在组织层面，通过组织内部规章将数据确定为其核心资产，以利于有效管理和应用。

2.4　数据管理体制机制现状

根据 DAMA-DMBOK 给出的定义，数据管理（DM）是为实现数据和信息资产价值的获取、控制、保护、交付以及提升，对政策、实践和项目所做的计划、执行和监督。良好的数据管理体制机制不仅能促进数据产业的健康发展，也为国家掌控数据安全、维护用户权益提供了有力的抓手。我们从数据管理相关政策法规以及数据管理成熟度模型两个方面阐述数据管理体制机制现状。

2.4.1　数据管理相关政策法规

当前，从国家层面看主要有两种数据管理模式。一是以欧盟为代表的由政府设立专门机构直接管理的模式。在该模式下，欧洲议会和欧盟委员会联合出台《欧洲议会及欧盟委员会就保护公民在个人数据处理方面的权益以及这些数据自由流动的规定》，保护个人的数据基本权利和自由，并保障个人数据在欧盟成员国之间的自由流动。欧盟监察专员办公室设置数据保护专员，负责该规定的有效执行。二是以美国为代表的政府引导的行业自律管理模式。在该模式下，由公司或者行业内部制定行业的行为规章或者行为指引，为行业的隐私保护提供示范。通过采取登记注册、公示公布、行政处罚、刑事制裁等多种手段加强对数据的管理。目前，我国尚未有明晰的数据管理模式，我们应该借鉴已有模式，兼顾现状和发展，建立符合我国国情的数据管理体系，如立法全面保护、完善行业自律机构、强化救济措施等。

美国于 2009 年分别推出了《透明与开放政府备忘录》《开放政府指令》，并于 2009 年创设联邦政府首席信息官和首席技术官，于 2010 年设置首席数据官，联邦政府管理与预算办公室负责开放数据施行的协调和领导并制定实际操作方案，旨在创造一个具有较高开放水平的政府，以加强民主、提高政府效率和效益。

英国在 2010 年推出了《保守的技术宣言》；在 2012 发布了《开放数据白皮书：释放潜能》，还设立了透明委员会，负责研究制定政府数据开放制度；成立了开放数据研究所，与企业协同开展研究，分析英国政府开放数据情况，旨在建立更加透明和公正的政府。

加拿大在 2011 年推出《开放政府动议》；2014 年财政委员会秘书处主席 Tony Clement 指出，开放政府可提高公众对政府数据和信息的获取能力，创建更负责任的政府。加拿大设立了开放政府指导委员会（OGSC）来负责制定开放政府政策，包括开放数据政策的总体布局和规划，并在政府各部门设置首席信息官，旨在创建成本效益高、反应迅速的政府，让公民有更多机会参与政府事务，推动创新经济发展。

日本在 2010 年推出《信息和通信技术（IT）的新战略》，在 2011 年出台《促进电子政务的基本行动计划》，在 2012 年发布《电子政务开放数据战略》草案。日本在 2000 年组建高度信息通信社会推进对策本部（简称 IT 战略本部）的基础上，还按照《IT 基本法》，由首相担任该部部长，旨在创建最尖端 IT 国家，建成"世界最高水准的广泛运用信息产业技术的社会"。

俄罗斯在 2002 年推出《2002—2010 年电子俄罗斯专项纲要》《2002—2004 年信息化建设标准纲要》，通过俄罗斯国家信息化委协调国家信息化优先发展领域，制定信息化建设保障标准，协调指导全局性问题，旨在促进信息技术在国民生活中的普及与应用，提高信息化程度，实现与民众的互动。

德国在 2010 年发布《德国 ICT 战略：数字德国 2015》；在 2013 年发布《高技术战略 2020》；在 2014 年推出《数字议程（2014—2017）》，该议程宣称以数据开放促进科学决策与社会创新，工业 4.0 与传统制造业数字化升级。德国电子政务由内政部总体负责并协调规划，内政部"首席信息化官员办公室"负责全国信息技术领域的技术协调，下设"联邦政府信息技术协调和咨询处""德国信息安全处"等，旨在在信息化变革中推动"网络普及""网络安全""数字经济发展"，希望以此打造具有国际竞争力的"数字强国"。

法国在 2011 年公布"数字法国 2020"的战略规划，在 2013 年推出《数字化路线图》，并宣布投入 1.5 亿欧元大力支持 5 项战略性高新技术；在 2013 年 7 月发布《法国政府大数据五项支持计划》。同时，设立法国互联网国家顾问委员会，由个人和国家机构人员组成，实现"共同调控"，旨在抓住大数据发展机遇，促进本国大数据领域的发展，以便在经济社会发展中占据主动权。

意大利在 2000 年出台《电子政府行动计划》，在 2002 年发布《意大利政府信息社会发展纲要》，在 2009 年 1 月正式发布 E-GOV2012 计划。意大利创新与技术部肩负着推动电子政务实施与部门协调的职能，部长兼任信息社会部长委员会主席；在 2003 年 7 月成立全国公共管理 IT 中心，承担协调与指导功能，旨在更好地向公众开放数据，挖掘政府会共数据潜力和对经济增长的创新，提高政府的透明度和责任心。

我国也发布了一系列政策，以促进我国数据管理与利用、数据共享与开放。相关政策如下：

◆ 《中共中央办公厅、国务院办公厅关于加强信息资源开发利用工作的若干意见》（中办发〔2004〕34号） 指出，加强信息资源开发利用，是落实科学发展观、推动经济社会全面发展的重要途径，是增强我国综合国力和国际竞争力的必然选择。

◆ 《国家电子政务总体框架》（国信〔2006〕2号） 针对政务信息资源管理的信息的采集与更新、信息公开与共享、基础信息资源等几个方面，提出了相关规定。

◆ 《国务院关于印发促进大数据发展行动纲要的通知》（国发〔2015〕50号） 从内容架构上总体上呈现了"一体两翼一尾"的格局。"一体"即以"加快建设数据强国，释放数据红利、制度红利和创新红利"为宗旨；"两翼"是指以"加快政府数据开放共享，推动资源整合，提升治理能力"和"推动产业创新发展，培育新兴业态，助力经济转型"两方面内容为载体和依托；"一尾"是指以"强化安全保障，提高管理水平，促进健康发展"为保障和平衡。

◆ 《国务院关于印发政务信息资源共享管理暂行办法的通知》（国发〔2016〕51号） 对政务信息资源目录、政务信息资源分类与共享要求、共享信息的提供与使用、信息共享工作的监督和保障等做出相关规定。

◆ 《国务院关于印发"十三五"国家信息化规划的通知》（国发〔2016〕73号） 按照"五位一体"总体布局和"四个全面"战略布局，牢固树立创新、协调、绿色、开放、共享的发展理念，着力补齐核心技术短板，全面增强信息化发展能力；

着力发挥信息化的驱动引领作用，全面提升信息化应用水平；
着力满足广大人民群众普遍期待和经济社会发展关键需要，
重点突破，推动信息技术更好服务经济升级和民生改善；着
力深化改革，全面优化信息化发展环境，为如期全面建成小
康社会提供强大动力。

◆ 《国务院办公厅关于印发科学数据管理办法的通知》（国办发
〔2018〕17 号）　从职责、采集、汇交与保存、共享与利用、
保密与安全等方面对科学数据进行管理。

◆ 2019 年 5 月 28 日国家互联网信息办公室发布《数据安全管理
办法（征求意见稿）》，针对在中国境内利用网络开展数据收
集、存储、传输、处理、使用等数据活动，以及数据安全的
保护和监督管理做出了规定。

除此而外，各个地方也推出了一系列地方政策法规以推动数据管
理，主要有以下地方法规：

◆ 《贵州省政务数据资源管理暂行办法》于 2016 年 11 月 14 日
发布，旨在规范全省政务数据资源管理工作，推进政务数据
资源"聚、通、用"。

◆ 《福建省政务数据管理办法》于 2016 年 10 月 15 日发布，旨
在加强政务数据管理，推进政务数据汇聚共享和开放开发，
加快"数字福建"建设，增强政府公信力和透明度。

◆ 《甘肃省科学数据管理实施细则》于 2018 年 8 月 29 日发布，
旨在进一步加强和规范科学数据管理，保障科学数据安全，
提高开放共享水平，支撑科技创新和经济社会发展。

◆ 《上海市公共数据和一网通办管理办法》于 2018 年 9 月 30 日
发布，旨在促进本市公共数据整合应用，推进"一网通办"
建设，提升政府治理能力和公共服务水平。

◆ 《安徽省科学数据管理实施办法》于 2018 年 11 月 18 日发布，旨在进一步加强和规范科学数据管理，积极推进科学数据资源开发利用和开放共享，为全省科技创新、经济社会发展以及现代化五大发展美好安徽建设提供有力数据支撑。

◆ 《广东省政务数据资源共享管理办法（试行）》于 2018 年 11 月 29 日发布，旨在解决当前政务数据资源条块分割、标准不一、"信息孤岛"突出、开发利用水平低等问题，进一步规范政务数据资源编目、采集、共享、应用和安全管理。

◆ 《北京市公共数据管理办法（征求意见稿）》于 2019 年 4 月 23 日发布，旨在加强对本市各级行政机关及公共服务企业所产生数据的采集更新、共享开放、挖掘使用、安全监管、督查考核等方面的管理，推动破除数据"孤岛"。

◆ 《海南省大数据开发应用条例》于 2019 年 9 月 27 日发布，旨在推动大数据的开发应用，发挥大数据提升经济发展、社会治理和改善民生的作用，促进大数据产业的发展，培育壮大数字经济。

◆ 《辽宁省政务数据资源共享管理办法》于 2019 年 11 月 26 日发布，旨在规范和促进政务数据资源共享，提高政府社会治理能力和公共服务水平。

◆ 《山东省电子政务和政务数据管理办法》于 2019 年 12 月 25 日发布，旨在推进政务数据共享与开放，提高政府服务与管理能力，优化营商环境。

从上述我国和其他国家所颁布的各项法律法规可以看到，各国均不遗余力地促进数据产业的健康发展，这些法律法规的颁布与实施为建设良好的数据管控协调体制打下了良好的基础。未来，随着数据不断积累与应用面的不断扩大，仍需一系列法律法规来保障数据的规范使用与利用。

2.4.2　数据管理成熟度模型

自 2005 年开始，数据管理机制的相关研究已经成为 IT 信息管理的研究热点之一，各研究机构、组织团体纷纷推出数据管理能力成熟度评估模型。数据管理成熟度评估模型是用于对组织的数据管理能力成熟度进行评估的模型，用以衡量组织级别的数据管理能力。

高德纳在 2008 年 12 月发布了企业信息管理成熟度模型（EIM Maturity Model），把信息管理成熟度划分为 6 个级别进行定义。[①]第 0 级为无认知型，处在第 0 级中的企业由于没有进行信息管理，面临巨大风险，如客户服务能力差以及生产力低下等。第 1 级为认知型，处在第 1 级中的企业已经具有一些关于信息管理的认知。第 2 级为被动回应型，处在第 2 级中的企业的业务和 IT 管理者对于重要业务单元的一致性、准确性、更快捷的信息需求做出积极回应。这些企业管理者能够采取相应措施来解决迫在眉睫的需求。第 3 级为主动回应型，处在第 3 级中的企业把信息作为促进业务效能的必要条件，因此正在从项目级信息管理向企业信息管理过渡。第 4 级为管理型，处在第 4 级中的企业把信息作为业务推进的至关重要的条件。在企业内已经实施了有效的企业信息管理，包括一个一致性信息架构。第 5 级为高效型，处在第 5 级中的企业能够跨整个信息供应链，基于服务层级协议利用信息。

国际数据管理协会（DAMA）在 2009 年出版了《DAMA 数据管理知识体系指南》，给出了数据管理的功能、术语和最佳实践方法的标准行业解释。[②] DAMA 定义了 10 个主要的数据管理职能，并

---

① David Newman，Debra Logan. Gartner Introduces the EIM Maturity Model. Gartner, 2008-12-05.

② DAMA International. DAMA 数据管理知识体系指南 . 马欢，刘晨，等译 . 北京：清华大学出版社，2012.

通过 7 个环境元素对每个职能进行描述。数据管理的十大职能有：（1）数据治理。在数据管理和使用层面之上进行规划、监督和控制。（2）数据架构管理。定义数据资产管理蓝图。（3）数据开发。数据的分析、设计、实施、测试、部署、维护等工作。（4）数据操作管理。提供从数据获取到清除的技术支持。（5）数据安全管理。确保隐私、保密性和适当的访问权限等。（6）数据质量管理。定义、监测和提高数据质量。（7）参考数据和主数据管理。管理数据的黄金版本和副本。（8）数据仓库和商务智能管理。实现报告和分析。（9）文件和内容管理。管理数据库以外的数据。（10）元数据管理。整合、控制以及提供元数据。七个环境因素包括一系列基本元素（目标和原则，活动，交付结果，角色和职责），此外还包括支持性环境元素（实践和方法，技术，组织和文化）。

IBM 在 2010 年 9 月发布了《数据治理统一流程》，描述了企业数据能力成熟度评估模型，模型分为 5 个等级、11 个功能域进行评价。[①] IBM 数据管理能力成熟度评估模型基于 11 个数据治理成熟度类别来度量数据治理能力，包括：（1）数据风险管理。数据风险管理涉及的风险识别、量化、规避、接受和减轻等。（2）价值创造。对数据资产进行的评估和量化过程，使得企业能够最大限度地利用数据资产所创造的价值。（3）组织结构与文化。描述业务、IT、数据之间的相互责任和组织结构，针对组织不同层级上的管理提出受托责任且做出承诺。（4）数据管理。旨在确保组织获得高质量的数据资产，开展行之有效的数据管理，以降低风险和提升数据资产利用价值。（5）政策。政策是组织期望获得的数据治理方面的行为规范的书面化。（6）数据质量管理。提供数据质量完整性、一致性、规范性等的方法、测量和评估，进行改进和验证。（7）信息生命周期管理。基于生命周期的信息

---

① IBM 数据治理统一流程，2010.

收集、加工、使用、保留和退役等。(8)数据安全与隐私。描述组织风险防范和保护数据资产的策略、实践和控制等。(9)数据架构。企业及数据模型管理,提供完整的数据源接入、分类、存储、流转管理,提供可用的数据资产和数据共享开发。(10)分类与元数据。用于业务和 IT,构建一致的可理解的术语、定义、分类和元数据管理、数据类型和存储库方法及工具。(11)信息审计、日志记录与报告。用于度量和评估数据价值、风险和治理的有效性的过程。

美国卡内基梅隆大学软件工程研究所(SEI)在 2014 年 8 月发布了数据能力成熟度模型(DMM),主要作用在于为组织提供一套最佳实践标准,制定让数据管理战略与单个商业目标相一致的路线图。[①]DMM 的类别包括数据管理策略、数据管理操作、平台和体系结构、数据质量,支持过程域包括配置管理、测量和分析、需求管理、风险管理。

企业数据管理协会(EDM Council)在 2014 年 7 月主导发布了《数据管理能力评估模型》(DCAM),主要面向金融企业,从而可以帮助其更好地满足行业及国家的监管需求。[②]《数据管理能力评估模型》(Data Management Capability Assessment Model,DCAM)是由企业数据管理协会主导,组织金融行业企业参与编制和验证,基于众多实际案例的经验总结进行编写的。在 DCAM 中,主要分为 8 个职能域:(1)数据管理策略;(2)数据管理业务案例;(3)数据管理程序;(4)数据治理;(5)数据架构;(6)技术架构;(7)数据质量;(8)数据操作。

英国高等教育统计局(HESA)在 2017 年发布数据治理模型,并强调数据治理模型和组织的设计与管理结构密切相关,同时指出每个组织应根据各自侧重点,对通用模型进行适当修改。[③]在该模型中,首

① MMI Institute. CMMI institute data management maturity model v1.0. 2014.
② 李冰,宾军志.数据管理能力成熟度模型.大数据,2017,3(4):29-36.
③ 刘桂锋,钱锦琳,卢章平.国外数据治理模型比较.图书馆论坛,2018.

先 HESA 将数据治理团队与法律、安全、人力资源等团队置于并列位置，共同受数据治理委员会的指导；其次，授权给数据管家、业务人员和数据用户等。HESA 指出治理模型在一定程度上构成了"为所有人公平获取数据"的概念，数据应被视为组织资产，而不是一个孤岛。故该模型数据治理的范围包括：（1）确保数据安全，管理良好，确保组织面临的风险可控；（2）防止和纠正数据错误，作为计划持续改进的一部分；（3）衡量数据质量并提供检测和评估数据质量的改进框架；（4）制定标准记录数据及其在组织内的使用情况；（5）作为数据相关问题/变更的升级和决策主体。数据治理呈现一种层层递进的态势，在数据治理模型中，需要定义和分配一些关键角色。HESA 首提大学数据受托人（university data trustee），指出大学数据受托人对数据管理的战略协调负责。但实质上，大学数据受托人是一名高层数据管理人员，例如校方规划处处长等。这与利益相关者理论下美国伊利诺伊大学数据银行的角色分配有异曲同工之处。大学数据受托人担任治理职务，确保数据管理活动得到优化，从而配合和支持战略目标的达成。除此之外，从模型的整体结构可知，组织的数据治理既离不开操作层面的管理，也离不开政策层面的指导。因此，政策指导是数据治理模型中必不可少的一部分。笔者认为，政策指导包括两部分：其一是基于数据生命周期的数据管理过程的政策，该政策应嵌入治理过程内部；其二是纵观治理全过程的宏观层面的政策。HESA 模型中的"指导"与"授权"步骤正是这种政策的具体表现。HESA 指出，构建模型的同时会定义和分配一些关键角色。重要的是，分配的是角色，而不是工作，数据治理过程应是一个整体，模型将这个过程清晰化、具体化。

上述数据管理成熟度模型为组织的数据管理提供了评估与监管支持，通过对近几年我国企业大数据管理现状的调研，可以看到，数据管理环节漏洞较多是大数据发展面临的首要问题，包括由该问题引发的运营成本过高、资源利用率低、应用部署过于复杂和扩展差等难点。数据资源保护的相关法律法规和保障信息安全开放的标准规范仍然缺乏，多数企业对数据管理不足，尚未建立完善的数据管理体系以兼顾数据的安全与发展。为此，我们需要建立相应的法律法规体系与标准体系来有效支持数据管理。

目前，在国际上，成立于 2013 年 11 月的 ISO/IEC JTC1/SC40 主要在 IT 服务管理与 IT 治理方面进行标准的制定，目前已发布 ISO/IEC 38505-1《信息技术 -IT 治理 - 数据治理 - 第 1 部分：ISO/IEC 38500 在数据治理中的应用》、ISO/IEC TR 38505-2《信息技术 - 信息技术治理 - 数据治理 - 第 2 部分：ISO/IEC TR 38505-1 对数据管理的影响》国际标准。ISO/IEC JTC1/WG9（大数据工作组）目前正在制定的两项国际标准均涉及大数据治理与数据管理，中国代表团提交了多份贡献物。

在国内，全国信标委大数据标准工作组组织研制了《数据管理能力成熟度评估模型》（GB/T 36073-2018，简称 DCMM），并于 2018 年 3 月发布，自 2018 年 10 月起正式实施。该标准给出了数据管理能力成熟度评估模型以及相应的成熟度等级，定义了数据战略、数据治理、数据架构、数据应用、数据安全、数据质量、数据标准和数据生命周期等 8 个能力域。通过该标准的应用实施，既可以规范和指导相关单位提升数据管理水平，充分挖掘和释放数据的价值，也可以帮助地方主管部门了解当地大数据应用水平和产业发展现状，为行业管理提供参考。目前，该标准已经在金融、电力、通信、政府、工业等行业企业，以及北京、重庆、四川、江苏、山东、贵州等多个地区的 100 余家企业开展了试点示范工作。依据该标准培养了 400 余名数据管理人员。为了更好地应用和推广该标准，提升企业数据管理能力，由工信部信息技术发展司指导成立了数据管理能力成熟度评估指导委员会，并不断完善数据管理能力成熟度评估体系。

随着数据在组织内各个部门的流动性不断提升，需要制定相应的管理规则，采取可行的技术方案，解决数据共享开放需求。首先，从管理规则制定方面，需要从数据表示与描述、数据管理流程、数据安全隐私、数据交易等多个视角建立数据共享开放系列管理规则；从技术方案实施方面，从互操作技术入手，解决跨系统数据交互、共享问题；从"软件定义"角度出发，实现全面数据开放，进而建立组织内共享开放的数据资源，拓展数据利用的广度与深度，提升组织的竞争力。

2.4.3 数据管理实践

随着信息化的逐渐发展，数据资源的作用日益凸显，围绕数据资源的一系列体制机制逐步建立与完善，但仍然存在数据管理缺位、权责不清等问题。以政务数据为例，呈现以下特点。

2.4.3.1 逐步理顺管理机制

根据 2019 年 12 月中国软件评测中心评估板块发布的《政务数据质量管理调查白皮书》，截至 2019 年 11 月底，全国 32 个省（自治区、直辖市）中，有 22 个（占比 68.8%）明确了政务数据统筹管理机构，即在机构职能中明确了数据资源管理责任，各地数据管理机构设置情况见表 2-4。

表2-4　全国各地数据管理机构设置情况

序号	地方	名称	机构类型
1	北京	北京市大数据管理局	政府组成部门
2	天津	天津大数据管理中心	政府部门管理的事业单位
3	山西	山西大数据产业办公室	政府部门内设机构
4	内蒙古	内蒙古自治区大数据发展管理局	政府组成部门
5	吉林	吉林政务服务和数字化建设管理局	政府直属机构
6	黑龙江	黑龙江政务大数据中心	政府部门管理的事业单位

续表

序号	地方	名称	机构类型
7	辽宁	辽宁省大数据中心	省直事业单位分支机构
8	上海	上海市大数据中心	政府部门管理的事业单位
9	江苏	江苏省大数据管理中心	政府部门管理的事业单位
10	浙江	浙江省大数据发展管理局	政府部门管理机构
11	安徽	安徽省数据资源管理局	政府直属机构
12	福建	数字福建建设领导小组办公室（省大数据管理局）	政府部门管理机构
13	江西	江西省大数据中心	政府部门管理的事业单位
14	山东	山东省大数据局	政府直属机构
15	河南	河南省大数据管理局	政府部门管理机构
16	广东	广东省政务服务数据管理局	政府直属机构
17	广西	广西壮族自治区大数据发展局	政府直属机构
18	海南	海南省大数据管理局	企业法人
19	重庆	重庆市大数据应用发展管理局	政府直属机构
20	四川	四川省大数据中心	政府直属机构
21	贵州	贵州省大数据发展管理局	政府直属机构
22	陕西	陕西省政务数据服务局和陕西省大数据管理与服务中心	政府组成部门

例如，上海市明确"公共数据质量管理遵循'谁采集、谁负责''谁校核、谁负责'的原则，由公共管理和服务机构、市级责任部门承担质量责任。市大数据中心负责公共数据质量监管，对公共数据的数量、质量以及更新情况等进行实时监测和全面评价，实现数据状态可感知、数据使用可追溯、安全责任可落实"。

再如，福建省规定"数据管理机构应当会同数据生产应用单位建立政务数据质量管控机制，实施数据质量全程监控、定期检查。数据生产应用单位应当在其职责范围内负责保障政务数据质量和数据更新维护，开展数据比对、核查、纠错，确保数据的准确性、时效性、完整性和可用性"。

各省（自治区、直辖市）根据本地区实际设置的政务数据管理机构的类型各不相同，主要包括以下几种：

◆ 政府组成部门，如北京市大数据管理局、内蒙古自治区大数据发展管理局、陕西省政务数据服务局和大数据管理与服务中心等；

◆ 政府直属机构，如广东省政务服务数据管理局、山东省大数据局、贵州省大数据发展管理局等；

◆ 政府部门内设机构，如山西省大数据产业办公室为省工信厅内设机构等；

◆ 政府部门管理机构，如浙江省大数据发展管理局、福建省数字福建建设领导小组办公室（省大数据管理局）、河南省大数据管理局等；

◆ 政府部门管理的事业单位，如天津市大数据管理中心、黑龙江省政务大数据中心、上海市大数据中心等；

◆ 企业法人，如海南省大数据管理局；

◆ 省直事业单位分支机构，如辽宁省大数据中心。

各类政务数据管理机构类型组成见图 2-3：

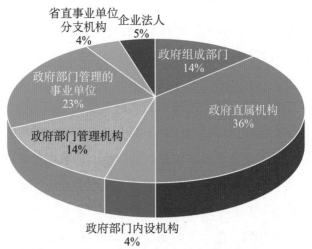

图 2-3　各省（直辖市、自治区）政务数据管理机构类型

由于数据管理机构的行政级别、机构性质不尽相同，因此政务数据的统筹管理力度差异较大。一般来说，政府组成部门、政府部门内设机构等的统筹力度相对较大。各地数据管理机构的设置情况也可以从侧面反映该地区对数据的认识水平和重视程度，在一定程度上影响数据质量管理力度。随着数据日益成为社会经济的重要生产要素，更要明确数据管理的统筹部门和职责体系，提升统筹能力和管理力度，保障数据质量，更好地释放数据价值，提升行政管理和公共服务能力。

2.4.3.2　逐步健全管理制度

截至 2019 年 11 月，全国 32 个省（自治区、直辖市）中，有 28 个（占比 87.5%）制定了数据资源管理相关制度文件。其中，仅北京、上海、贵州等 10 个地区（占比 31.25%）专门针对政务数据制定了综合管理办法；其他地区多聚焦于政务数据资源共享、开放、安全使用等政务数据应用管理的特定环节或特定方面。各地数据资源管理相关政策文件制定情况见表 2-5，其中标注"★"表示制定了专门针对数据综合管理的政策法规。

表2-5　各省（自治区、直辖市）政务数据管理相关政策文件制定情况

序号	地方	数据管理相关政策文件名称
1	北京★	《北京市公共数据管理办法（征求意见稿）》
2	天津	《天津市数据安全管理办法（暂行）》 《天津市促进大数据发展应用条例》
3	河北	《河北省政务信息资源共享管理规定》 《河北省政务信息资源共享管理规定实施细则》
4	山西★	《山西省政务数据资产管理试行办法》
5	内蒙古	《内蒙古自治区政务信息资源共享管理暂行办法》
6	辽宁	《辽宁省政务信息资源共享管理办法（草案）》（征求意见稿）
7	吉林★	《吉林省公共数据和一网通办管理办法（试行）》

续表

序号	地方	数据管理相关政策文件名称
8	上海★	《上海市公共数据和一网通办管理办法》 《上海市公共数据开放暂行办法》
9	江苏	《江苏省政府关于印发江苏省政务信息资源共享管理暂行办法的通知》(苏政发〔2017〕133号)
10	浙江★	《浙江省公共数据和电子政务管理办法》
11	安徽	《安徽省政务信息资源共享管理暂行办法》(皖政办〔2017〕17号)
12	福建★	《福建省政务数据管理办法》
13	江西	《江西省人民政府办公厅印发关于加快推进全省政务数据共享工作方案的通知》(赣府厅字〔2018〕95号)
14	山东★	《山东省电子政务和政务数据管理办法(草案征求意见稿)》
15	河南	《河南省政务信息资源共享管理暂行办法》(豫政办〔2018〕2号)
16	湖北	《湖北省政务信息资源共享管理暂行办法》
17	湖南	《湖南省政务信息资源共享管理办法(试行)》
18	广东	《广东省政务数据资源共享管理办法(试行)》
19	广西	《广西政务信息资源共享管理暂行办法》
20	海南★	《海南省公共信息资源管理办法》 《海南省公共信息资源安全使用管理办法》 《海南省大数据开发应用条例》
21	重庆★	《重庆市政务数据资源管理暂行办法》
22	四川	《四川省政务信息资源共享管理实施细则(暂行)》
23	贵州★	《贵州省政务数据资源管理暂行办法》 《贵州省大数据发展应用促进条例》 《中共贵州省委贵州省人民政府关于实施大数据战略行动建设国家大数据综合试验区的意见》(黔党发〔2016〕14号) 《贵州省大数据安全保障条例》
24	云南	《云南省人民政府关于印发云南省政务信息资源共享管理实施细则的通知》
25	陕西	《陕西省政务信息资源共享管理办法》
26	甘肃	《甘肃省人民政府办公厅关于进一步加快推进政务信息资源共享应用工作的通知》
27	宁夏	《宁夏回族自治区政务数据资源共享管理办法》
28	新疆	《关于推进新疆维吾尔自治区政务信息资源共享管理工作的实施意见》

数据被誉为"新的石油""本世纪最珍贵的财产"。但数据不同于传统资源，数据具有大容量、多样性、可复制、高速传播等特点，无法直接适用于土地、矿藏等传统资源管理办法，必须不断探索建立针对数据资源的政策法规，确立数据地位，加强数据质量维护与管理。

以贵州为例，多年来，贵州在数据治理方面抓制度，强保障，总结了优秀的实践经验。1）实行三级"云长制"。"一把手抓、抓一把手"，省长担任省级"总云长"，分管省领导担任"第一云长"，各地各部门主要负责人担任本地区本部门"云长"。强化组织推进，为政务信息系统整合共享提供保障。2）出台法规。2016 年，出台首个《贵州省大数据发展应用促进条例》《贵州省政务数据资源管理暂行办法》。2017 年，出台首个《贵州省政府数据资产管理登记暂行办法》，将政务数据资源纳入国有资产管理范畴，着力解决共享过程中"不敢""不想"等问题。3）建立数据管理机构。2017 年，成立正厅级事业单位贵州省大数据发展管理局，2018 年机构改革后，转为省政府直属机构，负责全省政务数据资源统筹管理；省信息中心加挂省大数据产业发展中心牌子，作为省大数据局下属单位，根据省大数据发展管理局安排具体数据资源管理调度工作；成立国有全资企业云上贵州大数据集团公司，负责省级政务云平台建设管理运维和技术支撑，派驻专业人员与部门对接，解决"不会"的问题，形成了"一局一中心一公司"格局。4）完善信息化项目审批制度。2016 年开始，新建信息化项目必须经省大数据局前置技术评审，满足相关技术标准和"数据通"的条件是前提，审核通过后，发财政部门予以立项，财政部门才给予支持。2018 年 11 月，贵州印发"一云一网一平台"工作方案，实施"四变四统、健全监管"政务信息化建设工作新机制（变"分散规划"为"统一规划"，变"分散建设"为"统一建设"，变"政府直接投资"为"统一购买服务"，变"分散资金保障"为"统筹资金保障"），通过企业投资建设、政府购买服务，推进信息化建设全生命周期的闭环管理，从源头上打破"数据烟囱"，避免"建用脱节"。

2.5　数据共享开放现状

在数据共享开放方面，大数据应用之所以产生巨大的价值，往往在于有效关联、融合了多个已有信息系统中的数据，并创造性地解决了新问题。政府数据由于具有规模性、权威性、公益性和全局性等特点，蕴含巨大价值，因此国内外数据共享开放首先在政府数据上落地，之后逐步推向其他领域。

我们首先介绍各国目前在大数据共享开放方面的法规与政策，然后介绍各国开放数据集建设情况，最后总结大数据共享开放的挑战与应对策略。

2.5.1　数据共享开放法规与政策

各国政府都很关注政务信息资源共享开放和开发利用，为此推出了一系列法规与政策，助力政务资源的共享与开放。目前国内外相关的政务数据共享开放的相关法规与政策如下。

2011年9月，美国政府发布了第一份《开放政府国家行动计划》。2013年5月，美国发布了名为《开放政府数据并让机器可读》的总统行政令，要求各部门分别建立两份清单，即内部共享目录清单和外部开放目录清单，推动数据开放，并要求将政府数据作为国家重要资产进行全生命周期管理。2013年12月，美国政府发布了第二份《开放政府国家行动计划》。该计划指出，要在第一份行动计划的基础上，让公众能够更方便地获取有用的政府数据。2014年9月，美国推出了《开放数据行动计划》，该行动计划对现有美国政府开放数据的体系及框架进行总结并实施修订，包括要求以可搜索、可机读、可利用的方式发布数据，并进行定期的可行性测试。此外，该行动计划还重点提出了通过公开数据支持创新，加强公众反馈，以期拓展公共数据资源利用价值。2015 年 10 月 27 日，美国发布了第三份《开放政府国家行动计划》，简述了 40 多项最新和扩大化举措，此次的新一代计划将囊括奥巴马当政期间开放数据、开放政府的一系列新举措。2019 年 1 月 14 日，美国总统特朗普签署《公共、公开、电子与必要性政府数据法案》，要求各部门必须创建一份全面的数据清单，确立了首席数据官的法定职位，计划设立联邦首席数据官委员会。2019 年 2 月 21 日，美国政府发布了第四份《开放政府国家行动计划》。

2012 年，加拿大政府发布 2012—2014 年的首个开放数据行动计划，确认了开放信息、开放数据、开放对话的准则。2014 年，加拿大政府发布了 2014—2016 年开放数据行动计划，引入了公众咨询计划、创意激发、活动建议、全面审查行动计划。2016 年与 2018 年，加拿大政府分别发布了第三个与第四个开放数据行动计划，尤其是在 2018 年的行动计划中，确认了兼容性、可用性、以用户为中心、广泛协作等指导原则，同时注重边缘化社区参与、确保所提供的公开资料和数据以及公众参与活动对所有人可用。发布新信息时考虑目标受众，确保开放政府工作反映全国各地合作伙伴的需求和期望，并且与世界各地的合作伙伴开展合作。在行动计划的制定过程中，广泛向公众、民间社会组织、学术界和私营部门征求反馈意见，以确保行动计划的可行性。

2011 年 9 月，英国发布了第一份《英国开放政府国家行动计划》。2012 年，英国出台《开放数据白皮书：释放潜能》，提出通过开放数据，建设透明政府，同时为商业创新提供资源，提高公共服务水平，并提出了一系列战略举措。2013 年，英国出台了《G8 开放数据宪章英国行动计划》，其中提出重点开放国家统计、国家地图、国家选举及国家预算等 4 个关键数据库及宪章中提出的 14 个高价值领域的数据。2013 年 6 月，英国制定了第二份《英国开放政府国家行动计划》，提出从开放数据、提高政府诚信、增强财政透明度、增加公众参与以及提高自然资源透明度五个方面来履行承诺。2016 年，英国发布了第三份《英国开放政府国家行动计划》，提出将商业信息、自然资源数据信息、合同及采购数据、政府捐赠资助数据、选举数据等多个数据的开放，以及数据驱动技术应用、鼓励参与数据开放等计划进行进一步的完善及推进。2019 年，英国政府宣布投资启动《数据信托计划》，将在政府、商业、能源与工业战略以及数据开放研究部门之间建立数据共享系统。

2010 年 5 月，澳大利亚通过《信息自由改革法修正案 2010》与《信息专员法案 2010》，奠定了促进开放政府数据和建立透明政府的政策基础。2010 年 7 月，澳大利亚政府颁布《开放政府宣言》，推崇一种开放、透明的未来政府文化。2013 年 2 月，澳大利亚发布《开放公共部门信息：从原则到实践》，该报告在公共部门信息调查的基础上确定了开放公共部门数据的八项原则。2013 年 6 月，澳大利亚发布《公共服务大数据战略》，其中大数据原则中第六个原则为"加强开放数据"，即在适当的地方，任何政府大数据项目的结果均要公之于众。2013 年 8 月，澳大利亚政府发布《公共服务大数据战略》，强调了强化数据开放的原则。2019 年 9 月，澳大利亚政府发布了《数据共享与公开立法改革讨论文件》，新的政策文件的核心内容主要体现在新的数据共享框架、透明和责任机制、监管机制三个方面。

2010 年 3 月，欧盟委员会发布了《欧盟 2020 发展战略》，公布了未来十年欧盟的经济发展计划，其核心目标就是实现欧洲经济的增长，加强创新能力。2011 年 12 月，欧盟委员会发布了报告《开放数据：创新、增长和透明治理的引擎》，报告中明确提出了欧盟开放数据战略的关键举措，包括在 2011 年 12 月提出《公共信息再利用指令》的修订版。2019 年 1 月 22 日，欧洲议会、欧盟理事会和欧委会的谈判代表就修订后的《开放数据和公共部门信息指令》（PSI）达成一致意见。修订后的新指令将有利于推动欧盟公共部门数据的可获取和再利用。新指令完全遵循欧盟《通用数据保护条例》（GDPR）。作为欧盟开放数据政策的组成部分，新指令将鼓励欧盟成员国在没有法律或法律、技术和财务不健全的条件下，促进公共部门数据再利用。

我国于 2005 年和 2007 年先后颁布《中华人民共和国电子签名法》和《中华人民共和国政府信息公开条例》，对推动政府部门数据共享和业务协同起到了一定的推动作用。

2015 年 9 月 5 日，国务院发布《关于促进大数据发展的行动纲要》（国发〔2015〕50 号）（简称《纲要》），将大数据确定为我国信息化从 2.0 向 3.0 转型时期的核心主题和战略抉择。该纲要主要部署了三方面任务，其中"加快政府数据开放共享，推动资源整合，提升治理能力"成为任务之一。《纲要》强调大数据的开放、共享与安全的重要性。在《纲要》中，"共享"共出现 59 处，"开放"共出现 36 处。《纲要》指出：首先要盘活现有数据存量，大力推动政府部门数据共享，稳步推动公共数据资源开放；其次要规划未来数据发展，统筹规划大数据基础设施建设。《纲要》给出了我国数据共享与开放的分阶段目标体系：2017 年，基本形成跨部门数据资源共享共用格局；2018 年，建成政府主导的数据共享平台并在部分领域开展应用试点；2020 年，实现政府数据集的普遍开放，形成一批有国际竞争力的大数据产品和企业，实现关键部门、关键数据自主可控。这一分阶段目标体系体现了国家层面的统筹布局。

此外，为了保障公民、法人和其他组织依法获取政府信息，提高政府工作的透明度，建设法治政府，充分发挥政府信息对人民群众生产、生活和经济社会活动的服务作用而制定该条例。2007 年 1 月 17 日，国务院第 165 次常务会议通过了《中华人民共和国政府信息公开条例》，由中华人民共和国国务院 2007 年 4 月 5 日发布，自 2008 年 5 月 1 日起施行。2019 年 4 月 3 日，《中华人民共和国政府信息公开条例》经中华人民共和国国务院令（第 711 号）修订，自 2019 年 5 月 15 日起施行。公布修订后的政府信息公开条例，进一步扩大了政府信息主动公开的范围和深度，明确了政府信息公开与否的界限，完善了依申请公开的程序规定。专家表示，条例有助于更好地推进政府信息公开，切实保障人民群众依法获取政府信息，扩大主动公开的范围和深度，明确政府信息公开与否的界限，完善依申请公开的程序规定。

为了更好地推进数据共享与开放，我国各地方政府也相继推出了一系列政策，打破了"信息孤岛"，促进了数据的共享开放。

2017 年 5 月 1 日，贵阳市人大常委会召开新闻发布会，公布《贵阳市政府数据共享开放条例》（以下简称《条例》）。这是全国首部政府数据共享开放的地方性法规，该条例填补了贵阳大数据方面的法规空白。该条例包括总则、数据采集汇聚、数据共享、数据开放、保障与监督、法律责任、附则七章共三十三条。该条例对于推动贵阳市政府数据共享开放和开发应用、提高政府治理能力和服务水平起到了重要作用。2018 年 3 月 1 日，《贵阳市政府数据共享开放实施办法》正式实施。该办法规定了政府数据共享开放及其相关管理活动、相关行政主管部门应当履行的职责、数据共享开放平台的建设与管理、数据共享的原则与规则、数据开放的管理以及数据共享开放中的监督保障与责任追究办法，包括总则、平台管理、数据共享、数据开放、监督保障与责任追究、附则六大部分共四十条。

2019 年 10 月 1 日，国内首部针对公共数据开放的地方政府规章

《上海市公共数据开放暂行办法》(以下简称《暂行办法》)正式颁布。《暂行办法》共 8 章 48 条,分为总则、开放机制、平台建设、数据利用、多元开放、监督保障、法律责任以及附则,重点考虑了四个关系,即开放服务和管理责任、数据开放和数据安全、国际通行原则和上海实际情况、统一平台开放和多元合作生态,将指导上海市公共数据开放利用工作进入全新阶段。《暂行办法》在国内首次提出分级分类开放模式,对开放数据进行标准化、精细化管理,提升开放数据质量,更好地满足社会公众对公共数据的需求。

上述法律法规对于推动数据共享开放起到了很好的作用,但电子证照、数据权属、数据交易等相关法律法规尚未出台,阻碍了数据在部门间的互信互认互通,影响了跨部门、跨层级、跨区域业务的开展。为此需要进一步制定更加细化与精准化的法律法规来有效地实现政务信息资源共享开放,并在共享开放的同时保障政务信息资源流通时的安全和监管。

2.5.2　开放数据集建设现状

目前,全球各国都在进行开放数据集的建设,以打造更好的数据汇聚与应用环境。

2009 年 5 月,美国上线了全球第一个开放政府数据门户网站(https://www.data.gov/),数据涉及农业、制造、海洋、天气、生态、教育、能源等方面。截至 2020 年 1 月 10 日,美国提供了 26 万多个公开数据集,数据涉及农业、气候、消费、商业、灾难、金融、法律、生态系统、教育、能源、经济、健康、地方政府、制造业、海事、海洋、公共安全、科学研究等主题。该数据集有联邦政府、州政府、地方政府、大学、非营利机构等多种发布组织类型,发布组织包括国家海洋大气组织、内部机构、美国航空航天局、地球数据分析中心、美国环境保护组织等；数据提供 HTML、PDF、XML、ZIP、CSV、JSON、WMS、RDF、JPEG、EXCEL 等数十种格式供下载，并且每天有 100～300 个数据集更新。美国开放政府数据易于访问、发现、使用，影响面较广，并为相应软件应用提供了动力，辅助人们做出明智的决定。利用开放数据的各类应用从选择合适的大学经济资助方案到寻找最安全的消费品和汽车，种类繁多且易于使用，并且推动了 AIRNow、Citymapper、EnergyIQ、FEMA、Fooducate 等一系列软件应用。

2013 年 6 月，为增强政府数据的透明度，加拿大首次上线了政府数据开放平台（https://open.canada.ca/）。截至 2020 年 1 月 10 日，该平台总计提供了 8 万多个公开数据集，数据内容涉及农业、艺术音乐文学、经济、教育培训、政府政策、健康安全、历史考古、法律、军队、自然环境、科学研究、社会文化、交通等主题，发布组织包括农业食品机构、科学技术机构、食品检测机构、谷物委员会、全球事务机构、图书档案机构等。平台数据集中 100 多个数据集每天更新，50 多个数据集每周更新，900 多个数据集每月更新，接近 4 000 个数据集每年更新。加拿大开放数据覆盖范围广，数据内容丰富，数据易于获取，为软件应用提供了较大的帮助。数据开放平台提供功能丰富的注册系统 CKAN，用户可以通过应用程序编程接口（API）访问 CKAN。目前已有 90 多个应用程序使用加拿大政府数据，如允许用户查看当前和历史农业气候条件的农业气候交互地图、实时显示加拿大人口增长的加拿大人口应用等

2011 年 12 月，欧盟公布了"开放数据战略"成果，欧盟开放数据平台（http://open-data.europa.eu/en/data/）正式上线。截至 2020 年 1 月 10 日，该平台提供 14 000 多个公开数据集，发布组织包括欧盟机构、欧洲委员会、欧洲议会、欧洲中央银行、欧洲审计法院、欧洲

经济和社会委员会、欧洲投资银行、欧洲申诉专员署、欧洲数据保护委员会等接近 100 个机构。数据内容涉及农林牧渔业、经济、教育文化运动、能源、政府、公营机构、健康、国际话题、公平公正系统与公众安全、城市地区、人口与社会、科学与技术等十多个主题，分为语言技术资源、多语言参考数据、欧盟预算开支、API、欧盟官方名录、欧盟数据提供者等类别。数据集涵盖法国、意大利、德国、西班牙、比利时、荷兰、丹麦等国家，语种囊括英语、法语、德语、波兰语、希腊语、西班牙语等，提供 HTML、ZIP、RDF、XML、CSV 等格式供用户下载。欧盟开放数据每天有 5～10 个数据集更新，从 2013 年到 2019 年，每年基本都有十余个基于这些数据集资源的 APP 上线，至今已有一百多个。

2010 年，为帮助用户寻找和使用政府数据，英国政府首次上线政府数据开放平台（http://data.gov.uk/）。截至 2020 年 1 月 10 日，该平台总计提供 5 万多个公开数据集，涵盖来自英国所有中央部门以及许多其他公共部门和地方当局的数据，内容包括商业与经济、环境、犯罪与正义、保卫、社会、政府预算、国防、教育、环境、交通运输等十多个主题。数据平台提供了 HTML、PDF、XML、XLS、CSV 等下载格式，并且每日有 50～70 个数据集更新。英国数据服务平台（https://www.ukdataservice.ac.uk/）成立于 2012 年 10 月，由经济和社会研究理事会（ESRC）资助，以满足来自各个领域的研究人员、学生和教师的数据需求，包括学术界、中央和地方政府、慈善机构和基金会、独立研究中心、智库、商业顾问和商业部门。英国数据服务平台的内容包括英国政府资助的主要调查，如跨国调查、英国人口普查等。该平台支持用户获得高质量的地方、区域、国家和国际社会经济数据；支持高等教育、公共和商业部门的政策相关研究；支持制定最佳实践数据保存和共享标准，与国际数据提供者共享专业知识，以消除访问数据的障碍。

2012 年初，印度政府正式批准通过国家数据开放政策，促进政府数据在全社会进行公开、共享以及利用（印度政府数据开放平台 https://data.gov.in/ ）。印度的政府数据开放平台在很大程度上借鉴了美国的政府数据开放平台，该平台将印度政府收集的所有非涉密数据集中在一起，制定相关架构和标准，将所有分散的数据转化为标准格式。截至 2020 年 1 月 10 日，该平台总计提供了 36 万多个公开数据集、8 000 多个目录、160 多个部门、约 350 个主要数据人员。数据内容涉及饮水、健康、交通、劳动与就业、经济、教育、工业、人口统计等主题，并且提供 CSV 与 JSON 格式供下载。该数据平台提供了 25 000 多个 API 供用户下载数据，例如实时空气质量指数 API 等。这些数据为软件应用开发提供了充足的资源，目前基于这些数据集资源开发的 APP 共有 30 个，例如通过选择所在地区来找到最近的医疗扫描中心、各种保险服务等。

2010 年，新加坡政府首次上线了数据开放平台（https://data.gov.sg/ ），以帮助用户和机构获取公开数据。截止到 2020 年 1 月 10 日，该数据平台总计提供了 1 700 多个公开数据集，内容涉及经济、教育、环境、金融、健康、基础设施、社会、技术、交通等主题，数据发布组织包括政府科技局、总统府、防御机构、经纪机构、教育机构、健康机构、法律机构、国家发展机构等 100 种机构或组织。该数据库具有开放数据规范并拥有配套的法律制度的特点，数据平台提供了 KML、PDF、SHP、CSV、API 等格式供用户下载，为软件应用开发提供了支持。目前该平台提供了 14 个实时 API 数据下载接口，例如检索专利－设计－商标类型申请的 IPOS 应用 API、污染物标准指数 API、获取新加坡最新的停车场可用性的 API 等。

2005 年，为了向用户提供免费的全球统计数据，使用户了解统计数据的重要性，并以此为基础做出决定，在瑞典国际发展合作署（SIDA）的支持下，联合国统计数据库（http://data.un.org/Default.aspx）正式上线。截至 2020 年 1 月 10 日，该数据库总计提供 32 个公开数据集，共计 6 000 万条数据，内容涵盖广泛的统计主题，包括农业、犯罪、通信、发展援助、教育、能源、环境、金融、性别、健康等；建立了商品贸易统计数据集、人口统计数据集、能源统计数据集、环境统计数据集、粮农组织统计数据集、温室气体详单数据、杀人罪统计数据、人类发展指数统计数据等。发布组织包括联合国粮农组织、国际劳工组织、国际货币基金组织、国际电信同盟、世界旅游组织、世界健康组织等 19 个组织。数据每 1 个月到半年更新一次，目前该数据库开放 6 个 API 供用户下载。

2015 年 9 月 5 日，我国国务院发布《国务院关于印发促进大数据发展行动纲要的通知》，各个城市开始着手进行政府数据开放工作。截至 2019 年 10 月底，中国已有 102 个地级及以上的地方政府上线了数据开放平台，全国地方政府数据开放平台总数首次破百。根据《中国地方政府数据开放报告》，中国 51.61% 的省级行政区、66.67% 的副省级和 24.21% 的地级行政区已推出了政府数据开放平台。地级以上平台数量逐年翻番。根据 2019 年下半年中国开放数林指数，上海和贵阳分别蝉联省级和地级（含副省级）综合指数排名第一。在四个单项维度上，在 102 个地方中，浙江在数据层上排名第一，上海在准备度上排名第一，深圳在平台层和利用层上排名第一。近半年来，广东综合指数进步幅度最大，福州在新上线平台的地方中综合指数表现最佳。广东、山东制定了专门针对数据开放的地方标准；上海连续制定了公开的专门针对政府数据开放的年度工作计划，并就《上海市公共数据开放管理办法（草案）》对外征求公众意见，这是国内首部专门针对政府数据开放的地方政府规章；贵州省、天津市、贵阳市通过了地方性法规,《贵阳市政府数据共享开放条例》是首部针对数据共享和开放的地方性法规;贵阳、上海、浙江等 16 个地方平台提供可下载开放数据目录;贵阳、哈尔滨平台展示数据传播产品,深圳平台开设展示研究报告栏目,北京、上海平台展示创新方案;贵阳、济南平台分别开设微信公众号"贵阳政府数据开放""开放济南";北京、贵州等地方平台提供了有效的服务应用,如贵阳市的"慧停车"平台、贵州省的货车帮平台、贵医云等。

为了更好地促进政府数据开放,许多城市推出与政府数据开放共享相关的法规政策,如《天津市促进大数据发展应用条例》《贵州省政务数据资源管理暂行办法》《贵阳市政府数据共享开放实施办法》《江门市政务数据资源共享和开放管理暂行办法》《浙江省公共数据和电子政务管理办法》《贵州省大数据发展应用促进条例》,等等。

除了在政府层面推进数据共享开放外,各个组织内部的数据共享开放也至关重要。组织级别的数据共享指的是企业内部的数据共享,主要采用标准制定、数据集成、主数据管理等方式。随着数据在组织内各个部门的流动性不断提升,以数据交易和数据服务为核心业务的新兴商业模式也在不断出现,需要制定适合组织模式的相应管理规则,采取可行的技术方案,解决数据共享开放需求。

数据共享开放是进行大数据治理的关键一环,如何有机结合技术与标准,建立良好的大数据共享开放环境仍需要进一步探索。从国家层面来看,为了更好地进行数据共享开放,需制定促进数据共享开放的政策法规和标准规范,实现政府部门间的数据共享,规范市场主体间的数据流通和交易,建设政府主导的数据开放平台,促进政务数据和行业数据的融合应用。从行业层面来看,制定行业内数据共享开放的规则和技术规范,构建行业数据共享交换平台,为本行业企业提供数据服务,促进行业内数据的融合应用。从组织层面来看,促进企业内部部门间的数据共享并加强对外的数据流通和交易，充分盘活数据价值。

为了更好地推进数据开放共享，需要建立数据共享开放标准，从数据资源和互操作技术两个维度为数据共享开放提供指导。在资源维度方面，考虑面向不同的领域，需定义哪些资源可以共享开放以及向谁共享开放，需定义面向领域的元数据模型等。在互操作维度方面，需考虑不同场景对数据共享开放的要求不同，需提供标准指导，例如针对不同数据是选择白盒开放还是黑盒开放、是批量流转模式的开放还是按需取用的开放等。为此，有必要加强分层级的各类信息资源标准化工作，以指导建设面向各行各业不同组织机构、不同业务场景、不同复杂度的数据共享系统，支撑各类业务流程，打破行业之间的数据壁垒。同时，加强政务信息资源共享开放绩效评估，建立标准化评估体系，加快政府信息资源的开发利用，推进数据资产的价值化进程。

2.6 数据安全与隐私保护现状

在数据安全与隐私保护方面，大规模的数据泄露以及数据监听、窃取事件所引发的数据安全、隐私保护等问题已经严重影响到了社会安全和国家安全。世界主要国家和地区多措并举加强大数据安全保障。有关数据安全与隐私保护方面，各国相关法律法规的制定现状如下。

美国在 2015 年通过《网络安全法》，法案由《网络安全信息共享法》《国家网络安全促进法》《联邦网络安全人力资源评估法》等共计四章四十七节构成，是一部组合性质的法律。该法案规定了网络安全信息共享的参与主体、共享方式、实施和审查监督程序、组织机构、责任豁免及隐私保护等。2018年7月，美国众议院监督和政府改革委员会（OGR）通过《2018年联邦信息系统保障法》。该项立法授权联邦机构采取行动以限制、禁止访问某些网站，或者授权其对网络安全措施进行测试和更新，这将提高联邦机构及时部署网络安全措施、防范网络攻击、保护关键信息数据库和联邦员工个人身份信息的能力。2018年9月，美国发布《国家网络战略》，部署了网络安全的10项目标和42项优先行动。美国在网络安全方面确立了基本指导原则：以突出美国利益优先为原则，以各方合作治理为理念，以安全技术创新和人才培养为手段，立足美国核心安全利益，强调网络风险管控，重视关键信息基础设施保护。

澳大利亚在2004年制定了《国家安全信息（刑事和民事诉讼）法》；在2009年发布了《网络安全战略》，将网络安全提升到国家战略的高度。2018年3月，澳大利亚议会通过了《关键基础设施安全法》，通过立法强化政府干预关键信息基础设施保护的能力以应对安全风险，建立了关键基础设施资产登记制度和部长指令等制度，使政府能够及时掌握和修复可能存在的信息漏洞，提升了政府干预关键基础设施运营的能力以维护国家安全。

2015年8月，我国国务院印发《促进大数据发展行动纲要》（以下简称《行动纲要》）。《行动纲要》提出网络空间数据主权保护是国家安全的重要组成部分，要求"强化安全保障，提高管理水平，促进健康发展"，并探索完善安全保密管理规范措施，切实保障数据安全。在大数据安全标准方面，《行动纲要》提出要进一步完善法规制度和标准体系，大力推进大数据产业标准体系建设。

2016年3月，第十二届全国人大四次会议表决通过了《关于国民经济和社会发展第十三个五年规划纲要》（以下简称《十三五规划纲要》）。《十三五规划纲要》提出实施国家大数据战略，全面实施促进大数据发展行动，同时要强化信息安全保障。《十三五规划纲要》提出加强数据资源安全保护，具体表现为要建立大数据安全管理制度、实行数据资源分类分级管理和保障安全高效可信应用。

2016 年 11 月 7 日，十二届全国人大常委会第二十四次会议表决通过了《中华人民共和国网络安全法》（简称《网络安全法》），2017年 6 月 1 日，《网络安全法》正式实施。作为我国第一部全面规范网络空间安全管理方面问题的基础性法律，《网络安全法》是我国网络空间法治建设的重要里程碑，是依法治网、化解网络风险的法律重器，是让互联网在法治轨道上健康运行的重要保障。《网络安全法》规定，网络运营者需要采取数据分类、重要数据备份和加密等措施，防止网络数据被窃取或者篡改，加强对公民个人信息的保护，防止公民个人信息被非法获取、泄露或者非法使用，要求关键信息基础设施的运营者在境内存储公民个人信息等重要数据，网络数据确实需要跨境传输时，需要经过安全评估和审批。《网络安全法》对个人信息保护做出规定，明确了对个人信息收集、使用及保护的要求，并规定了个人对其个人信息进行更正或删除的权利。

2016 年 12 月，国家互联网信息办公室发布《国家网络空间安全战略》，提出要实施国家大数据战略，建立大数据安全管理制度，支持大数据、云计算等新一代信息技术创新和应用，为保障国家网络安全夯实产业基础。

自 2017 年 10 月 1 日起施行的《中华人民共和国民法总则》（简称《民法总则》）第 111 条规定，自然人的个人信息受法律保护。任何组织和个人需要获取他人个人信息的，应当依法取得并确保信息安全，不得非法收集、使用、加工、传输他人个人信息，不得非法买卖、提供或者公开他人个人信息。

2018 年 11 月 1 日，公安部发布《公安机关互联网安全监督检查规定》。根据该规定，公安机关应当根据网络安全防范需要和网络安全风险隐患的具体情况，对互联网服务提供者和联网使用单位开展监督检查。

2019 年 10 月 26 日，第十三届全国人民代表大会常务委员会第十四次会议表决通过《中华人民共和国密码法》，自 2020 年 1 月 1 日起施行。该法旨在规范密码应用和管理，促进密码事业发展，保障网络与信息安全，提升密码管理的科学化、规范化、法治化水平，是我国密码领域的综合性、基础性法律。

有些地方，比如贵阳推动了《贵阳大数据安全管理条例》等，都在努力通过相关政策法规来保证数据安全。

可以看到，为了更好地推动大数据利用和安全保护，我国相继制定了一系列大数据安全相关的法律法规和政策，在政府数据开放、数据跨境流通和个人信息保护等方面进行了探索与实践。针对公民个人的信息隐私保护，我国《网络安全法》和《民法总则》没有就"个人信息权"给出专门的法律定义，但根据上述法律对"个人信息"保护的法律边界，我国"个人信息权"确立的基础和保护的核心并不仅仅在于"个人信息"本身，而重点在于如何规制个人信息的控制者和处理者对公民个人信息的收集、使用、加工、传输等行为。因此，公民行使信息权利的基础是，公民作为信息主体有权决定其个人信息在何时、何地及以何种方式被何人收集、使用、加工和传输。但是，专门的个人信息保护基本法的缺乏成为制约我国个人隐私保护的最大瓶颈。

除此之外，多个标准化组织正在开展大数据和大数据安全相关的标准化工作，主要有 ISO/IEC（国际标准化组织 / 国际电工委员会）下的 ISO/IEC JTC1 WG9（大数据工作组）、ISO/IEC JTC1 SC27（信息安全技术分委员会）、国际电信联盟电信标准化部门（ITU-T）、美国国家标准与技术研究院（NIST）等。我国国内正在开展大数据和大数据安全相关标准化工作的标准化组织主要有全国信息技术标准化委员会（以下简称"全国信标委"，委员会编号为 TC28）和全国信安标委（TC260）等。目前国际上已发布的相关标准有 ISO/IEC 29100:2011《信息技术 安全技术 隐私保护框架》、ISO/IEC 29101:2013《信息技术 安全技术 隐私保护体系结构框架》、ISO/IEC 29190:2015《信息技术 安全技术 隐私保护能力评估模型》、ISO/IEC 29191:2012《信息技术 安全技术 部分匿名、部分不可链接鉴别要求》和 ISO/IEC 27018:2014《信息技术 安全技术 可识别个人信息（PII）处理者在公有云中保护 PII 的实践指南》等。2016 年 4 月，我国大数据安全标准特别工作组成立，旨在研制一系列大数据安全相关的标准，目前已发布的相关标准有 GB/T 35273-2017《信息安全技术 个人信息安全规范》、GB/T 35274-2017《信息安全技术 大数据服务安全能力要求》、GB/T 37973-2019《信息安全技术 大数据安全管理指南》等。大数据安全标准特别工作组将在以下方面进一步推动大数据安全标准的制定工作，包括开展大数据安全参考框架研制、完善个人信息安全相关标准研制、推进数据交换共享相关安全标准研制、加快数据出境安全相关标准研制、推动大数据安全检测评估相关标准研制、启动重点领域大数据安全标准研制。

数据安全与隐私保护解决方案逐渐成为组织要努力解决的关键问题。2019 年 3 月，国际数据公司（IDC）发布了《全球半年度安全解决方案支出指南》，对全球安全解决方案市场进行了相关预测。报告显示，2019 年，全球地区在安全相关硬件、软件和服务上即安全解决方案上的总支出预计将突破千亿美元大关，达到 1 031 亿美元，同比增长 9.4%。在预测期间（2018—2022 年），全球安全解决方案支出将实现 9.2% 的复合年增长率（CAGR），到 2022 年将达到 1 338 亿美元。

报告指出，安全管理服务将是 2019 年全球安全解决方案支出的最大行业领域，2019 年全球公司将花费超 210 亿美元用于安全运营中心的全天候监控和管理。

数据安全与隐私保护至关重要，从国家层面来看，需要进一步出台数据安全与隐私保护的法律法规，保障国家、组织和个人的数据安全。从行业层面来看，需要制定行业内数据安全保障制度，确保行业内每个成员单位的数据安全、权益和商业秘密。从组织层面来看，需结合"上位法"及自身的管理和技术措施，保障企业自身数据安全及客户数据安全和隐私信息。这样才能建立起多维度、多层面完整的数据安全与隐私保护体系，进而更好地推进大数据的利用朝着健康的方向发展。

参考文献

[1] 郁建兴，任泽涛. 当代中国社会建设中的系统治理：一个分析框架. 新华月报，2013（4）：51-54.

[2] 俞可平. 治理与善治：一种新的政治分析框架. 南京社会科学，2001（9）：40-44.

[3] 张绍华，等. 大数据治理与服务. 上海：上海科学技术出版社，2016.

[4] 桑尼尔·索雷斯. 大数据治理. 匡斌，译. 北京：清华大学出版社，2014.

[5] Mohanapriya C, Bharathi K M, Aravinth S S, et al. A trusted data governance model for big data analytics. *International Journal for Innovative research in Science and Technology*, 2015, 1（7）：307-309.

[6] David Loshin. Big Data Analytics. San Mateo：Morgan Kaufmann，2013.

[7] David Newman，Debra Logan. Gartner Introduces the EIM Maturity Model. Gartner, 2008-12-05.

[8] DAMA International. DAMA 数据管理知识体系指南. 马欢，刘晨，等译. 北京：清华大学出版社，2012.

[9] IBM 数据治理统一流程，2010.

[10] MMI Institute. CMMI institute data management maturity model v1.0. 2014.

[11] 李冰，宾军志. 数据管理能力成熟度模型. 大数据，2017，3（4）：29-36.

[12] 刘桂锋，钱锦琳，卢章平. 国外数据治理模型比较. 图书馆论坛，2018.

第3章 数据治理的基本思路

数字经济是继农业经济、工业经济之后的一种新的经济社会发展形态,它将推动经济社会各领域向数字化转型,实现价值增值和效率提升。2016年G20杭州峰会发布的《二十国集团数字经济发展与合作倡议》[①]指出,数字经济是指以使用数字化的知识和信息作为关键生产要素、以现代信息网络作为重要载体、以信息通信技术(ICT)的有效使用作为效率提升和经济结构优化的重要推动力的一系列经济活动。2019年党的十九届四中全会正式将数据作为参与分配的关键要素,我们正在从工业经济时代迈向数字经济时代。

在数字经济时代,数字技术代表着新的生产力,将推动世界发生重大变革。在物理基础设施之上,依托云计算、大数据、工业互联网、物联网、人工智能、5G等新一代信息技术进行数字化改造,搭建了新的数字基础设施,给传统的工业经济注入了新的活力。万物互联带动数据的爆发式增长,大数据和人工智能等促使数据成为重要的战略资产,数据驱动型创新正在向科技研发、经济社会等各个领域扩展,成为国家创新发展的关键形式和重要方向。

---

① 二十国集团数字经济发展与合作倡议. http://www.cac.gov.cn/2016-09/29/c_1119648520.htm.

新的生产力变革必将引发生产关系变革，数据治理体系则代表着新的生产关系。从狭义上讲，数据治理的对象是数据，目的是通过技术和规则确保数据与物理世界的和谐统一；从广义上讲，数据治理的对象是物理世界，目的是依托数字化理念对世界进行改造。

数据治理是覆盖数字世界和物理世界的大概念，科学构建数据治理体系必须有正确的方法论予以指导。本章采用战略思维、辩证思维、创新思维、底线思维等科学思维方法，深入剖析数据经济时代的基本规律，研究数据治理的基本思路，为构建数据治理体系提供指导。

3.1 坚持战略思维，构建良好的数据治理生态体系

数据治理涉及政治、经济、社会、技术、文化等方方面面，具有非常复杂、宽广的视域。本节利用战略思维方法，从全球化、系统性和多学科等维度，深度分析数据治理的研究范畴和内容，立足经济社会发展根本和全球数字化变革大局，着眼数字经济时代的长远发展，明确数据治理的目标和内容，推动构建数据治理生态体系。

3.1.1 从全球化视角看数据治理

从全球化视角看，数字经济发展仍呈现较严重的不均衡性，同时数据治理缺少整体规制，国家和地区间数据治理政策割裂严重，全球数据治理仍处于混沌状态。

在互联网的快速发展过程中，数字鸿沟一直存在，并且日益恶化。2019 年 9 月 4 日，联合国贸易和发展会议（UNCTAD，简称贸发会议）发布《2019 年数字经济报告——价值创造和捕获：对发展中

国家的影响》。[①]该报告指出，不同国家间数字化程度差距越来越大，如在最不发达国家只有五分之一的人使用互联网，而在发达国家有五分之四的人使用互联网，非洲和拉丁美洲拥有的主机代管数据中心占世界总数的比例不到5%；数字经济发展存在严重的区域不平衡，如美国和中国占全球70个最大数字平台市值的90%，而欧洲在其中的份额为4%，非洲和拉丁美洲占比的总和仅为1%。

长期以来，数据治理一直缺乏全球性议程。2016年G20杭州峰会上发布的《二十国集团数字经济发展与合作倡议》正式提出数字经济议题。2018年7月12日，联合国数字合作高级别小组正式成立，旨在通过跨领域和跨国界合作，挖掘数字技术的社会和经济潜能，确保所有人都能受益于一个安全普惠的数字化未来。该小组于2019年6月10日正式发布名为《相互依存的数字时代》的研究报告[②]，提出数字经济需要全球制度"新"框架，站在联合国的立场上为未来全球数字经济治理提供了发展路径。据统计，联合国层面与数字合作相关的机制有一千多个，但目前仍缺乏统一的全球性数据治理议程，从而推进在联合国框架下建立全球规制。

数据已经成为国家间竞争的重要战略资源，世界各国数据治理政策形成割裂对立局面。2019年G20大阪峰会上发布了《数字经济大阪宣言》[③]，但由于各国间的观点仍存在较大分歧，因此采用了较为泛化的描述，而且印度、印度尼西亚和南非等国没有在宣言上签字。美国在国际场合坚持主张数据跨境自由流动，充分利用其在ICT和数字

---

① Digital Economy Report 2019. https://unctad.org/en/pages/PublicationWebflyer. aspx?publicationid=2466.

② The Age of Digital Interdependence—Report of the High-Level Panel on Digital Cooperation. https://digitalcooperation.org/panel-launches-report-recommendations/.

③ G20 Ministerial Statement on Trade and Digital Economy. https://www.meti.go.jp/english/ press/2019/0610_003.html.

经济上的领先优势，配合以《澄清境外数据合法使用法案》（《CLOUD
法案》）等长臂管辖手段，通过主导数据流向维护其全球地位，同时
严格限制重要数据出口，通过贸易战等手段打压他国核心技术产业的
发展，以保障自身产业优势。欧盟实施数字化单一市场战略，出台了
《通用数据保护条例》（GDPR）和《非个人数据在欧盟境内自由流动
了框架条例》等，利用"充分性认定"在全球推广其规则，以高数据
保护标准引导全球数据治理规则体系。日本、新加坡等国积极对接亚
太经合组织（APEC）跨境隐私规则（CBPR）和欧盟机制，积极推动
跨境自由流动规则的构建。俄罗斯、印度等国为保护本国数字经济发
展，通过数据本地化等政策对抗美国数据霸权。

目前，中国数字经济发展取得巨大成就，全球竞争力持续提升，
出现了阿里巴巴、腾讯、百度、京东等全球领先的数字平台。但与此
同时，我国数据保护制度仍不健全，欧盟、APEC 等认为我国个人数
据保护程度不充分，尚不符合开展数据跨境国际合作的要求，特别是
"数据本地化"的政策难以与欧盟和美国主导的双边/多边机制兼容。
从全球化视角考虑，数字经济是一个全球化的经济形态，数据治理也
必须与全球对接，美国的全球"战略收缩"也为我国提供了参与和构
建国际数据治理体系的机遇，我国应从全球发展战略层面出发，充分
考虑国际数据流通需求，对接世界主要数据流通圈规则，打造全球数
据治理体系的中国方案。

3.1.2　从系统性视角看数据治理

从系统性视角看，现有数据治理概念较为局限，大都以企业组织
为对象，聚焦于数据整合、分析和运用等技术视角，缺乏国家治理和
社会治理层面的全局性和系统性认知。

在数字经济时代，物理世界中个人、道路、建筑、企业、工厂等

实体所产生的数据，经由各类数据采集终端进入信息系统，构建了一个由0和1组成的数字世界。在数字世界中，对应于物理世界各实体的社会活动，数据也按照一定规则在不同数据主体间流转，我们一般称之为数据流通，图3-1给出了数据流通的示意图。我们所说的数据治理，一方面要确保数字世界的数据与物理世界的一致性，以保证物理世界实体的权益，如个人银行卡里的资金、企业的经营数据、国家的经济运行数据等，这就是我们所说的狭义的数据治理，一般针对单一组织，从技术视角解决数据质量、数据管理、数据安全等问题；另一方面要透过数据治理优化提升国家治理和社会治理的效率，这就需要把整个国家、整个社会作为对象，优化提升整个国家和社会的运行机制，如通过政务数据共享交换打通部门间壁垒，实现"一站式"政务服务，这就是我们所说的广义的数据治理，需要社会主体共同参与，从政策、标准、技术、应用等多个视角考虑问题。

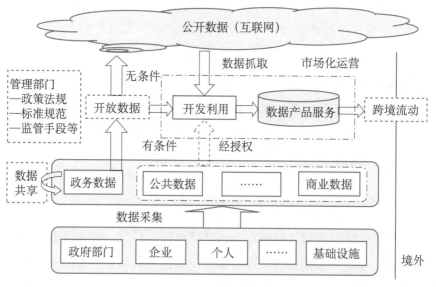

图 3-1　数据流通示意图

在推动国内数据治理方面，世界各国以政务数据开放共享为抓手，加强公私合作，促使企业、个人等在数据治理中发挥主体作用。以美国为例，20 世纪 60 年代就发布了《信息自由法案》，为现代美国政府的公开与透明制定了行为准则；在奥巴马执政期间，美国政府发布了《透明和开放政府备忘录》《公开政府命令》《美国开放数据行动计划》等一系列政策文件，建立了全球首个国家数据开放门户网站；特朗普政府则于 2019 年 1 月正式签发《开放政府数据法案》，为美国政府数据的开放与利用提供了更有力的保障，并于 6 月发布《联邦数据战略——一致性框架》和《2019—2020 年联邦数据战略行动计划（草案）》，开始实施数据战略，其目的一方面是提高联邦政府的效率和透明度，另一方面则是将数据作为战略资源进行经营，促进经济增长。

在此基础上，部分国家和地区将数据治理延伸到经济、科研等领域，推动整个经济社会的数字化治理，进而提升竞争力。以欧洲为例，欧盟委员会于 2015 年 5 月启动单一数字市场战略，旨在通过一系列举措革除法律和监管障碍，将 28 个成员国市场打造成一个统一的数字市场，以繁荣欧盟数字经济；于 2016 年 4 月出台欧盟工业数字化战略，提出明确的行动路线，以维持欧盟在工业领域的全球竞争力；于 2017 年 1 月发布政策文件《打造欧盟数据经济》，启动"打造欧盟数据经济"计划，并为此提出了政策和法律解决方案；于 2018 年 4 月发布政策文件《建立一个共同的欧盟数据空间》，聚焦公共部门数据开放共享、科研数据保存和获取、私营部门数据分享等事项；于 2020 年 2 月发布《欧洲数据战略》，从构建跨部门治理框架、加强数据投入、提升数据素养和构建数据空间等方面提出战略措施，积极推进数字化转型工作，打造欧盟单一数据市场。在欧盟的推动下，欧洲的芬兰、荷兰、英国、德国等在数字政府方面取得了积极成效，特别是爱沙尼亚已经实现了全面数字化，下面给出了爱沙尼亚数字政府建设的案例。①

案例

数据驱动下的爱沙尼亚电子政务建设

爱沙尼亚通过 eID、X-road（数据交换平台）、KSI（区块链技术）等网络基础设施的建设，已实现全面数字化，并与芬兰实现数据互联互通。除有形资产的转移（如房产交易）外，所有政府服务（立法、投票、教育、司法、医疗、银行、税务、治安等）都可以通过数字方式完成。2014 年，政府还推出了一项数字"居民"计划，允许登录的外国人参与一些爱沙尼亚的服务，比如银行业务，就好像他们生活在这个国家一样。

X-road 数据交换平台由爱沙尼亚信息系统管理局（RIA）于 2001 年发布，该平台连接企业和政府数据库，使数据能够通过互联网进行交换。在 X-road 的支持下，爱沙尼亚银行可以使用 X-road 调取个人数据进行抵押贷款审查，爱沙尼亚医院可以通过居民电子身份证的授权，调取用户数字处方。截止到 2018 年 1 月，X-road 覆盖超过 1 000 个互联数据库和 1 700 个不同领域的服务，每月基于 X-road 的数据流通超过 5 000 万笔。

2018 年 2 月 7 日，芬兰和爱沙尼亚实现跨境数据交换，实现两个国家间快速方便的跨境服务，包括以电子方式登记新住所、从国家数据库检查个人数据（地址注册、考试结果、健康保险等）、以电子方式申报税款、检查驾驶执照和车辆登记的有效性、自动登记新生儿的健康保险。

近年来，我国高度重视数字政府建设，大力推动政务数据开放共享，不断完善数据安全政策法规，数据治理体系逐步健全。但与此同时，我国仍以政府管理为主导，尚未提升到数据治理层面，企业和个人在数据治理体系中的作用还没有充分发挥。"民齐者强""上下同欲者胜"，在数据治理体系的构建过程中，应摒弃本位思想，打通国

---

① 探秘爱沙尼亚：一个无国界的数字共和国. https://www.newyorker.com/magazine/2017/12/18/estonia-the-digital-republic.

家、行业、组织等多层次，整合政府、企业、个人等多利益相关方的力量，从政策、标准、技术、应用等多维度进行综合考量，构建共建共享共治的数据治理体系，有力支撑国家治理体系和治理能力现代化。

3.1.3　从多学科视角看数据治理

从多学科视角看，数据治理涉及法学、经济学、管理学、数据科学等多个学科，但目前的研究多从单一学科入手，研究的对象、方法和理论较为封闭，难以有效解决实际的数据治理问题，进而支撑数据治理体系建设。

数据治理本身是一个多学科研究领域，不同学科有各自的研究内容。法学是以法律、法律现象及其规律性为研究内容的科学，重点研究数据治理相关法律及相应的现象和问题，包括数据概念界定、数据权属等问题。经济学是研究人类经济活动规律——价值的创造、转化、实现相关规律——的科学，重点研究数据治理在经济活动中的相关问题，包括数据资产化、数据定价等问题。管理学是研究管理规律、探讨管理方法、建构管理模式、取得最大管理效益的学科，重点研究数据资产运营、数据治理体制机制等问题。信息资源管理学、数据科学等是综合性学科，前者重点从信息资源管理角度开展研究，后者重点从数据处理、数据分析和数据安全等技术实现角度开展研究。

数据治理的多学科特征也使其面临较大的协同问题。由于各相关学科之间存在不同的价值体系、学术用语和概念框架，缺乏对彼此间认识和经验的肯定和交流，研究者与从业者之间伙伴关系的建立面临着较大障碍，增加了数据治理多学科协作的难度。各学科间缺少协同和协作则会导致研究成果有失偏颇，难以匹配数据治理实际需求，如数据权属是当前数据治理的一个典型问题，国内外已经出现了华为与腾讯、顺丰与菜鸟、新浪与脉脉、大众点评与百度、hiQ 与领英等一系列案例，但数据权属问题不能从法学的部门法角度、经济学的效率角度等单一视角去研究，需要综合各学科视角，结合数据流通的全生命周期实际，分析数据生产方、归集方、运营方、使用方、管理方等不同角色的权责划分，科学界定数据权属问题。

多学科方法的互补与融合是自然、社会和人文学科方法论演化的必然趋势。通过多学科研究视角，能够打破严格的学科疆界的藩篱，消除以往学科式研究的封闭性及画地为牢、唯我独尊的宿弊，从而加强学科间的理解与合作。此外，借鉴吸收不同学科的理论方法，还可以丰富数据治理体系的理论和方法体系，加快其发展与成熟。

3.2　坚持辩证思维，深刻认识数字经济时代的一般规律

数据治理发生在网络空间，与国家治理和社会治理相比具有独特的特征。本节利用辩证思维方法，从辩证法和认识论的角度入手，在深刻理解网络空间的内在本质和发展动力的基础上，详细分析虚拟与现实、安全与发展、保护与开放、法治与伦理、自由与秩序等关系，全面了解数字世界和物理世界的本质联系和区别，揭示数字经济时代的一般规律。

3.2.1　虚拟与现实

虚拟的数字世界不同于现实的物理世界，但却源于并从属于物理世界，只不过是物理世界在网络空间的一种间接再现，两者最终将统一于世界的物质性，数据治理是虚拟与现实和谐统一的必要条件。

依托网络空间构建的数字世界天然具有虚拟性，其中一部分映射

自现实中的物理世界，另一部分则是由现实中的主体构造出来的。但正如习近平总书记在第二届世界互联网大会上发言时所指出的一样，"网络空间是虚拟的，但运用网络空间的主体是现实的"，虚拟是物理世界利益和人格的延伸，现实则是数据世界权利义务承担的主体，虚拟的数字世界与现实的物理世界是辩证统一的。

数据治理是虚拟的数字世界与现实矛盾的和谐统一的基本前提。从来源上看，虚拟是从现实中发展而来的，数字世界的构建源于物理世界的数字化转型。如前所述，数据治理的一大作用就是保证数字世界与物理世界的统一性。从结构上看，虚拟是广义现实的有机组成部分，数字世界所依存的数字基础设施是现实的，其数据映射或衍生自物理世界，本质上是部分与整体的关系。从相互作用上看，虚拟与现实之间可以实现相互促进、相互影响和相互转化，如数据治理也可以透过数字世界对物理世界进行改造。按照马克思主义哲学观点，现实的物理世界是一种"肯定"状态，转化为虚拟的数字世界时所产生的对立关系是一种"否定"状态，而数据治理过程则可以达成"否定之否定"的状态，进而实现虚拟与现实的和谐统一。

虚拟的数字世界与现实的物理世界是相互联系、互相促进的。数字世界本身不同于物理世界，其源于并从属于物理世界，可以说是对物理世界的一种间接再现，数字世界的存在为人们认识和改造物理世界的实践活动拓宽了视野。同时，数字世界反过来也可以影响人类改造物理世界的实践活动，特别是随着数字化转型的不断加快，数字世界与物理世界的关联程度日益加深，数字世界在推动物理世界的经济、政治、文化和社会发展方面的功效也将日益显现。

3.2.2　安全与发展

数字经济时代必须统筹好安全与发展之间的关系，作为国民经济的支柱，数字经济稳定发展是国家安全和社会稳定的基础，而数据安全关乎国家安全和人民利益，是数字经济健康快速发展的保障。正如习近平总书记在中央网络安全和信息化领导小组第一次会议上的讲话中关于网络安全和信息化工作的论断："做好网络安全和信息化工作，要处理好安全和发展的关系，做到协调一致、齐头并进，以安全保发展、以发展促安全，努力建久安之势、成长治之业。"

当前世界正处于习近平总书记所说的"百年未有之大变局"，国际社会暗流涌动，唯有发展才是硬道理。近年来，中国经济进入新常态，数字经济是实现经济转型升级的重要方向，并逐步成为中国经济增长的新引擎。第六届世界互联网大会上发布的《中国互联网发展报告2019》指出，2018 年中国数字经济规模达 31.3 万亿元，占 GDP 的比重达 34.8%。与此同时，美国掀起贸易战，利用多种手段打压华为、中兴等优秀企业，并通过关税、核心技术禁运等方式限制我国经济发展。如2020 年 1 月 3 日美国政府出台新规①限制出口部分人工智能软件，该规定被指针对包括中国在内的几个国家。面对复杂多变的国际形势，我国只能加大核心技术投入，推进数据经济发展，提升国家核心竞争力。

随着数字经济时代的到来，国家、企业和个人对网络的依赖不断提升，数据安全成为国家安全和经济社会稳定运行的基础。人们的日常工作生活都将离不开网络，个人和法人等主体的身份、财产和活动等都将以数据形态呈现，但随之而来的信息泄露、网络诈骗、网络攻击、数据窃取等违法犯罪行为严重侵犯了个人合法权益，影响了数字经济的快速发展。与此同时，国家和社会的高效运行都依赖于数据的快速流转，数据资源成为国家重要的战略资源，越来越多的国家参与

---

① 美国商务部工业与安全局管制清单 ECCN 0D521 No.1. https://www.federalregister.gov/documents/2020/01/06/2019-27649/addition-of-software-specially-designed-to-automate-the-analysis-of-geospatial-imagery-to-the-export.

数据资源争夺战，不断加大网络战备投入，提升在网络空间中的控制力和影响力，网络数据安全对国家安全的重要性日益凸显。

3.2.3　保护与开放

数字世界与物理世界相互映射，各利益主体在物理世界的权益同样也延伸到了数字空间，数据资源资产化趋势明显。在这种情况下，各利益主体（包括个人、企业和国家）都不断加大对数据资源的保护力度，提升对数据资源的控制力，确保自身权益。但与此同时，数据资源只有流通起来才能实现其价值，如何确保数据资源的开放性，在保障各自权益的同时实现各利益主体间的数据流通，构建有效的数据国际流通体系，也是世界各国关注的焦点。

在数据经济时代，数字世界与物理世界的关联更加紧密，国家、企业和个人都需要保障数字世界的合法权益，这就涉及数据权和数据管辖权问题。英国前首相卡梅伦提出数据权是信息时代公民的基本权利的理念，这里的数据权是指对数据财产的占有权、支配权、使用权、收益权和处置权等。数据管辖权主要界定国家和法律层面的范畴，涉及各利益主体在数据方面产生纠纷时应由谁来裁决等问题。

当前，国际上在数据管辖权方面仍存在较大争议。欧美通过扩张性立法将自身数据管辖权扩大，欧盟 GDPR 将执法范围确定为所有在欧盟开展业务的主体，而美国则通过《CLOUD 法案》推行"长臂管辖"，通过对属人管辖思路的延伸，对美国企业境外运营数据实施管辖。中国、俄罗斯、印度等国利用属地管辖的思路推动"数据本地化"政策，确保对本国范围内数据的管辖权。2019 年 G20 大阪峰会上发布的《数字经济大阪宣言》明确提出，"为了建立信任和促进数据的自由流动，有必要尊重国内和国际的法律框架"，实际上体现了尊重各国管辖权的含义。中国作为数字经济大国，亟须提高自己的数据掌控能力，从国家层面维护数据安全，确保国家安全。

从数据开放角度看，国际上数据流通往往通过双方或多方协议达成一致，也是以各自的管理制度为基础的。在数据资源的重要性日益提升的今天，各国都通过不同方式设置了数据流通门槛，如欧盟通过GDPR提高数据保护要求，并通过数据保护"充分性"认定来打通数据流通环节，目前已确认白名单国家13个，美国主导的APEC CBPR目前已有8个国家参与。虽然由于世界各国在数据管辖权方面存在较大争议，导致统一的数据国际流通体系难以建立，但各国都在各自框架下努力推进数据国际流通，达成了一系列双边或多边协议。随着全球数据经济的繁荣发展，以及人工智能、大数据和区块链等新兴技术的快速涌现，弥合各国分歧的数据流通机制将逐步形成，进而构建全球范围内的数据流通体系。

3.2.4 法治与伦理

数字治理涵盖国家、行业、组织等多个层次，涉及政府、企业、个人等利益相关方，既需要法律法规坚守底线，也需要标准规范提升要求，更需要公约、规约等道德伦理予以补充，进而实现共建共享共治的理念。

我国基本治国方略是依法治国和以德治国，两者是相辅相成、相互促进的，这也对应着法治和伦理。在数字经济时代，人工智能、云计算、大数据等信息技术快速发展，而法律法规和管理机制相对滞后，难以有效应对新技术和新应用带来的新问题，伦理就成为法治的重要补充，其中包括道德和文化建设，涵盖优良文化传统、行业公约、行业自律等，以补充法律治理的空间和提升法律治理的层次。

数字世界源于物理世界，有大量权利和权益需要通过法律来保护，法治是数字世界运行的根基。自党的十八大以来，我国不断加大网络立法力度并取得了举世瞩目的成绩，与互联网立法有关的法律、解释、法规、政策和各级政府的办法、条例等多达上百部，特别是在大数据发展、网络侵权、著作权保护、技术创新鼓励等方面，我国的法治进程已经赶超世界其他国家。随着信息技术和数字经济的发展，我国在数字世界的实践已走到世界前沿，出现了一批处于世界领先地位的与新技术、新业态和新应用相关的法律，为世界互联网法治建设做出了自己的贡献。

数字世界的治理体系更加复杂，涉及多个利益相关方，伦理是法治的重要补充。习近平总书记在第二届世界互联网大会开幕式上的讲话中指出"要加强网络伦理、网络文明建设，发挥道德教化引导作用，用人类文明优秀成果滋养网络空间、修复网络生态"。在数字世界中，除了政府外，还有企业、第三方机构等参与数据治理，如行业组织、大型互联网平台运营者等，在这种情况下，行业公约、服务协议等往往更有效。数据治理体系就是要在法治的基础上，充分发挥道德伦理的作用，利用各层级的数据规约，提升数据治理的效率和效果。

3.2.5　自由与秩序

数字世界与物理世界相同，各主体有自己的权利和义务，秩序与自由是相互依存的，自由必须在一定秩序下才能存在，自由是秩序的目的，秩序是自由的保障。

子曰："从心所欲不逾矩"。这句话深刻论述了人的自由，即秩序与自由是密不可分的，也是相互依存的。自由在一定的秩序之下才可以存在，如果没有秩序的约束，你的自由很快就会限制别人的自由，如"自由地"拿别人东西、"自由地"杀人等。同样地，有秩序而没有自由的情况也不可能存在，作为有自主意识的生物，没有人甘愿生活在一种固定的生活模式中，在秩序下必须拥有一定的自由空间。

在信息技术兴起之初，互联网曾被认为是自由和共享的代名词，人们以虚拟身份畅游其中，肆无忌惮地表达自己的观点。但脱离了秩序的自由，不仅如镜中花一般虚幻，而且混乱不堪，没有规则的互联网实际上也就是技术为王，黑客成为那个"自由王国"的实际统治者，各类网络犯罪横行，个人权益无法得到有效保障。如当前仍被黑客认为是自由空间的"暗网"，其中处处充斥着儿童贩卖、洗钱、贩毒、赏金黑客、买凶杀人等各类犯罪行为。

在数字经济时代，伴随着人们日常办公、交通、购物等各类活动都进入数字空间，数字世界与物理世界的关联日益密切，大数据、人工智能等技术已经使得所有人都知道你是谁，这也意味着相关主体已与物理实体绑定，数字也对应着物理世界的财产等权益。在这种情况下，只有充分的秩序才能保证人们有信心自由地进入数字世界。

3.3 坚持创新思维，探索引入新型数据治理理念

数据治理聚焦数字经济时代面临的新问题、新挑战，是经济社会发展的新课题。本节利用创新思维方法，积极认识数字孪生、数据资产等新生事物，敢于面对数据资产化、运营专业化、流通全球化等新问题，勇于探索运用新机制、新技术、新手段来防范和化解面临的新风险，积极推动数据治理体系建设。

3.3.1 虚拟现实融合化

数据治理的本质是实现虚拟与现实的交互和融合，一方面可以确保虚拟的数字世界与现实的物理世界保持一致，另一方面可以实现通过数字世界改造物理世界的效果。数字孪生就是实现虚拟与现实融合的一种典型技术，并成为全球信息技术发展的新焦点。高德纳认为数

字孪生处于期望膨胀期顶峰，在未来 5 年将产生颠覆性创新；美国工业互联网、德国工业 4.0 均将数字孪生作为重要内容；数字孪生也成为主要国家数字化转型的重要抓手，如法国的数字孪生巴黎、新加坡的虚拟新加坡、中国的杭州城市大脑等。

数字孪生综合运用感知、计算、建模等信息技术，通过软件定义，对物理世界进行描述、诊断、预测、决策，进而实现物理世界与数字世界的交互映射。数字孪生通过将模型代码化、标准化，以软件的形式动态模拟或监测物理空间的真实状态、行为和规则，通过感知、建模、软件等技术，实现物理世界在数字世界的全面呈现、精准表达和动态监测；同时面向物理实体和逻辑对象建立机理模型或数据驱动模型，融合人工智能等技术，实现物理空间和赛博空间的虚实互动、辅助决策和持续优化。

以数字城市为例，通过建设城市数字孪生，以定量与定性结合的形式，在数字世界推演天气环境、基础设施、人口土地、产业交通等要素的交互运行，绘制"城市画像"，支撑决策者在物理世界实现城市规划"一张图"、城市难题"一眼明"、城市治理"一盘棋"的综合效益最优化布局。

数字孪生的本质是在比特的汪洋中重构原子的运行轨道，以数据的流动实现物理世界的资源优化。从宏观看，数字孪生不仅是一项通用使能技术，而且将会是数字社会人类认识和改造世界的方法论。从中观看，数字孪生将成为支撑社会治理和产业数字化转型的发展范式。从微观看，数字孪生落地的关键是"数据＋模型"，亟须分领域、分行业编制数字孪生模型全景图谱。

3.3.2　数据资源资产化

在数字经济时代，数据只有流转起来才能产生真正的价值，而数据流转也需要有相应的趋动力，数据资产化则是实现数据流通的重要驱动力。党的十九届四中全会首次提出数据可作为生产要素参与分配，这为数据资产化提供了重要的政策依据。

按照资产的定义，数据资产是指企业或组织拥有或控制，预期能给企业或组织带来未来经济利益的数据资源。与资产相同，不是所有数据资源都能作为数据资产，只有可控制、可量化、可变现的数据才可能成为资产。我们将认识和实现数据资源价值的过程称为"数据资源资产化"。

当前，数据资源资产化仍面临诸多障碍，数据资源并不符合会计准则中对于"资产"及"无形资产"的定义，其核心在于如何认定和计量数据资源的价值。从收益角度看，数据资源的价值涉及质量价值和应用价值。质量价值的影响因素包含真实性、完整性、准确性、数据成本、安全性等，应用价值的影响因素包含稀缺性、时效性、多维性、场景经济性等。从风险角度看，数据资源所处的政策法规和行业约束等对其价值有重大影响，应在数据资产价值评估中予以充分考虑，如数据安全相关法规不断完善，使得数据资源交易各方合规成本大大提高。

由于数据资源本身具有外部性、无限复制等特性，其可控性差，难以量化，从而在价值实现方面存在较大障碍。研究显示[1]，传统的成本法、收益法、市场法等评估方法在数据资产估值中各具适用性，但也都存在一定的局限性。目前尚未形成成熟的数据资产评估方法，这已经成为各研究机构的重点研究方向。

3.3.3 数据运营专业化

当前，已经出现了大型互联网平台"数据垄断"现象，存在潜在

---

[1] 德勤 & 阿里研究院 . 数据资产化之路——数据资产的估值与行业实践 . 搜狐 . 2019-11-09.

的损害个人数据权益的风险。在大数据时代，数据资源作为重要的国家战略资源，对外负有保障国家安全的职责，对内负有维护个人和企业等主体公共权益的责任，有必要将涉及国计民生的公共数据资源作为类似矿产等自然资源进行授权经营，设置专门的数据资源运营机构。

在目前的国家治理体系中，公安、人社等政府部门依据职责收集并管理大量公共数据资源，但由于部门间尚未形成良好的共享机制，导致各部门存在严重的数据过度收集现象，有必要设置专门的数据资源管理机构，负责统筹国家范围内的数据流通工作，指导和管理区域内的数据采集、数据开放、数据共享、数据交易等数据流通活动。

同时，由于政府部门都有各自的职能，往往并不具备数据资源运营管理的专业能力，大都会建立专门的技术团队或委托专门的技术机构实施相关工作，但这种模式很难把责任划分清楚。国家数据资源管理机构可以以许可经营方式授权一批有能力的数据资源运营机构，政府部门可根据需要选择相关的机构委托数据资源运营服务业务，从而有效切分管理权和运营权，相应地也将责任合理切分。

在这种模式下，国家数据资源管理机构负责数据资源管理政策法规的制定规划，对数据资源运营机构实施基础许可监管，指导相关机构合理开展数据资源开发利用；政府部门作为服务采购方，从需求角度规范数据资源的应用要求和使用规范，授权数据资源运营机构开展相应领域数据资源的运营服务；数据资源运营机构在获得基础许可后，以市场化机制争取各类公共数据资源运营服务，开展公共数据资源运营管理并按照国家政策要求推动数据开发利用。

3.3.4 数据流通全球化

数据经济是全球化的，其快速发展需要实现全球化的数据流通。

当前，我国虽然数字经济发展迅速，但仍主要集中于国内市场，相比于美国的谷歌、亚马逊等平台，阿里巴巴、腾讯等大型平台的国际化程度仍较低。特别地，虽然我国《网络安全法》明确提出个人信息和重要数据出境前需要经过审查，但目前具体的管理办法和标准尚未出台，我国数据跨境流通的政策尚不明晰。

国家应在数字经济发展重点区域，如上海自贸区、粤港澳大湾区等，设置数据流通特区，开展数据跨境流通试点示范。国家应通过在特定管制区域划定数据跨境自由流通区，参考离岸数据中心等建设模式，对接欧盟、APEC等主要数据流通圈跨境数据流通规则，吸引涉及数据跨境业务的企业入驻，实现数据跨境自由流通。国家应探索建立数据跨境流通监管体系，借鉴国际经验，探索数据海关等模式，以数据跨境自由流通区为跳板，在确保我国数据安全的基础上，实现境内外数据双向流通和跨境贸易，探索建立透明、开放、可操作的监管体系。

积极开展国际交流合作，"以我为主"打造全球数据流通圈。组建数据流通协会，积极与"一带一路"沿线重点国家开展数据跨境流通交流合作，形成符合我国价值观的跨境数据流通规则体系。同时加强与欧、美、日等相应机构的沟通交流，弥合分歧、形成共识，推动在联合国框架下形成统一的数据跨境流通规则。

3.3.5　数据治理体系化

数据治理体系需要一种颠覆性的技术手段，打破已有的政府中心化管理机制，引入企业、平台等利益相关方，构建共建共享共治的治理体系。区块链就是这样一种技术，不仅会对政府数据治理模式产生颠覆性影响，而且会引发政府管控机制和业务流程的重大变革，进而提升数据治理的质量和效率，给数字政府建设带来发展机遇。

区块链为多中心数据共享提供了信任机制。区块链的实质是借助技术手段为网络主体建立一套低成本的信任机制，进而开展基于信任关系的互联网应用。利用区块链可构建不同机构、主体间的信任关系，在数据分散管理的同时，通过建立完善的数据共享使用机制，实现数据的集中应用。区块链的引入能够大大降低重要信息和敏感数据收集的必要性，有利于国家落实网络信息保护相关政策法规。

智能合约为数据共享使用提供了治理手段。区块链是典型的去中心化信任机制，通过分布式数据库、共识机制、智能合约和密码等技术提供完全技术化的信任机制。智能合约是一套以数字形式定义的承诺，承诺包含了合约参与者约定的权利和义务，由计算机系统自动执行。基于智能合约可以有效实现针对数据收集、数据共享、数据使用等关键环节的自动化治理。

区块链为数据溯源和取证提供了技术保障。区块链不仅可以为各方网络主体构建信任机制，而且可以固化各方的网络行为，实现追踪溯源的功能。区块链使得数据透明、安全、真实且可审计，以便追踪产品链的监管链和产品属性。基于区块链的证据保全已经成为重要的应用领域。

3.4　坚持底线思维，切实保障国家安全和人民权益

当前，数据成为国家重要的战略资源，数字经济成为经济发展的重要驱动力，数据也是个人和企业的重要资产，数据治理能力已经成为保障国家安全、产业发展和个人权益的基础支撑。本节利用底线思维方法，深入分析数据资源在大国竞争、产业发展中的作用，以及数据安全对个人生命财产安全的影响，从提升数据治理能力和水平的角度，探索切实保障国家安全、产业发展和人民权益的途径。

3.4.1 国家安全底线

数据是支撑国家安全的重要战略资源，特别是经济运行数据、地理信息数据等，对维护国家安全有重要意义。欧美等西方国家强调数据自由流通，利用"长臂管辖"手段和数字经济优势集聚全球数据资源，将数据作为西方影响全球的新手段，对其他国家的安全带来了威胁。

在数字经济时代，国家拥有数据的规模、数据流通水平、对数据的利用能力等将成为综合国力的重要组成部分。个人信息和重要数据关涉情报、军事、国防等国家安全领域，数据的流通和分享越来越受到政治性因素的影响，数据跨境流通议题也因此与国家安全密切联系。数据对国家主权维护有重要意义，是支撑国家安全与发展的重要战略资源，具有极为重要的保护价值。

数据资源日益成为国家战略资源，全球竞争焦点正由商品和物质的争夺向数据的控制转变。21 世纪，数据被认为是基础生活资料与市场要素，由此产生的大数据也就成为社会经济发展的新基础"能源"，其战略价值不亚于工业社会的石油。21 世纪的大国竞争已经不是硝烟弥漫的战争，也不是物质资源的争夺，而是要争抢对整个世界的影响力和主导权，这主要体现在对数据的掌控上。"棱镜门"等事件已经揭露，美国长期把持着互联网资源的分配权、国际互联网根域名的控制权、网络域名解析等核心互联网关键资源，具有网络空间的霸权地位，进而窃取并监控全球数据，实施网络攻击，严重损害他国主权。

"大道之行，天下为公"。《联合国宪章》确立的主权平等原则是当代国际关系的基本准则，覆盖国与国交往的各个领域，其原则和精神也应该适用于网络空间和数字世界。我国应在独立自主、自力更生的和平外交政策基础上提出国际数据治理理念，坚持在联合国框架下，明确各国的数据管辖权，反对通过"长臂管辖"等方式干涉他国内政，以及利用数据资源控制权从事、纵容或支持危害他国国家安全的活动。在参与国际数据治理活动的过程中，既要以开放的姿态拥抱国际先进思路理念，引进先进的技术产品，也要坚持独立自主，走出一条具有中国特色的数据强国之路。

有效应对数据安全威胁已成为保障社会稳定、经济繁荣的重要基础，也是国家网络安全保障体系的重要组成，应当贯彻《国家安全法》有关规定，坚持总体国家安全观，以人民安全为宗旨，以政治安全为根本，以经济安全为基础，以军事、文化、社会安全为保障。数据安全是一项系统工程，需要经济发展与安全管理并重，要积极发挥政府机关、行业主管部门、组织和企业、个人等多元主体的作用，依据《国家安全法》《网络安全法》等法律法规的要求，共同参与我国网络与信息安全保障体系建设工作，做到知法守法，认真履行数据安全风险控制有关义务和职责，增强数据安全可控意识，共同维护国家安全秩序。

3.4.2　产业发展底线

数据是提升企业生产力的重要资源，很多互联网企业通过对海量数据资源的开发利用获得了巨大的商业成功。但由于全球数据产业发展不均衡，对于产业能力较弱的国家而言，若不对数据流通加以限制，则可能导致本国沦为数据资源输出国，数字产业发展受限，严重影响产业安全发展。

数据不受限制地外流影响本国数字产业发展机会。从长远发展看，数据本身是生产力的资源。越来越多的互联网企业通过对海量、实时、异构的数据资源进行开发利用取得了巨大的商业成功。同时，数据是国家重要的战略资源，如何积累数据、精炼数据以及加工和管控数据，将成为决定国家经济命脉的重要因素。对于许多数字产业能力不强的国家来说，放任数据不受限制地流向境外，可能损害本国企业开发利用数据资源的发展机会，影响本国数字产业和数字经济竞争力的提升。这也是本国产业竞争力不足的国家出台数据本地化政策的原因，通过政策手段拉动本地数据产业的发展，保护本国产业利益。

产业安全发展需要平衡的数据国际流通政策。当今世界的现实是，数据资源大量集中在少数跨国互联网平台上，"数据垄断"的格局已经形成，在不设限制的情况下，数据将自然向少数国家地理疆域内汇聚。对于产业能力较弱的国家而言，拒绝数据跨境流动将使国家被排除在全球数据流通体系之外，损害数据经济发展机遇和公民福利，但是放任数据自由流动将会引发产业安全，进而导致国家安全威胁，给国家主权的完整性带来严峻挑战。对数据跨境流通加以合理限制有助于保护技术能力暂时处于弱势地位的国家不会因为能力的差异而导致合法利益受到损害，使数据的使用能够保障数据初始提供者的利益，而非成为少数掌握了技术和产业优势的主体过度追求自身利益的工具。

3.4.3 个人权益底线

在数据经济时代，个人是最主要的数字生产者，也是数字世界最重要的参与者，伴随各类信息化系统的深入应用，大量涉及个人生命财产的数据进入数字世界。然而，由于安全防护不足、内部管理不善等原因，大量个人信息被泄露、滥用和误用，进而导致个人权益被侵犯。

数据重复过度收集问题严重。由于数据共享开放渠道不通畅，政府部门、公共服务机构和企业大量重复收集个人信息，导致个人信息分散重复存储，管理难度大、安全隐患多。特别是有些企业在利益的驱动下，利用多种手段非法收集和囤积个人信息。如 AI 换脸软件"ZAO"涉嫌通过用户协议霸王条款侵犯隐私，多家企业涉嫌利用爬虫技术违规获取用户隐私信息。值得注意的是，部分大型互联网平台通过多渠道获取个人数据，形成数据垄断，对个人权益带来新的威胁。

个人数据泄露严重。在利益的趋动下，个人信息泄露事件频发，数据泄露规模不断增大，动辄数亿乃至十几亿条数据被泄露，如近期公安部查获考拉征信等企业涉嫌非法缓存公民个人信息近 5 亿条。据不完全统计，暗网上有近 9 亿条个人信息出售，业内人士表示超八成公民信息能在黑市上买到。大量泄露个人信息，辅以用户画像等技术手段，广大网民在互联网上近乎"裸奔"。

个人数据滥用误用加剧。随着大数据和人工智能的广泛应用，很多企业利用自身收集的数据进行开发利用，深入挖掘数据的价值，但由于缺乏明确的管理规则，存在较严重的个人信息滥用误用问题，如脸谱"剑桥分析"事件和大数据杀熟事件等，严重损害了人民群众的合法权益。

数据跨境加剧个人数据犯罪。数字经济的快速发展加速了个人数据的全球流通和融合，也使其作为重要的生产要素的价值得以凸显。个人数据的价值和重要性决定了其被觊觎的高概率，全球数据黑色产业链日益成熟，离境数据被恶意利用和买卖的现象频发。与此同时，由于各国个人数据保护标准不一致，造成数据在跨境流通过程中缺乏安全可信的在线环境，加大了数据泄露风险。但在打击跨境个人数据犯罪方面，由于跨境数据取证受到国家间合作机制的限制，执法部门在域外取证过程中处于被动地位，执法成本较高，难以有效保障公民的合法权益。

参考文献

[1] 赵玉洁 . 习近平治国理政的科学思维方式 . 理论学习，2017（1）：18-21.

[2] 刘明芝.新时代治国理政的科学思维方法.光明日报,2018-06-26.

[3] 赵肖肖.我国网络领域管理的自由与秩序研究.知识经济,2015
(14):39.

[4] 陈涛.自由与秩序的关系及其现实意义.安阳师范学院学报,2011(1).

[5] 沈从春.网络,虚拟与现实的辩证性.江苏政协,2007(4):48.

[6] 陈咏梅,张姣.跨境数据流动国际规制新发展:困境与前路.上海对外经
贸大学学报,2017(6):38-53.

[7] 宋志红.大数据对传统法治的挑战与立法回应.经济研究参考,
2016(10):26-34.

[8] 齐爱民,祝高峰.论国家数据主权制度的确立与完善.苏州大学学报(哲
学社会科学版),2016,198(1):88-93.

[9] 王淳.我国数据安全治理路径研究.黑龙江大学,2017.

[10] 刘雅辉,张铁赢,靳小龙,等.大数据时代的个人隐私保护.计算机研究
与发展,2015,52(1):229-247.

第4章　数据治理的体系框架

数据治理的概念受到关注，成为大数据产业生态系统的核心。然而，当前数据治理的研究和实践尚处于初级阶段，无法满足数据经济发展的要求。本章将首先剖析数据治理体系的特点，给出一个数据治理体系的参考框架，并按照国家、行业和组织三个层次将数据治理的内容展开，提供一个进一步研究的框架。

4.1　数据治理的多维度特点

（1）数据被认为是数字经济的生产要素之一，是整个社会经济运行的新动能

从这个意义上看，数据治理的概念涉及国家、行业和组织三个层面。在以前的研究中，数据治理概念的使用相对"狭义"，大都以企业组织为对象，仅从一个组织的角度考虑数据治理的相关问题。比如，桑尼尔·索雷斯在《大数据治理》一书中主要是从大数据类型、行业领域、治理科目等维度定义大数据治理框架，指导企业制订相应的大数据治理计划。张绍华等的《大数据治理与服务》也主要从原则、范围、实施与评估等维度来规范企业的大数据治理工作。数据治理需要突破组织边界，从行业内和跨行业、区域内和跨区域、全国乃至全球

多个层次考虑。原因有二。首先，多源数据聚集和跨组织、跨领域的数据深度融合挖掘是展现数据价值的前提，在价值驱动下，各界普遍存在着数据突破组织边界流通的需求。其次，随着数据开放和流通技术及渠道的逐步完善，数据跨组织流通和应用已经发生，并呈现日益普遍的趋势。因此，数据治理的概念需要从更加"广义"的角度进行定义。我们认为，按照国家、行业和组织三个层次来组织数据治理的框架是合适的，与我国现行的国家治理体系的现实相吻合。需要说明的是，我们没有将个人纳入这个体系，并不表示个人层面的数据治理话题不重要，只是表示本书关注的重点不在个人层面。

（2）数据治理的内容十分丰富，可以适度归纳成几个类别

尽管目前对数据治理内涵的理解尚未形成共识，不同的人从不同的角度去理解可以形成不同的分类，但我们也试图给出自己的分类。有人从组织业务和管理流程设计、信息治理规划、数据管理与应用等不同的视角，对数据治理的内容给出了不同的理解。例如，有些观点认为数据治理是 IT 治理的一部分；有些观点着重于制定与数据有关的数据优化、隐私保护与数据变现的政策；有些观点认为数据治理独立于 IT 治理，是数据管理的延伸；有些观点将数据治理定位为描述数据如何在其全生命周期内有用及其经济管理的组织策略或程序；有些观点将数据治理定位为企业对数据可获性、可用性、完整性和安全性的措施及其全面管理。这些观点是从不同视角给出的理解，也是一个概念形成过程中的必然现象，形成共识还有待时日。我们的框架希望赋予数据治理更丰富的内涵，至少应包括资产地位、管理体制、开放共享以及安全隐私等内容。

（3）数据治理需要多种工具手段才能落地

有关各方正在按照各自的理解和需要开展研究实践，但是他们之间的关联性、完整性和一致性均显不足。比如，国家层面的政策法规和法律制定等较少被纳入数据治理的视角，数据作为一种资产的地

位仍未通过法律法规予以确立；数据管理虽然已有不少可用技术与产品，但缺乏多层级管理体制和高效管理机制；如何有机结合技术与标准，建立数据共享与开放环境仍需要进一步探索；除了不断完善发展相关技术以应对各种新型攻击挑战外，企业安全保障制度、行业自律监管机制和国家通过法律确定的强制手段还有待完善；没有系统化设计的已有相关体系的扩展和延伸可能导致数据治理的"碎片化"和一致性缺失。为此，我们的框架将现有的治理工具和手段划分为资产地位、标准规范、应用实践和支撑技术等四个方面。特别是应用实践，作为我国改革开放的一条经验，即任何事物都可以允许一定的机构在一定的范围内进行先行先试，在取得成功的经验后再进行推广。因此，我们将此作为一个特殊的工具放在治理体系框架中。

4.2　数据治理体系参考框架

本书提出的一种多层次、多维度的数据治理体系框架如图 4-1 所示，包括国家、行业和组织三个层次，以及资产地位确立、管理体制机制、共享与开放、安全与隐私保护四个方面，以及制度法规、标准规范、应用实践和支撑技术四种手段。[1][2][3]

在数据治理体系框架中，国家、行业、组织三个层次相互关联和支撑，如图 4-2 所示。其中，国家通过建立相关法律法规和指导性政策等方式向行业和组织提供指导和监督；行业则以行业协会、联盟等形式，一方面向国家反馈企业需求，支撑国家政策的落实，另一方面则

---

[1]　梅宏. 大数据治理成为产业生态系统新热点. 光明日报，2018-08-02.

[2]　梅宏. 大数据治理体系建设的若干思考. 第十三届中国电子信息技术年会，2018-04-21.

[3]　梅宏. 推动大数据治理体系建设，营造大数据产业发展环境. 2018 中国国际大数据产业博览会，2018-05-26.

向组织提供服务和监督；而组织则在国家和行业的指导、监督下，做好组织内部的大数据治理工作，并向行业和国家贡献成功的应用实践。

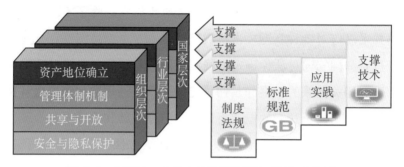

图 4-1　多层次、多维度的数据治理体系框架结构图

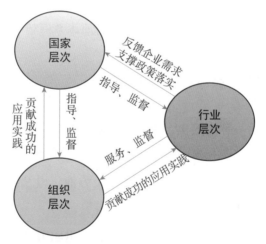

图 4-2　数据治理体系的三个层次及相互关系

　　数据治理的核心目标就是通过各种手段提升数据的价值，而其核心就是确定数据的资产地位（如图 4-3 所示）。

　　为了提升数据的价值，需要系统地设计管理体制机制，包括数据治理组织和数据管理活动；需要最大限度地推动数据开放共享，没有数据的开放共享就没有数字经济的发展。当然，这一切需要有数据安全和隐私保护的底线保障，否则，数据的价值也无法体现。

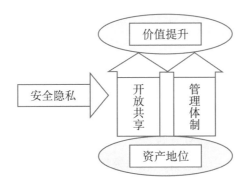

图 4-3　数据治理的核心目标

以下分别从三个层次阐述各个维度上关注的内容，以及合适的治理工具。

4.3　国家层次的数据治理与实践

表 4-1 给出了国家层次数据治理的措施。

表 4-1　国家层次数据治理的措施

	制度法规	标准规范	应用实践	支撑技术
资产地位确立	4.3.1（6）			
管理体制机制	4.3.1（4）（7）	4.3.2		
共享与开放	4.3.1（2）（4）（5）		4.3.3（2）	4.3.4
安全与隐私保护	4.3.1（1）（2）（3）（7）		4.3.3（1）	4.3.4

注：表中所列为本书章节序号。

在国家层次，通过制定"上位法"，明确数据的权属和合理使用数据的边界；通过成立国家标准化管理委员会等多级机构，领导数据治理相关的标准工作；在司法领域和政府数据开放两个方面，也有不少应用实践的案例；最后，通过科技部、国家自然科学基金委员会等部门，组织与数据治理相关的科研项目，引导数据治理支撑技术的研究。

4.3.1 制度法规

对于数据治理，需要在国家法律法规层面明确数据的权属、使用数据的合规边界，并对违规行为进行处罚。接下来，我们梳理目前与数据治理相关的制度和法规，以及学界对未来立法的讨论，并将它们与数据治理的四个维度对应起来。

值得注意的是，数据资产和传统资产不同，属于信息系统的一部分，因此与信息系统保护相关的法律条款也部分适用于对数据资产的保护。我国目前适用于数据治理的法律条款的主要目的是保护信息系统的安全。

（1）《中华人民共和国刑法》

第二百八十五条 违反国家规定，侵入前款规定以外的计算机信息系统或者采用其他技术手段，获取该计算机信息系统中存储、处理或者传输的数据，或者对该计算机信息系统实施非法控制，情节严重的，处三年以下有期徒刑或者拘役，并处或者单处罚金；情节特别严重的，处三年以上七年以下有期徒刑，并处罚金。

此条款的目的在于保护信息系统以及数据的安全。

（2）《中华人民共和国网络安全法》

第十条 建设、运营网络或者通过网络提供服务，应当……维护网络数据的完整性、保密性和可用性。

第二十一条 国家实行网络安全等级保护制度。网络运营者应当按照网络安全等级保护制度的要求，履行下列安全保护义务，保障网络免受干扰、破坏或者未经授权的访问，防止网络数据泄露或者被窃取、篡改。

第二十七条 任何个人和组织不得从事非法侵入他人网络、干扰他人网络正常功能、窃取网络数据等危害网络安全的活动；不得提供专门用于从事侵入网络、干扰网络正常功能及防护措施、窃取网络数据等危害网络安全活动的程序。

上述条款的目的都是保护信息系统以及数据的安全。

第十八条 国家鼓励开发网络数据安全保护和利用技术，促进公共数据资源开放，推动技术创新和经济社会发展。

此条款的目的在于促进数据的开放与共享。

（3）《中华人民共和国民法总则》

第一百一十一条 自然人的个人信息受法律保护。任何组织和个人……不得非法收集、使用、加工、传输他人个人信息，不得非法买卖、提供或者公开他人个人信息。

此条款的目的在于保护公民个人信息安全。

（4）国务院发布规章条例

国务院发布条例、通知等，要求各地政府开放共享政府信息，促进经济社会发展。下面是两个例子：

《中华人民共和国政府信息公开条例》①

2007年1月17日国务院第165次常务会议通过，自2008年5月1日起施行。为了保障公民、法人和其他组织依法获取政府信息，提高政府工作的透明度，促进依法行政，充分发挥政府信息对人民群众生产、生活和经济社会活动的服务作用。

《2018年政务公开工作要点的通知》②

加快各地区各部门政府网站和中国政府网等信息系统互联互通，推动政务服务"一网通办""全国漫游"。

此通知的目的在于促进数据的开放与共享，并建立数据互联互通

① 中华人民共和国政府信息公开条例 . http://www.gov.cn/xxgk/pub/govpublic/tiaoli.html.

② 国务院办公厅关于印发2018年政务公开工作要点的通知 . https://baijiahao.baidu.com/s?id=1598669086951482312&wfr=spider&for=pc.

的管理体制。

（5）各地政府发布数据共享开放实施办法

各地政府根据国务院的要求，颁发具体的实施办法。例如：

《贵阳市政府数据共享开放实施办法》

行政机关共享政府数据应当遵循共享为原则、不共享为例外，通过共享平台实现在本市跨层级、跨地域、跨系统、跨部门、跨业务统筹共享和无偿使用。涉及国家秘密的，按照相关法律、法规执行。

《上海市公共数据开放暂行办法》

结合公共数据安全要求、个人信息保护要求和应用要求等因素，制定本市公共数据分级分类规则。数据开放主体应当按照分级分类规则，结合行业、区域特点，制定相应的实施细则，并对公共数据进行分级分类，确定开放类型、开放条件和监管措施。

上述办法的目的在于促进数据的开放与共享，并建立数据治理的管理机制。

（6）推动数据资产立法

从目前国家颁布的法律法规来看，与数据治理相关的内容集中在安全保护和共享开放两个方面。涉及数据资产的法律诉讼时，只能将视野放到我国关于网络犯罪的相关规定[1]，甚至是反不正当竞争法的规定[2][3]。例如，在新浪诉脉脉案[4]、大众点评诉百度案[5]等案件中，法院均认定，未经授权通过网络爬虫大量获取对方网站的数据，属于违法行为，违反了《反不正当竞争法》第 2 条"经营者在生产经营活动中，应

---

[1] 张书慈 . "大数据资产"刑法保护研究 . 长春：吉林大学，2018.

[2] 丁晓东 . 数据到底属于谁？ ——从网络爬虫看平台数据权属与数据保护 . 华东政法大学学报，2019，22（5）：69-83.

[3] 陈雯 . 个人数据交易法律问题研究 . 武汉：武汉大学，2018.

[4] （2016）京 73 民终 588 号民事判决书 . https://www.lawbus.net/articles/320.html.

[5] （2016）沪 73 民终 242 号民事判决书 . http://www.chinaiprlaw.cn/index.php?id=4894.

当遵循自愿、平等、公平、诚信的原则，遵守法律和商业道德"。

　　一些国家已从法规政策的角度来强化政府数据的资产属性，促进政府数据资产的价值变现。例如，新西兰《政府 ICT 战略与行动计划（至 2017）》将信息资产管理作为重点工作。一些国家分别从数据标准、再利用授权以及定价收费和过程管理等角度掌控数据价值链管理的关键环节，以确保政府数据资产得到有效开发。2018 年欧盟出台了《通用数据保护条例》（GDPR），这一堪称史上最严格的数据保护条例为个人数据隐私保护树立了一个法律层面上的框架。GDPR 中详细规定了数据主体的各项权利，如知情权、访问权、更正权、删除权、限制处理权、数据可携权、反对权和自动化个人决策权等相关权利。

　　目前我国对数据的资产保护尚无明确的法律规定。数据资产等虚拟财产并未纳入刑事立法的规制范围中。从法律角度来看，数据要成为资产，首先应该明确数据主体的权利和权属。例如，对于社交平台的数据，到底是归个人所有、平台所有、两者共有还是公众所有，目前仍存在争议。[①] 只有明确权利和权属，才能谈数据资产。当前数据交易正蓬勃兴起，但缺乏专门针对数据资产和数据交易的权威性立法。[②]

　　此外，还需要考虑通过法律手段来保障普通个体的权益。面对互联网、大数据和人工智能的飞速发展，也需要保证普通个体的隐私、权益不被侵犯，保证普通个体的人格尊严和人身自由，需要调整个体权利、数据权力和政府权力之间的关系。这些也都是摆在法治面前的重要问题。本书第二篇第 6 章"法学视角下的数据治理"将对此进行详细论述。

　　（7）建设数据管控协调体制和管理机制

　　最后，还需兼顾现状及发展，建设符合国情的良好的数据管控协调

---

①　中国信息通信研究院云计算与大数据研究所.数据资产管理实践白皮书 3.0，2018.12. http://m.caict.ac.cn/yjcg/201812/t20181214_190696.html.

②　陈雯.个人数据交易法律问题研究.武汉：武汉大学，2018.

体制和相应的管理机制。在宏观层面，需要明确应对大数据治理的新的管理机制，确定大数据资产的所有权层面做出的权责安排，主要体现为决策机制、数据开放共享机制、数据资产可持续运营机制、政府公信机制、政府激励机制和法律保障机制。在微观层面，综合运用数据管理法律制度、人员组织、技术方法以及流程标准等手段，对大数据的可用性、完整性、安全性等进行全面管理，以确保数据资产的保值增值。

在安全与隐私保护方面，近年来涉及个人隐私的数据泄露事件屡屡发生，携程、京东、脸谱等公司发生过大规模用户的数据泄露事件，给社会造成了很大的影响。在这样的背景下，数据安全与隐私保护问题引起了社会各界的高度重视，已成为大数据治理的关键问题。在这方面，国家需出台数据安全与隐私保护方面的系列法律法规（包括《网络安全法》和《信息安全技术 个人信息安全规范》在内），保障国家、组织和个人的数据安全。

4.3.2 标准规范

建立多级机构，推动标准化工作。在国家层面上，主要通过国家标准化管理委员会[1]下达国家标准计划，批准发布国家标准，审议并发布标准化政策、管理制度、规划、公告等重要文件，并协调、指导和监督行业、地方、团体、企业的标准化工作。在国家标准化管理委员会（简称国标委）下面，还成立了全国信息技术标准化技术委员会（简称信标委）[2]、中国标准化研究院[3]、中国标准化协会[4]等组织，以推进标准化工作。

---

① http://www.sac.gov.cn/.

② http://www.nits.org.cn/.

③ https://www.cnis.ac.cn/.

④ http://www.china-cas.org/.

目前我国已有多项数据治理相关的标准立项或形成草案,具体内容将在后面介绍。

4.3.3 应用实践

(1)数据治理司法实践

在中国裁判文书网[①]中,通过"爬取数据""个人数据""个人信息"等与数据治理相关的关键词进行查询,共找到相关的裁判文书二百余项。这说明我国已有不少和数据权利相关的法律诉讼。随着大数据和人工智能技术的推广,以及数据交易需求的日益增多,相信会有越来越多的和数据权利相关的诉讼。目前,由于数据的权利、权属等法律缺位,司法实践还存在较多困境,亟须加快相关的立法工作。

(2)政府数据共享开放

据《2019中国地方政府数据开放报告》,截至2019年上半年,我国已有82个省级、副省级和地级政府上线了数据开放平台,与2018年报告同期相比,新增了36个地方平台。其中,41.93%的省级行政区、66.67%的副省级城市和18.55%的地级城市已推出了数据开放平台。政府数据开放平台已逐渐成为一个地方数字政府建设的"标配"。

4.3.4 支撑技术

在这个维度,主要是通过科技部、国家自然科学基金委员会等部门组织重大的科研项目,引导科研工作者从事数据治理相关研究。与数据治理相关的技术包括传统的数据管理,如数据存储、查询、分析等,也包括数据隐私、数据安全、数据集成、数据融合等内容。2020年最新发布的国家自然科学基金项目指南,将大数据治理列为独立的研究方向。

---

① http://wenshu.court.gov.cn/.

4.4 行业层次的数据治理与实践

表4-2给出了行业层次数据治理的措施。

表4–2 行业层次数据治理的措施

	制度法规	标准规范	应用实践	支撑技术
资产地位确立	4.4.1（3）	4.4.2（1）（3）（4）	4.4.3（1）（2）	4.4.4（1）
管理体制机制	4.4.1（1）（2）（3）	4.4.2（1）（2）（4）	4.4.3（1）（2）	
共享与开放	4.4.1（1）（2）	4.4.2（1）（3）（4）	4.4.3（1）（2）	4.4.4（1）（2）
安全与隐私保护	4.4.1（2）（3）	4.4.2（1）（2）（3）（4）（5）	4.4.3（1）（2）	4.4.4（1）

注：表中所列为本书的章节序号。

在行业层次，主要通过行业自治的模式，在自愿的原则上形成行业协会或联盟等，以作为政府和企业间的桥梁，在国家法规和政策的指导下，制订行业数据治理规范，研制数据治理的国家标准和行业标准，总结并推广数据治理的实践经验，并且通过全国性学术组织引领相关的支撑技术研究。

4.4.1 制度法规

具体而言，在资产地位确立和管理体制机制方面，在国家相关法律法规框架下，考虑本行业中企业的共同利益与长效发展，构建相应的行业大数据治理规则，制定行业内的数据管控制度。

（1）政府数据治理规范

政府掌握着大量数据资源，大量高价值、高可信度的数据来自政府。因此，亟须对政府数据进行有效治理，盘活信息资源，更好地为经济社会服务。

2015 年国务院发布《促进大数据发展行动纲要》[①]，明确要求"加快政府数据开放共享，推动资源整合，提升治理能力"。2016 年 4 月，国务院印发《政务信息资源共享管理暂行办法》[②]，要求"加快推动政务信息系统互联和公共数据共享""充分发挥政务信息资源共享在深化改革、转变职能、创新管理中的重要作用""增强政府公信力，提高行政效率，提升服务水平"。在这之后，各地纷纷成立了数据治理的专门机构，包括大数据管理局、大数据中心等，隶属于省级经信委或省级政府办公厅。[③]这些数据治理机构的职责主要是顶层设计、资源整合以及技术保障。

这些措施主要是建立政务数据治理制度，目的是加强政务数据的共享与开放。

（2）科学数据治理规范

2018 年 4 月，国务院办公厅发布《科学数据管理办法》[④]，目的是"加强和规范科学数据管理，保障科学数据安全，提高开放共享水平，更好支撑国家科技创新、经济社会发展和国家安全"。明确要求科学数据管理应该遵循"分级管理、安全可控、充分利用的原则，明确责任主体，加强能力建设，促进开放共享"。该管理办法明确了国务院科学技术行政部门、国务院相关部门、省级人民政府相关部门、科研院所、高等院校以及科学数据中心等机构的职责。该管理办法还要求各

---

① 百科《促进大数据发展行动纲要》. https://baike.baidu.com/item/%E4%BF%83%E8%BF%9B%E5%A4%A7%E6%95%B0%E6%8D%AE%E5%8F%91%E5%B1%95%E8%A1%8C%E5%8A%A8%E7%BA%B2%E8%A6%81/18593965?fr=aladdin.

② 国务院印发《政务信息资源共享管理暂行办法》. http://www.gov.cn/xinwen/2016-09/19/content_5109574.htm.

③ 黄璜、孙学智. 中国地方政府数据治理机构的初步研究：现状与模式. 中国行政管理，2018（12）：31-36.

④ 国务院办公厅关于印发科学数据管理办法的通知. http://www.gov.cn/zhengce/content/2018-04/02/content_5279272.htm.

相关机构应该在数据的生命周期以及共享与利用过程中建立数据管理制度。比如在数据生命周期内,法人单位应建立科学数据质量控制体系,建立健全国内外学术论文数据汇交管理制度,建立科学数据保存制度。在数据共享与利用过程中,法人单位要明确科学数据的密级和保密期限。该管理办法还明确了各相关机构的义务,例如,对于政府决策、公共安全、国防建设等需要使用科学数据的,法人单位应当无偿提供。

科学数据管理方面的这些措施,通过建立数据管理体制促进了共享开放,同时也加强了对重要数据的保护。

(3)金融行业数据治理规范

金融行业高度重视数据资产管理工作。[①] 2016 年 12 月 30 日,中国证券业协会发布《证券公司全面风险管理规范》,明确指出证券公司应当建立健全数据治理和质量控制机制。2018 年 5 月,中国银行保险监督管理委员会(银保监会,原银监会)发布《银行业金融机构数据治理指引》,要求银行业应该将数据治理纳入公司治理范畴。2018 年,中国支付清算协会针对非银行支付机构数据资产管理状况开展了调研。证监会作为证券期货行业的监管部门,对证券行业的良性发展起到了不可或缺的作用。在数据方面,证监会一直致力于推进数据标准和治理工作,旨在通过建立统一的框架,指导、规范整个行业数据交换与统计。庞大的机构群、巨大的数据量、高结构化、相对复杂的数据交换环境使证券期货行业的数据资产管理工作面临巨大挑战。

4.4.2 标准规范

(1)数据治理标准体系

中国电子技术标准化研究院提出了大数据治理标准体系[②],如

---

① 中国信息通信研究院云计算与大数据研究所.数据资产管理实践白皮书3.0,2018.12. http://m.caict.ac.cn/yjcg/201812/t20181214_190696.html.

② 代红,张群,尹卓.大数据治理标准体系研究.大数据,2019 5(3):50-57.

图 4-4 所示，认为在整个大数据标准体系中，大数据治理标准将起到支撑作用。在已发布或正在研制的国家标准中，有多项标准和数据治理密切相关，比如《数据管理能力成熟度评估模型》（GB/T 36073-2018）、《信息技术服务　治理　第 5 部分：数据治理规范》（GB/T 34960.5-2018）、《信息技术　数据质量评价指标》（GB/T 36344-2018）以及《信息技术　数据溯源描述模型》（GB/T 34945-2017）等。

　　上述标准体系还在不断完善中，相信这一系列标准将从各个维度规范数据治理工作。

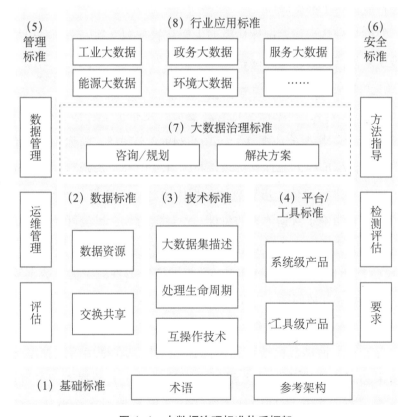

图 4-4　大数据治理标准体系框架

（2）国家标准《数据管理能力成熟度评估模型》

国家标准《数据管理能力成熟度评估模型》（GB/T 36073-2018）由中国电子技术标准化研究院牵头研制，于 2018 年正式发布。该标准给出了数据管理能力成熟度评估模型以及相应的成熟度等级，定义了数据战略、数据治理、数据架构、数据应用、数据安全、数据质量、数据标准、数据生命周期八个能力域，描述了每个过程域的建设目标和度量标准。

全国信标委大数据标准工作组围绕此项标准开展了标准应用推广工作，在贵州、广东、四川、上海、深圳等地区以及电力、通信、金融等行业进行了推广应用。

数据管理能力成熟度评估模型主要从管理制度和安全隐私保护两个维度来规范数据治理的过程。

（3）国家标准《数据治理规范》

2018 年 6 月，国家标准化管理委员会发布了《信息技术服务 治理 第 5 部分：数据治理规范》（GB/T 34960.5-2018，简称《数据治理规范》）。该标准由上海计算机软件技术开发中心牵头研制，旨在对数据治理现状进行评估，指导数据治理体系建立，监督其运行和完善。该标准首先明确了数据治理的目标——运营合规、风险可控以及价值实现，提出了数据治理的框架，并对框架中各个部分进行了解释。

《数据治理规范》明确讨论了数据的资产属性，考虑了数据管理和数据的共享开放问题，以及数据安全和隐私保护问题。

（4）大数据治理专题组工作

为了有力推进数据治理相关的标准工作，在全国信息技术标准化技术委员会大数据标准工作组下专门成立了大数据治理专题组。大数据治理专题组的目标是：第一，开展数据治理标准体系的研究，以及数据治理与其他标准的协同关系研究；第二，组织和引导数据治理相关标准的研制；第三，提供数据治理标准的应用服务，比如数据治理标准的宣贯实施以及面向领域的数据治理评估、验证、推广等。

成立大数据治理专题组，体现了大数据标准工作组对数据治理工作的重视。分析专题组的目标，不难看出该专题组将有力推动整个数据治理标准的研制和实施，从不同的维度提升数据治理的水平。

（5）安全与隐私保护方面的国际和国内标准

在安全与隐私保护方面，需制定行业内数据安全保障制度，确保行业内每个成员单位的数据安全、权益和商业秘密。以 ICT（信息与通信技术）行业为例，ISO/IEC JTC1 SC27 是在 ISO（国际标准化组织）和 IEC（国际电工委员会）共同成立的信息技术第一联合委员会（ISO/IEC JTC1）下的信息安全分技术委员会，其工作范围涵盖信息和 ICT 保护的标准开发，包括安全与隐私保护方面的方法、技术和指南。目前下设五个工作组，分别为信息安全管理体系工作组（WG1），密码技术与安全机制工作组（WG2），安全评价、测试和规范工作组（WG3），安全控制与服务工作组（WG4），以及身份管理与隐私保护技术工作组（WG5）。

为了加快推动我国大数据安全标准化工作，全国信息安全标准化技术委员会（简称信安标委）在 2016 年 4 月成立了大数据安全标准特别工作组，主要负责制定和完善我国大数据安全领域标准体系，组织开展大数据安全相关技术和标准研究。

4.4.3　应用实践

（1）国家标准宣贯以及培训

在数据治理领域已经发布了多项国家标准。国家标准宣贯的作用是推动这些标准的贯彻实施，并帮助提高地方数据治理的水平。

以国家标准《数据管理能力成熟度评估模型》为例，在中国电子技术标准化研究院的组织下，目前已在陕西、山东、江苏等地召开了该项国标的宣贯会。[①] 此外，结合宣贯工作，还召开了多次数据管理人员培训班，指导组织更规范地进行数据管理，培养从业技术人员。培训对象主要是各企业的信息化负责人、数据管理团队负责人、业务部门信息化相关人员，以及 IT 部门负责人。培训课程主要是对《数据管理能力成熟度评估模型》进行解读，并分享行业数据管理的实践。

在行业层次，通过组织国家标准的宣贯和培训班，有利于推广标准的落地实施，推广先进的数据治理经验，从不同维度推进各组织的数据治理水平。

（2）以白皮书、案例库等形式总结经验

目前有多个与数据治理相关的行业联盟，比如大数据产业生态联盟[②]、中国网络安全与信息化产业联盟[③]以及中国企业数据治理联盟[④]等。以这些行业联盟的名义发布数据治理相关的白皮书或案例库，可以有效地总结数据治理实践经验。

例如，中国网络安全与信息化产业联盟数据安全治理委员会起草并发布了《数据安全治理白皮书》[⑤]。该白皮书系统探讨了国内外数据安全情势与市场趋势、相关标准与框架，并汇集了多个行业标杆数据安全治理实践，可以为政府与企业进行数据安全建设提供整体思考与规划，为数据安全建设的设计与实施者提供具有参考价值的数据安全治理整体方案及案例实践。

---

① 参见"大数据标准工作组"公众号，微信号为 gh_61d0ce4b5ec9.

② 大数据产业生态联盟. http://www.bdinchina.com/.

③ 中国网络安全与信息化产业联盟. http://www.china-cia.org.cn/.

④ 中国企业数据治理联盟. http://news.qichacha.com/postnews_8f403e4cca62843ae5a19bfd8f662.html.

⑤ 《数据安全治理白皮书》. https://www.freebuf.com/company-information/186676.html.

由大数据产业生态联盟联合赛迪顾问共同完成的《2019 中国大数据产业发展白皮书》[①]呈现了中国大数据产业生态的新格局、新业态、新模式，聚焦数字经济、智慧城市、大数据人才培养等热点领域，从技术创新、标准构建、人才培养、资本流向等方面进行了深入剖析。

由中国电子技术标准化研究院、全国信息技术标准化技术委员会大数据标准工作组主编，工业大数据产业应用联盟联合主编，石化盈科等多家单位参与编写的《工业大数据白皮书（2019 版）》[②]主要介绍了国内外大数据产业在大数据领域的发展现状和趋势，并从技术、产业、标准等角度提出了建议。该白皮书分为相关政策法规、大数据发展现状和趋势分析、大数据标准化现状等多个章节，通过分享大数据领域的研究成果和实践经验，推动大数据的发展。

4.4.4　支撑技术

（1）通过全国性的学术组织，引领支撑技术研发

在中国科学技术协会的领导下，成立数据治理相关的全国性学术组织，通过学术年会、学术讲座、论坛等多种形式，引领数据治理相关支撑技术的研发。

例如，中国计算机学会[③]下设的数据库专委会以及大数据专委会就与数据治理工作密切相关。这两个专委会领导全国科研工作者在数据存储、查询、分析、隐私保护等诸多领域展开了数据治理相关研究。中国计算机学会以及各专委会每年都会召开学术年会，讨论一年的技术进展。在这些学术年会中，不乏数据治理的专门论坛。比如，

[①] 《2019 中国大数据产业发展白皮书》. http://www.cbdio.com/BigData/2019-09/12/content_6151229.htm.

[②] https://blog.csdn.net/kuangfeng88588/article/details/89537824.

[③] https://www.ccf.org.cn/.

在 2018 年中国计算机大会上，就举办了大数据治理论坛 ①。通过这样的形式，有效地推动了数据治理相关研究。

（2）建设数据交易中心

在数据资产化之后，自然需要通过交易来实现数据的价值，这也是数据治理的目标之一。目前，我国已有贵阳大数据交易所 ② 和上海数据交易中心 ③ 等多家数据交易中心。其中，贵阳大数据交易所是我国乃至全球第一家大数据交易所，于 2015 年 4 月 14 日正式挂牌运营。截至 2018 年 3 月，贵阳大数据交易所的会员数目超过 2 000 家，已接入 225 个优质数据源，可交易的数据总量超 150PB④。

4.5 组织层次的数据治理与实践

表 4-3 给出了组织层次数据治理的措施。

表4-3　组织层次数据治理的措施

	制度法规	标准规范	应用实践	支撑技术
资产地位确立	4.5.1（1）（2）	4.5.2（1）（2）	4.5.3（1）	4.5.4（2）
管理体制机制	4.5.1（1）（2）	4.5.2（1）（2）	4.5.3（1）	
共享与开放	4.5.1（1）（2）（3）	4.5.2（1）（2）	4.5.3（1）（2）	4.5.4（1）（2）
安全与隐私保护	4.5.1（1）（2）（3）	4.5.2（1）（2）	4.5.3（1）（2）	4.5.4（1）（2）

注：表中所列为本书的章节序号。

组织层次的数据治理工作应该接受国家和行业联盟的监督和指

---

① http://cncc2018.ccf.org.cn/cms/show.action?code=publish_ff80808162f165f90162f187fb820007&siteid=100000&newsid=e3a83b5412e84729a3595206f0937bba&channelid=0000000001.

② http://www.gbdex.com/website/.

③ https://www.chinadep.com/.

④ http://www.gbdex.com/website/view/aboutGbdex.jsp.

导，积极参与相关的标准和规范建设，主动按照国家标准或行业标准来规范和改进自身数据治理过程，尽力保护其用户个体的数据安全和隐私，通过适度的共享开放来盘活数据的价值并使用各项技术来实现自身的数据治理系统。

4.5.1 制度法规

（1）制定组织的数据治理目标

不同组织对数据治理的期望也可能不同。例如，医院、出租车公司等组织自身产生大量数据，可能希望通过分析和挖掘这些数据来发现有价值的规律；也可能希望在合规的前提下交易数据，盘活资产。而对于 AI 公司，更希望获取高质量的数据，训练神经网络模型，以生产智能的软件产品。政府、银行等部门可能更关心数据的安全，希望在共享开放的同时确保数据不被损坏，确保民众或用户的权益不受侵害。因此，对于组织而言，数据治理的首要工作是明确自身的战略目标。组织应成立高级别的数据治理委员会，通过分析国家法律法规、自身业务特点、技术水平来制定合适的数据治理目标。

（2）完善组织内部数据治理制度

在管理体制机制方面，组织需建立适应数据资源完善、价值实现、质量保证等方面的组织结构和过程规范，提升企业对数据全生命周期的管理能力。数据资产管理是体系化非常强的工作，需要充分考虑企业内部 IT 系统、数据资源以及业务应用的开展现状，同时也要考虑围绕业务开展所设立的人员和组织机构的情况，在此基础上设计一套有针对性的数据资产管理组织架构、管理流程、管理机制和考核评估办法，通过管理手段明确"责权利"以保障数据资产管理工作有序开展。数据资产管理的保障措施可以从战略规划、组织架构、制度体系、审计机制和培训宣贯五方面展开。[①]

（3）确保数据使用合规

需结合"上位法"及自身的管理和技术措施，保障企业自身数据安全及客户数据安全和隐私信息。在大数据和人工智能快速发展的今天，大数据存储和计算相关的软硬件系统更新快，潜在地会在软硬件、协议等层面带来漏洞和隐患。在很多互联网应用场景，由于开放式存储架构的使用，大数据的安全边界模糊，同时又面临着复杂的黑客网络攻击手段，这给大数据安全带来了极大威胁。在数据分析方面，企业面临着数据价值发现与用户个人隐私泄露的矛盾。针对这些安全与隐私保护方面的挑战，企业需要足够重视，应用数据加密解密、隐私保护等安全技术，系统化地建设大数据安全体系，在个人信息搜集、存储、使用、传播方面，严格按照我国《网络安全法》的要求，通过制度、技术等方式加强和完善对个人信息的保护。

4.5.2　标准规范

（1）遵循国家标准和行业标准，规范组织数据治理过程

国家标准和行业标准都是为了在一定范围内获得最佳秩序，由权威机构认定并颁布的、要求所有组织共同使用的规范性文件。遵循国家标准和行业标准，有利于组织规范和改进自身数据治理的过程，有利于组织与其他组织进行数据的交换和共享，有利于组织规避法律风险、合理使用数据。组织应积极参与相关标准的宣贯活动，积极理解消化标准的内容并主动结合标准来完善本组织的数据管理制度。

（2）参与国家标准和行业标准的研制

国家标准或行业标准在研制过程中都会广泛征求相关企业和组织

---

① 梅宏 . 推动大数据治理体系建设，营造大数据产业发展环境 . 2018 中国国际大数据产业博览会，2018-05-26.

的意见。组织可以参与标准研制的讨论，提出自己的建议，甚至直接参与标准的撰写。通过积极参与标准的研制，组织可以掌握最新的标准内容，率先完成对标准的吸纳和使用，还可以扩大自身在行业内部的影响力。

4.5.3　应用实践

（1）参与白皮书、案例库的编制

白皮书或案例库通常由行业联盟发布，在编制过程中，通常需要多个组织来共同完成。白皮书和案例库的内容具备很好的参考价值，可以帮助行业内所有组织提升数据治理水平。组织应积极参与白皮书和案例库的编制，率先接触新的思想和技术，总结自身数据治理的经验教训，在与其他组织交流的过程中学习和提高，并通过这样的活动扩大自身影响力。

（2）通过共享与开放盘活数据价值

在数据共享与开放方面，需促进企业内部部门间的数据共享，并加强对外的数据流通和交易，充分盘活数据价值。看一下工业领域的一个案例。利用共享数据对企业自身的意义，通过海尔集团的一个案例便可见一斑。[①] 2013 年，海尔发现在百度百科上有 1 500 万条用户提出"洗衣机内桶如何清洗"问题的词条，随即通过创意大赛征集解决洗衣机内筒脏这一问题的创意方案，吸引了 990 多万个用户参与，15 万个用户在平台上进行交互，活动结束时总共收到 846 个创意方案，最后通过用户投票筛选了 10 个方案。在吸引用户参与交互的过程中，全球一流资源也参与了进来，来自全球的 21 个专家团队尝试了 120 多种材质、300 多种尺寸、1 000 多种形状，并进行了近 20 万次模拟测试、5 000 个周期的寿命试验，最终形成了第一代"免清洗"

---

① 中国计算机学会大数据专家委员会 . 中国大数据开放共享发展报告，2018. http://webtest.ccf.org.cn//upload/resources/file/2018/07/29/81286.pdf.

洗衣机的解决方案。数据共享与互联网众包的先进理念所带来的价值在这个例子中得到充分体现。

在数据共享与开放方面，需制定行业内数据共享与开放的规则和技术规范，构建行业数据共享交换平台，为本行业企业提供数据服务，促进行业内数据的融合应用。仍然以金融行业为例[1]，2015年6月，通联数据旗下全新的数据开放平台（open.datayes.com）成功上线，通过应用开发者提供的丰富的数据接口，用户可免费使用。开发者可以随时调用多达上千G的经济金融数据指标，包括股票、期货、债券的交易信息、行情数据，宏观经济、行业经济数据以及电商数据这类实体经济数据，可以据此开发出各类理财、股票、经济信息查询播报等PC端或移动端的开发应用。通联数据开放平台由通联资深数据团队精心打造，该团队此前推出的数据商城于2015年1月上线，是一个聚合了多种经济、金融数据的丰富的数据库。其中不仅有通联数据自身的数据，还有来自汤森路透、巨灵、聚源、九次方大数据等众多国际国内知名数据商的数据，在国内金融数据领域首先将开放共享的理念变为实践。

4.5.4 支撑技术

在组织层次上，需要采用多项关键技术，实现对组织内部数据的管理，并通过共享开放接口发送自身数据或导入其他组织的数据。根据这些技术的作用场所，我们可以将它们分为组织内部的支撑技术和组织之间的支撑技术两类。

（1）组织内部的支撑技术

组织内部的数据治理技术主要包括主数据管理、数据准备、数据

---

[1] 中国计算机学会大数据专家委员会. 中国大数据开放共享发展报告, 2018. http://webtest.ccf.org.cn/upload/resources/file/2018/07/29/81286.pdf.

存储、数据查询、数据分析以及数据安全等技术。

所谓主数据（master data），是指业务价值高并可在企业内部各部门之间以及各系统之间重复使用的数据。[①] 这类数据相对稳定，基本不需要更新，被组织内部不同的业务部门和业务系统共享，需要保证数据的一致、完整和准确。主数据管理是管理主数据的一套规范和方案，用于指导生成企业的主数据并维护主数据的整个生命周期。

数据准备包括数据抽取、数据清洗、数据集成等步骤，将外部不规则、非结构、异构、低质的数据按自身组织的数据格式进行整理，为后续的数据处理做准备。

数据存储是根据组织的数据情况，选择合适的存储方案。比如，若数据规模非常庞大，则可考虑采用云存储的技术。若数据模式多样，则可采用 NoSQL 的存储模式。若数据形式为社交网络或知识图谱等图数据，则可采用图数据库进行存储。

数据查询指根据上层的查询指令（通常以 SQL 的形式）以及数据的存储情况，生成并执行相应的查询计划。数据查询是决定系统性能的关键因素之一，通常需要根据组织数据的特点予以优化。

数据分析是指通过数据挖掘等手段，分析蕴藏在数据中的规律，找出相应的规则或知识，以有效地辅助决策支持。数据分析可以有效地实现数据的价值，人们通常通过数据分析得到的知识来改进自身的业务过程。

数据安全是指通过权限管理、加密等技术，保证组织内部的数据不被非法使用。权限管理是最常见的数据安全技术，通过设置密级或设置数据对象的操作权限，可以有效保护数据。

---

① 张立松 . 基于主数据管理的数据交换平台设计与实现 . 北京：中国科学院大学，2016.

（2）组织之间的支撑技术

随着信息技术向传统业务的渗透，组织之间数据共享、流转和交易的需求不断增加。为了保障组织之间的数据转移，需要研究数据隐私保护技术、区块链技术以及数据加密和签名技术。

为了保证数据使用过程合规，必须根据国家法律法规保护公民的隐私，常见的技术手段主要是数据脱敏。数据脱敏是指对某些敏感信息通过脱敏规则进行数据的变形，实现对敏感隐私数据的可靠保护。数据脱敏技术可以分为可恢复和不可恢复两类。[①] 可恢复技术指脱敏后的数据可通过某种方法恢复成原来的数据。相对应地，不可恢复技术指脱敏后的数据无法通过技术手段还原。数据匿名化是数据脱敏的重要手段，主要方法包括替换、置乱、均值化和偏移。

区块链越来越被人们重视，被认为是一种数据资产确权的有效技术。该技术是在共识机制下，由链式数据结构保证的不可篡改的分布式数据库，其本质是以牺牲处理性能来换取数据的安全性和一致性。区块链可以实现数据自治、隐私保护、交易透明，保障上链数据的真实性和准确性，从而建立参与多方的信任关系。区块链技术还可以更好地与行业结合，结合具体领域，建设行业区块链。

数据在组织之间流动时，常常需要对数据进行加密，以保护数据不被非法获取或保护敏感数据。一般情况下，可采用传统的数据加密技术，如 DES 或 RSA。近年来，随着大数据和云计算技术的发展，不少企业选择将数据存储在云平台。如何保护云端数据不被非法访问并且保证数据拥有者可以正常远程访问就成为一个新的挑战。研究者提出了一些新的数据加密方法，但目前还是一个未彻底解决的技术难题。数据签名是为了对数据流转过程进行溯源或确认数据的权属，目

---

① 吴梦昌.智能数据脱敏中间件的设计与实现.兰州：兰州大学，2019.

前常用的数据签名技术是公私钥。数据发送方用私钥对数据进行签名，而数据接收方可以通过发送方的公钥来验证签名是否有效。

参考文献

[1] 梅宏 . 大数据治理成为产业生态系统新热点 . 光明日报，2018-08-02.

[2] 梅宏 . 梅宏：大数据治理体系建设的若干思考 . 第十三届中国电子信息技术年会，2018-04-21.

[3] 梅宏 . 推动大数据治理体系建设，营造大数据产业发展环境 . 2018 中国国际大数据产业博览会，2018-05-26.

[4] 郁建兴，任泽涛 . 当代中国社会建设中的协同治理 . 学术月刊，2012（8）：23-31.

[5] 俞可平 . 治理与善治：一种新的政治分析框架 . 南京社会科学，2001（9）：40-44.

[6] 中国信息通信研究院云计算与大数据研究所 . 数据资产管理实践白皮书 3.0，2018.12. http://m.caict.ac.cn/yjcg/201812/t20181214_190696.html.

[7] 中国计算机学会大数据专家委员会 . 中国大数据开放共享发展报告，2018. http://webtest.ccf.org.cn//upload/resources/file/2018/07/29/81286.pdf.

[8] 张书慈 . "大数据资产" 刑法保护研究 . 长春：吉林大学，2018.

[9] 丁晓东 . 数据到底属于谁？ ——从网络爬虫看平台数据权属与数据保护 . 华东政法大学学报，2019，22（5）：69-83.

[10] 陈雯 . 个人数据交易法律问题研究 . 武汉：武汉大学，2018.

[11] 黄璜，孙学智 . 中国地方政府数据治理机构的初步研究：现状与模式 . 中国行政管理，2018（12）：31-36.

[12] 代红，张群，尹卓 . 大数据治理标准体系研究 . 大数据，2019 5（3）：50-57.

[13] 张立松 . 基于主数据管理的数据交换平台设计与实现 . 北京：中国科学院大学，2016.

[14] 吴梦昌 . 智能数据脱敏中间件的设计与实现 . 兰州：兰州大学，2019.

多学科视角下的
数据治理

第5章 数据治理研究的多学科特征

在人类社会进入一个崭新的社会形态——信息社会之后，经济社会发展发生了一系列巨大的变化。其中之一就是资源结构的重大改变。被称作"大数据"的超海量数据已经成为与原材料资源、能量资源同等重要的资源。作为生产要素、无形资产和社会财富[①]，数据已经成为当今时代经济社会发展不可或缺的资源条件。按照党的十九届四中全会通过的《决定》，我国社会主义制度已经明确将数据作为参与分配的生产要素，明确确立数据和其他生产要素由市场评价贡献、按贡献决定报酬的机制。[②]

在数据越来越广泛和深度影响人们的各种社会活动的情况下，旨在使数据资源价值更充分实现的数据治理应运而生并迅速得到各方面的关注。以探寻自然和社会规律为己任的学术界，特别是相关学科，如政治学、法学、经济学、管理学、信息资源管理学、数据科学等更是对此给予了特有的重视，并从不同的视角对数据治理为何、数据治

---

① 见中共中央办公厅、国务院办公厅 2004 年 12 月 12 日颁发的《关于加强信息资源开发利用工作的若干意见》（中办发〔2004〕34 号）。

② 见 2019 年 10 月 31 日中国共产党第十九届中央委员会第四次全体会议通过的《中共中央关于坚持和完善中国特色社会主义制度 推进国家治理体系和治理能力现代化若干重大问题的决定》。

理从何而来向何而去、数据治理有何价值、数据治理需要遵从哪些客观规律等问题做出了既相同又有很大差异的解释和回答。本书的这一篇组织了分属法学、经济学、管理学、信息资源管理学、数据科学的几位学者，将各自学科有代表性的相关观点、判断进行了概要阐释和介绍。其目的主要是展现并促进理论发现、理论研究，为社会主义中国数据治理的科学发展提供必要的理论支撑。

5.1　数据治理成为多学科领域的科学命题

5.1.1　数据治理的缘起与理论发展需求

5.1.1.1　数据资源对我国经济社会发展具有特殊战略价值

如前所述，人类正在和已经进入的信息社会的资源结构发生了根本性的变化。数据已经成为与能源、材料资源同等重要的第三种战略资源。对于社会主义中国而言，特别是对于已经开始向信息社会迈进的社会主义中国而言，数据资源不仅同样是不可或缺的，而且对整个国家的经济社会发展具有特殊重要的战略价值。

经历改革开放四十多年的发展之后，我国的经济社会发展已经取得举世瞩目的成就，现在全国每年的国民经济总量都是 1978 年的数百倍，2013 年我国的经济总量已经居世界第二位。但是，要完成中国特色社会主义新时代[①]的战略任务，必须花大气力解决好经济发展方式转变、产业结构调整、传统产业优化升级、改善民生、完成社会根本性变革的战略任务。而这一系列战略问题的破解、战略任务的完

---

① 《决胜全面建成小康社会 夺取新时代中国特色社会主义伟大胜利》，习近平代表第十八届中央委员会于 2017 年 10 月 18 日在中国共产党第十九次全国代表大会上向大会所作的报告。

成、战略目标的实现都需要解决好新时期经济社会发展的资源结构问题，大幅度降低对存量有限又不可再生的原材料资源和能源的消耗，大力开发利用以大数据为代表的取之不尽、用之不竭的信息资源。

在我国进入特色社会主义新时代之前的二十多年间，既有经济发展方式的弊端就是这些发展基本上是用超高水平的原材料和能源消耗换来的。2018年，中国GDP总量占世界的比重约为16%，但重要能源资源消耗占世界的比重却较高，比如能源消费总量为46.4亿吨标准煤，占全球一次能源消费总量的23.6%；世界人均钢表观消费量（注：钢材的全国产量与净进口量之和）为224.5千克，中国则为590.1千克。因此，长期沿用这种方式发展经济既不经济也不可能，世界不允许，更划不来，因为这一定会导致我国生态环境的恶化。发展就需要资源，我们不能消耗更多的物质资源，那就只有增大对数据资源消费。

我国既有产业结构中的突出问题就是，长期以来，第三产业所占比重过低，在发达国家2006年左右第三产业普遍占比达70%～80%、非洲国家一般占比也在50%左右的情况下，我国第三产业所占比重长期徘徊在40%以下，一些年份的这一比重不是逐年上升而是有所下降。经过艰辛的努力直到2015年我国第三产业占比才开始达到50.5%。而这距离世界各国平均占比60%的指标值还有一定差距。这样的产业结构也反映出我国的经济发展依然对物质形态的资源有过高的依赖性。

我国传统产业优化升级是一个亟待解决的重大问题，其实所谓的"升级"归根结底还是一个资源结构调整问题。传统产业落后主要就是技术落后、知识含量低，优化升级就是要通过提高产业整体的技术水平，降低能源和原材料的消耗，说到底就是依靠数据资源以一当百、创造更多的附加值。无数实践成果表明，传统产业的优化升级之路就是工业化与信息化的融合发展，本质上就是为传统产业注入更多的数据资源因素。

我国改革开放四十多年来，经济社会发展迅速，经济和社会事业也都有发展，但发展中一直存在经济发展与社会发展的协调性不够强、社会事业发展滞后于经济发展的问题。这主要表现在：旨在确保自主创新的现代科学技术体系还没有真正建立起来；教育事业发展与经济社会发展需要和广大人民群众的期许相比，还有很大差距；我国社会主义文化还没有真正实现繁荣；我国基本的就业制度、收入分配制度以及社会保障制度、医疗卫生制度等还没有真正彻底地惠及广大人民群众。

我国社会发展所面临的这些战略性问题实质上同样是一个发展资源结构问题。我国社会发展需要与经济发展并驾齐驱，逐步实现均衡发展，这既需要物质资源提供支持，也更需要数据资源的支撑。要实现惠及民生的社会发展目标，当然需要通过物质资源的投入产生更多更好的物质财富，以供更多人享用，但同时，也更需要通过非物质形态的资源的投入产生更多更好的精神财富，以满足广大社会成员日益增长的精神文化需要和要求。

如前所述，国家经济社会发展需要破解的几大战略问题，归根结底都是资源结构调整问题，都需要扩大以大数据为代表的信息资源的有效和充分供给，用数据资源替代或者倍增物质资源的效用。这一点就决定了数据资源对中国经济社会发展有特殊的战略价值。正如习近平同志所说的，信息流引领技术流、资金流、人才流，信息资源日益成为重要生产要素和社会财富，信息掌握的多寡成为国家软实力和竞争力的重要标志。①

---

① 参见习近平同志 2014 年 2 月 27 日在中央网络安全和信息化领导小组第一次会议上的讲话。

5.1.1.2 数据资源战略价值的实现需要开发利用和管理

在信息社会，人类的生存发展都离不开数据资源提供的基本条件支撑；而社会主义中国的经济社会发展则将在更大程度上依赖数据资源战略价值的充分实现。

资源价值实现的基本规律告诉我们，要实现资源的价值，除了需要人们广泛深入地进行资源开发和利用之外，还需要充分发挥管理的功能，以倍增数据资源的效用。

1）数据开发是指旨在使大数据资源处于可得可用状态而实施的所有行为或者过程；开发是数据资源价值实现不可或缺的基础条件。

常识告诉我们，同原材料资源、矿产资源、煤炭资源、石油资源、水利资源、电力资源一样，数据资源并非天生就都具有可得可用性。要能够被人类利用，首先需要被人们发现，需要通过人类的努力达到能够被获得、可以被使用和利用的状态。人们要利用煤炭资源首先需要开发这些资源，需要通过勘探找到深藏地下的具有开采价值的煤层，需要把煤碳开采出来运输到地面，需要对煤炭进行洗选加工，然后才能利用煤炭资源，使其成为原材料，成为能量来源。人们要利用数据资源，同样需要在茫茫数据信息海洋中寻找对自己有用的那一部分，需要把它们剥离出来，需要对它们进行去粗取精、去伪存真的清洗加工，需要把它们处理到可以方便地被人们利用的程度。这些行为和过程就是数据资源开发。正是数据资源的开发活动使数据从潜隐和散乱的不可得、不可用状态中摆脱出来。因此，开发是数据资源价值实现不可或缺的基础条件。

数据开发的主要活动以手工或者电子化、平台化方式进行，活动过程具体包括：数据采集、数据购置、数据征集、数据存储、数据分类、数据汇集、数据整合、数据清洗、数据屏蔽、数据隐匿、数据加密、数据解密、数据降密、数据公开、数据封装、数据转换、数据交换、数据检索、数据传输、数据开放等。

2）数据利用是指应用数据处置各种社会事务，解决各种社会问题，以有效地进行社会生产活动、科学研究活动、政治活动、管理活动、文化活动和生活活动的行为或者过程；利用是数据价值实现的基本方式甚至是唯一方式。

数据利用的主要活动包括：数据获取、数据享用、数据分析、数据加工、数据提炼、知识判断、形成决策、处置事务、解决问题等。

利用无疑是数据价值实现的基本方式甚至是唯一方式。数据资源对经济社会发展的有用性只有通过有效利用后才能产生并持续有效地保持。因此，最大限度地利用数据才能使数据对经济社会发展的政治价值、经济价值、文化价值、社会价值、军事价值和生产生活价值得以实现。

3）数据管理是指为实现或者放大数据的资源价值而进行的规划、组织、配置、监督、控制、协调和保管料理的行为或过程；数据管理的功能就是放大数据资源价值实现的功能效用。

数据管理的主要活动包括两个主要部分。首先是针对大数据本身实施的旨在实现数据安全有序存在的保管料理性质的活动，如数据运行维护、数据脱机维护、数据安全维护、数据长期保存等；其次是一般管理学意义上的管理，如数据资源规划、数据机构的组织、数据资源配置、数据资源质量控制、数据资源整合共享中的综合协调等。

管理的基本功能就是顺应事物本来的客观规律，放大事物的功效，实现 1+1>2 的客观效应。数据管理的功效放大作用主要表现在确保数据安全有序有效地存在，确保数据生存和发挥效用所需要的环境条件优化、人力物力财力资源供给充分、配置合理，数据质量和对业务活动的有效支持确有可靠性保障。

数据开发、利用和管理三者之间的关系是非常紧密的，也是各具功能效用的。其中，数据利用是出发点，是目的，也是动力来源，因为数据资源的战略价值不会自然而然地产生，只有当它被社会广泛而有效地利用时，它才是真正的战略资源，才能发挥对经济社会发展大局的支撑作用。数据开发是利用的前提，是使利用成为现实的必要条件。开发就是为使贮藏于数据源中的信息知识由不可得状态转变为可得状态、由低可用状态转变为高可用状态所付出的努力，资源只有得到开发了，它才具备了可被利用的基本条件，才有产生有用性的可能。数据管理是大数据开发、利用的保障，是大数据开发、利用功效的放大器。

5.1.1.3　数据资源战略价值的实现更需要科学的数据治理

在数据资源呈现超海量发展和广泛作用于人类社会生活的几乎所有方面之后，一个新的名词"数据治理"以很高的频次出现在世人面前。那么，究竟什么是数据治理呢？

"治理"并不是一个全新的词，人们对于其内涵和外延也有诸多比较系统的理解和阐释。本书第一篇对此也予以了详细的解读。

如果我们对治理和传统管理进行一下对比分析，就很容易发现数据治理区别于数据管理的基本特征。这些特征包括：主体的多元，即数据治理的实施主体不再像数据管理那样大都是单一的，而是多元化的，需要相关的多个实施主体共同进行治理；范围得到拓展，即与数据管理范围的有限性不同，数据治理的范围要比数据管理广泛，相关的对象及其要素都在治理范围内，只要是需要治理的，时时处处、事事件件都会有人管、有人问，不存在疏漏空白；权利运行机制发生改变，即与数据管理的严格进行职能分割、总是自上而下一级管制一级的层级制运行机制不同，依法行使权利、协同行使权利、按照流程而不是简单的职能划分行使权利、双向或是多向行使权利、互动地行使

数据治理之论

权利是数据治理的常规形态，数据治理呈现为一个上下互动的过程，所有治理主体主要通过合作、协商、伙伴关系、认同关系等方式实施治理；形成了以自组织为特征的网络系统，即与数据管理所依靠的逐级下达命令、逐级实施指挥的指令体系不同，数据治理可以在没有外部指令的条件下，各数据治理主体之间自行按照特定规则建构自组织网络系统，"自觉"、主动、协调、一致地开展相应的治理活动；注重机制和环境氛围的能动作用，即与数据管理重点依靠点对点对具体事务的直接管制不同，数据治理注重以法律政策营造有利于善治的社会机制和治理机制，以及相应的环境氛围；手段呈现多样化，即与数据管理高度强调发挥强制性"硬手段"的作用不同，数据治理还同时注重发挥"软手段"的作用，主张实事求是地根据实际情况和特点应用治理手段，坚持软硬结合、刚柔相济的原则，特别强调实现"软手段"的硬效果。除了强制性手段外，以"利益驱动""真理性认识"驱动为特点的"软手段"也有普遍的应用；目标追求从效率[①]转移到效能[②]，即数据治理的目标追求是数据的善治，实际上就是包含效率因素同时又强调质量因素的效能。数据管理是以效率为目标追求，强调管理活动的投入产出比，追求以最小的投入产生最大的效果，讲求"把事情做正确"。数据治理则讲求"首先做正确的事情，然后把事情做正确"，它的目标追求中包括效率所表达的内涵但不局限于此，它需要凸显质量因素的作用，既讲求投入产出比、讲求数量的规定性，又讲求质量。效能是数据治理成体系的目标追求，它需要讲求效果、

---

① 一般是指管理活动所取得的劳动成果、社会效益同所消耗的人力、物力、财力和时间（即管理成本）之间的比例关系。这一概念更着重于数量层面，即完成的工作量与投入量之间的比例，一般不涉及质量层面。

② 效能是指管理活动达成预期结果或影响的程度。它包括数量、质量、效果、影响、能力、对象满意度等多方面的规定性。

时效、质量、经济性、能力保证、对象满意度。

具体而言，数据治理就是以数据资源价值的充分实现为目的和结果、以数据管理体制机制的优化和数据管理体系的健全完善为主要内容的规划、组织、配置、控制、协调过程。

数据治理是人类社会进入信息社会后，信息资源战略价值实现过程中一系列特殊社会关系相互作用的产物，是在数据资源逐渐成为各种组织存在和发展的基本条件、成为经济社会发展各领域主要活动的核心驱动力和保障力的来源之后，逐步形成和发展起来的。

数据资源超海量增长并广泛作用于人类社会生活的各个领域后，同步衍生出诸多"乱象"。这些"乱象"确实给数据资源对经济社会发展提供的支持带来了危害、危险和危机。但更重要和主要的原因是，数据资源价值实现的规律决定了要使其产生对中国经济社会发展的战略价值，只依靠数据管理已经难以彻底解决问题，治理才能对数据资源战略价值的实现发挥更多、更好的功效放大和保障作用。

数据治理当然不是对数据管理的简单否定，相反，它是对数据管理的新发展，是一种具有新功能、新内容、新形态的数据管理，是对数据管理的再管理。

数据治理需要接受大数据管理的成果，需要在科学管理的基础上破解和应对数据管理无法有效解决的一部分全局性、根本性的体制机制问题和体系性问题。就如同国家行政管理体系不能决定和改变自身的管理体制机制一样，数据管理也不能依靠自身的调整应对关涉全局的全局性、根本性的管理体制和机制问题，这些问题只能依靠比管理更具根本性影响的治理来解决。例如，在国家层面要通过对数据的管理解决关涉大数据发展根本的国家各相关部门的关系模式问题是完全不具备可能性的，这种问题只有靠多元共治的数据治理才有可能得到真正破解。再例如，在机构层面如何建构基于数据资源的管理和业务活动机制问题也远远超出机构内部数据管理的有效范围。没有跨越内设部门权利运作新机制的大数据治理，这样的问题甚至无从谈起，更遑论从根本上得到解决了。

数据治理重在更具全局性、根本性和体系性的方面，通过在更高和更具决定性的层面对大数据价值实现诸要素条件及其发展变化的优化调整，通过聚集力量、配置资源、协调关系、管控过程，创造使数据资源价值能够更充分得以实现的环境和条件。

5.1.1.4 数据治理实践的创新发展需要科学理论指导

超海量数据还是一个人类步入信息社会后遇到的新事物。因此，数据治理在我国目前仍处于萌芽阶段。大量问题有些还没有显露，有些还没有成形，更多的尚处于未知甚至未觉状态。这就更需要我们加强理论探索、加强理论原理方面的研究，及时有效地感知和回应数据资源价值实现的客观规律对数据治理提出的需要和要求，全面实现对中国经济社会健康发展至关重要的数据善治。

必须实事求是地说，目前无论我国还是世界范围内，关于数据治理理论的研究还都处于初级探索阶段，相当多的源自数据治理实践的问题都缺乏深入的梳理总结和理论阐释，理论对实践的指导作用还非常薄弱。在一定意义上，数据治理理论的发展是滞后于治理实践的发展的，用一个不一定完全贴切的比喻，可以说至少在中国，数据治理实践在"跑"，而治理理论方面的研究则是在"走"，甚至是在"爬"。

在已经进入社会主义新时代的中国，经济社会发展资源结构的优化发展需求是非常急切的。数据资源能否成为事实上的三大支柱资源，支撑社会主义中国经济社会发展的大厦，在相当大的程度上，取决于全社会数据资源开发利用的整体水平，取决于数据资源的管理水平，取决于数据治理的水平。为此，我们需要从国家发展战略的高度去认识与数据治理相关的一系列理论的发展，特别是创新发展。只有这些方面的理论研究发展了，有中国特色的数据治理实践才能有坚定且正确的发展方向，才能实现数据治理活动的整体效能。中国特色社会主义事业的发展才会有喷薄不息的力量源泉、财富源泉。

5.1.2　关涉关系的复杂性使数据治理成为诸多学科的研究方向

我们认为，鉴于数据治理问题是一个关涉多种复杂社会关系的问题，因此，非常有必要对其进行多学科而非单一学科的跨学科研究。只有如此，我们才能有效回应经济社会发展提出的一系列问题，有效探索数据治理的内在规律。

5.1.2.1　数据治理问题具有超强的综合性、交叉性、边缘性

超海量数据资源的出现，以及其越来越多地广泛且深入地在人类社会生活各个领域的应用，使数据的有序化和价值实现的高效能成为一个关系经济社会发展大局的重要战略问题，数据治理也就应运而生。如果我们对数据治理问题进行观察分析，非常容易发现它的一个重要的特点就是它并不是一个关涉领域特定、相关关系及其界限分明的"单纯"问题，而是一个具有超强的综合性、交叉性和边缘性的问题。

数据治理问题的综合性主要指数据治理所涉及事物的种类具有高度的多样化特征，它是由多种多样不同性质的事物组合为一个整体的。不讲小的具体的方面，就是在宏观方面，也是既涉及自然界的各种事物，又涉及社会各种事物，而且类型纷繁、复杂多变。

数据治理的交叉性主要指数据治理相关事物的跨领域纵横交织特征，它关涉的各种关系大都是跨领域的、呈现交错叠加和部分相重态

势的。数据的形成、数据的开发利用和管理基本上是有领域归属的，但同时又是跨领域的，而且数据资源价值放大效用往往更多是在跨领域交叉应用中实现的。这就使以数据资源价值充分实现为目标的数据治理活动，更多都是打破既有领域限制而跨界、错界展开的。

数据治理的边缘性主要指数据治理涉及的事物大都具有临界特征，它所关涉的事物的性质有相当多的一部分处在彼与此相互转换转化的状态中，既不是纯粹的这种事物，也不是纯粹的那种事物，而是你中有我、我中有你的中间形态。在以不同学科视角和专业标准给事物定性的情况下，这一点显得更加突出。

数据治理之所以会具有超强的综合性、交叉性、边缘性，原因主要在于它所关涉的关系具有超强超高的复杂性。人与人的关系、人与自然的关系、个体与群体的关系、公民个人与机构的关系，政治关系、法律关系、经济关系、国内关系、国际关系，上下级关系、左邻右舍关系，等等，几乎无所不包，无所不涉及。再加上这些关系本身也是呈交织状态，并且都是处于高频度发展变化当中的，因此，数据治理所面对以及所需要调整和处理的关系就自然具有超强超高的复杂性。

5.1.2.2 数据治理的规律需要由多学科跨领域共同探索发现

数据治理关涉关系的超强超高的复杂性使高效能的数据治理既必须遵从社会规律、自然规律，也必须遵从管理规律、技术规律。因此，旨在探索发现数据治理规律的科学研究活动，特别是理论研究活动，就既无法也不能囿于一两个学科领域去展开，而必须进行多学科跨领域共同探索研究。其中的道理非常简单，在现代科学研究实践中，经过不断的划分、不断的整合而成的学科体系是由一系列具体学科组成的。这些具体学科各有各的研究领域，各有各的研究视角和成体系的研究方法，各有各的使命，各有各的专长。因此，在面对超强的综合性、交叉性、边缘性的数据治理问题以及面对需要调整的超强的复杂关系时，单靠一两个学科是难以胜任复杂规律探索研究任务的，多学科跨领域共同探索研究就成为一种客观的必需。

从目前世界范围内的实际情况看，针对数据治理的理论探索基本上都是多学科跨领域共同展开的，一部分有价值的研究成果基本上都是通过多学科跨领域共同研究取得的。这一点也是数据治理理论研究的重要规律之一。

根据我们的初步统计，我们发现目前我国高等教育和学位管理部门规划的学科，包括哲学、经济学、法学、教育学、文学、历史学、理学、工学、农学、医学、管理学、艺术学等总计 12 个门类（除军事学外），均有数据治理方面的著作出版和学术论文发表。数据治理已经在事实上成为多学科跨领域共同探究的科学命题。

我们认为，多学科跨领域共同探索研究数据治理的规律性，一方面，就是所有相关学科都可以以数据治理为自己的研究方向，从各自的学科专业视角应用各自有成效的方法去观察相关现象，发现相关问题，提出破解问题的方法和路径，探索和发现客观存在的规律；另一方面，就是建立和完善"一体化融合"的多学科探索研究机制，也就是主要以若干既有基干学科为主体，同时又吸收了一切相关学科的营养，打破既有学科界限，从不同的视角一体研究解决数据治理的各种问题，共同探索发现数据治理的客观规律。

5.2　数据治理多学科研究任重而道远

如前所述，目前在我国，数据治理已经成为几乎所有学科共同探究的科学命题，数据治理多学科研究的良好局面已经形成。但与我国经济社会发展对数据资源充分供给的客观需要相比、与数据治理实践部门对数据治理科学理论支撑的客观要求相比，我国数据治理多学科研究还存在一定的滞后性，数据治理多学科研究任重而道远。

5.2.1 数据治理实践发展呼唤多学科理论研究成果

任何一种社会实践活动的科学发展都离不开理论研究成果提供的指导和支持，数据治理实践在我国已经呈现迅猛发展态势，这也就在更高的层次对数据治理理论研究的发展提出了更多、更新的需要和要求。

5.2.1.1 数据治理实践发展迅猛，亟待更多的理论支持

数据资源对中国经济社会发展的特殊的重要支撑作用使数据治理实践在全国几乎所有专业领域都有迅速而猛烈的发展。从国家到区域，从政府部门到企事业组织，从整个国家治理到每一个具体机构的治理，数据治理都成为其中受到更普遍关注的重要问题。特别是随着数据资源化、数据资产化、数据资本化进程的不断推进，基于数据资源的管理、基于数据资源的业务、靠数据驱动的数据型组织进一步确立并得到坚实稳固的发展。在这种情况下，旨在放大数据资源功能效用的数据治理活动理所当然地越来越得到社会各个方面的关注，并且成为越来越多的社会生产实践、社会政治实践、社会科学研究实践的重要组成部分。而社会实践对相应理论指导的客观需要和要求，自然也就会越发迫切、越发强烈。很多实际工作部门和实际工作者都热切盼望有更多、更好的数据治理理论研究成果问世，以尽早结束相关实践探索的盲目性和非科学性。

应当尽快形成多学科集成的科学研究体系，重点将哲学、政治学、法学、经济学、管理学、社会学、新闻学、信息资源管理学、计算机科学与技术、数据科学与技术等相关学科的相关研究力量整合起

来，建立起基于数据治理的学术共同体。要尽快形成自然科学、人文科学、社会科学，特别是信息科学与法学、经济学、政治学、社会学、新闻学、管理学的交叉融合，为学科方法互补互识、学科知识优化与创新提供多学科和跨学科合作研究与知识体系集成创新的空间和平台。要集中力量共同探寻通过数据治理促进数据资源价值充分实现的基本原理以及基本方法和路径。

5.2.1.2　多学科理论供给不充分已经成为制约数据治理发展的重要因素

我们必须非常遗憾地指出，尽管我国几乎所有位列国家学科专业目录的学科都已经取得了一部分与数据治理相关的研究成果，但受时间的限制，特别是受多学科研究体系建设不够系统、不够坚强有力等客观条件的影响和制约，关于数据治理的多学科理论成果的数量和质量实际上都还远不能满足国家数据治理实践发展的需求。这种理论供给的不充分客观上已经成为制约我国数据治理整体水平的一个重要因素。

在客观上，我国数据治理实践亟待理论界供给的理论研究成果，应当从多学科角度在本质上揭示数据治理的客观规律性，供给提升数据治理整体效能的方法手段和策略路径。但我们的既有理论成果大都还停留在概念界定和现象描述层面，能够真正揭示事物本质的理论阐释既少又不够深刻；从各自学科角度出发的呼吁性或者警示性言论比较多，但从多学科视角探寻问题破解之道的少之又少；针对具体机构及局部地区或者特定行业具体问题的措施安排的言论比较多，但从诸多因素的影响出发，探索体系性策略路径和整体解决方案的则非常罕见……这种需求与供给的严重不匹配现象反映出当前我国数据治理理论原理研究方面的严重缺陷，更为我们的多学科研究指明了方向：探寻数据治理的基本原理和机能，获取更多的反映数据治理内在逻辑的规律性认识，为全面提升数据治理的效能明方向、指路径。

5.2.2　数据治理多学科研究具有广阔的空间

其实，我国的数据治理多学科研究的发展是有其巨大动力、优越条件和广阔空间的。

这种巨大的推动力就来自我国经济社会发展对数据资源的深度依赖和广泛需求，对于任何一门学问来说，社会需求从来都是最大和最有效的动力来源；这种优越的条件主要在于我国的数据治理实践在世界范围内既是涉及领域最广的，又是力度最强的。理论源于实践，没有必要的甚至是充分的实践，就不会有理论形成所需的必要和可能条件；这种发展空间的广阔主要体现在我国的数据治理已经开始暴露出或者说已经开始形成一系列越来越多、越来越复杂而又亟待破解的"科学问题"，这就给以问题为导向的多学科研究工作造就了几乎无限的作为空间。

5.2.2.1　数据治理多学科研究的主要科学问题

许多学科领域都奉行"无问题不研究"的科学精神。在数据治理多学科研究中，科学问题是多学科研究的动力，解决问题是多学科研究的归宿。我国数据治理实践中有大量科学问题，每时每刻都在不断涌现并需要解决。我们认为这些问题应当是无穷多的，但在当前一个时期，它们应当主要围绕如下几个方面形成。

1）数据治理为何？

重点需要回答的问题包括：数据治理是什么、不是什么，什么属于数据治理、什么不属于数据治理，数据治理从何而来、向何而去，数据治理与谁相关、与谁相联。

2）数据治理有何价值？

需要回答的重点问题包括：数据治理对国家和区域经济社会的发展、对行业领域和机构核心目标实现、对公民个人的生产生活都有哪些方面的有用性，这些有用性怎样度量和评价等。

3）数据治理需要遵从哪些一般规律？

需要回答的重点问题包括：在一般意义上，用怎样的体制、通过怎样的机制、采取什么方法去平衡各方面的利益关系，实现数据治理的高效能，怎样才能获得公平、公正、合法、经济、优质并持续优化的效益和效果。

4）不同领域、不同类型的数据治理需要遵从哪些特殊规律？

需要回答的重点问题包括：在国家、区域、行业、具体机构，用怎样各具特色且满足特定需要和要求的体制、通过怎样的机制、采取什么方法去平衡各方面的利益关系，实现特定领域、特定类型的数据治理的高效能，怎样才能获得公平、公正、合法、经济、优质并持续优化的效益和效果。

5）数据治理需要怎样的环境条件和其他保障条件？如何获得这样的条件保障？

需要回答的重点问题包括：高效能的数据治理需要什么样的社会生态环境，需要什么样的法律制度保障、政策保障、资源条件保障、工具和手段等，如何去获得这样的环境条件保障。

6）其他不断发展变化着的问题。

5.2.2.2　数据治理多学科研究的主要方向

诸多科学问题的存在和不断涌现使数据治理多学科研究有了丰富的内容并形成了一系列研究方向。如果我们将一个研究课题群定义为一个研究方向，那么如下几个方面将成为当前一个时期我国数据治理多学科研究的主要方向。

（1）数据治理的科学内涵[①]与外延[②]

不仅仅是科学定义和科学分类，更重要的是通过概念界定，全面阐释、准确解释数据治理的基本属性、核心特征；通过外延分析和梳理，系统概括数据治理的范畴，正确划定数据治理的边界，清晰区分数据治理与相关事物的关系和联系，特别是数据治理与国家治理、社会治理、机构治理的关联等。

（2）数据治理的对象

对数据治理针对者的研究，也就是对治理对象的研究。这些方面的研究关系重大。数据实际上并不是数据治理的对象。能够创造价值的数据资源才构成数据治理的对象。对不同领域的数据治理而言，治理对象的构成要件存在很大差异，比如对企业组织而言，资产化的数据资源才构成数据治理的对象。

（3）数据治理的形成和运行机理

要实现数据治理的科学化，就是要顺应数据治理的内在逻辑。探索并认知数据治理形成和运行的机制和原理实际上就是掌握这种内在逻辑的起始点。

（4）与数据治理相关的体制机制

数据治理的整体效能要受多种体制机制的影响，甚至是决定性的影响。因此，注重对各种相关制度化关系模式的研究，注重对各种映射客观规律的机制的研究，是数据治理多学科研究的重中之重。大到国家或者区域的政治体制、行政体制及其相应的一整套机制，中到一个具体机构的治理体制机制，小到具体机构内部的数据管理体制机制，都与数据治理有密切的关联。它们或者决定或制约数据治理的效

---

① 指一个概念所概括的思维对象本质特有的属性的总和。

② 指一个概念所概括的思维对象的数量或者范围。

能水平，或者它们本身就是数据治理需要完成的核心任务（如确立数据管理体制、机制）。

（5）主要领域的数据治理

这里的领域治理实际上是指分级分类的数据治理。国家数据治理、社会数据治理、政府数据治理、企业数据治理、其他社会组织的数据治理除了要遵从数据治理的一般规律外，都还有一些特殊的规律需要探索和遵从。

（6）数据治理生态与基础保障

数据治理的高效能需要优良的社会生态环境以及一系列基础保障条件的支持。数据治理社会生态环境方面的研究以及数据治理法律制度保障、数据治理政策保障、数据治理资源条件保障等方面的研究都将为这种数据治理生态环境的营造和确立提供必要的理论支撑。

（7）数据治理的国际经验

"他山之石，可以攻玉"，世界各国在数据治理方面的经验也是我国数据治理不可或缺的宝贵财富。以多学科视角和方法对这些国际经验进行借鉴性研究，对丰富我们的数据治理理论宝库是非常有必要的。

5.2.3　本篇相关内容在数据治理多学科研究中的启发性作用

在本篇此后的五章中，我们分别安排了五个方面的内容，这些内容由分属社会科学、自然科学门类的五位学者分别从法学、经济学、管理学、数据科学、信息资源管理学五个学科的视角，对数据治理中的若干问题进行了有针对性的讨论和分析。这五个方面的选取有一定的代表性，但确实很不完全。这五个局部可以反映我国学者在数据治理多学科研究中所取得的初步成果，但这些成果既不能反映多学科研究的整体面貌，也不能反映各相关学科对数据治理进行研究的最好水平。我们之所以要呈现这几个学科的这些初步研究成果，只是寄期望于启发更多的研究者进行更深入、更深刻的理论思考。

在接下来的五章中，读者看到的内容至少可以告诉关注数据治理多学科研究的人们：数据治理已经成为这些学科领域共同关注、共同破解的科学命题；相关学科已经在数据治理方面形成一部分有价值的理论研究成果；这些学科都已经在数据治理方面做出了一部分解释或者理论阐释，形成了若干判断，取得了一部分规律性的认识。

同时，我们也可以非常明显地看出，不同学科对数据治理的具体认知和理论阐释是有"异"更有"同"的。这些学科对数据治理现象和其内在规律认知的角度、出发点、关注点以及破解数据治理问题的着眼点、战略判断、策略思想、策略手段都有比较大的差异和侧重，但在数据治理战略价值判定、促进和保障数据资源价值充分实现、维护国家和民族根本利益、维护企业和其他社会组织特别是公民合法权益的目标选择，以及基本路径选择方面，却有着高度的一致性。

我们认为，这些"同"与"异"的存在都是有原因的，都有其一定的合理性，因此也是正常的。这些"同"与"异"客观反映了从不同学科视角对一个特定事物进行认知和理论探索的不同方法及不同结果，从不同的侧面描绘了这个事物的不同性质和状态。它们有可能会引发我们的疑惑甚至费解，但它们一定有助于启发我们更加全面地去思考和认识中国特色的数据治理问题。当然，一些具体观点的表达有可能是著者的一家之言，甚至可能存在偏颇之处。恳请读者理解和谅解，欢迎批评指正并共同进行探讨和深入研究。

第 6 章　法学视角下的数据治理

数据资源在社会中的广泛应用为社会发展带来了新的赋能，也为法治提出了新的机遇和挑战。相应的数据法治建设以促进社会发展和提高人类福祉为宗旨，同时兼具保障和促进数据资源产业发展以及预防和控制社会风险的多重目标。通常认为，数据治理中的法治存在对数据的治理和算法规制两个维度。在对数据的治理方面，法治建设既要促进数据流通，更好地满足多维大数据利用的需求，又需要对数据利用与个人信息保护、企业利益维护、社会安全保障等目标进行更好的平衡。在算法规制方面，数据分析算法在社会上的广泛应用引起了人们对于算法黑箱、算法偏见、算法可解释性、算法安全、算法决策、算法滥用与误用等问题的担忧和争议，对此，学界和实务界提出了设立算法解释权、要求特定领域公开算法、开展算法审计、推进算法问责等不同的应对措施。

6.1　法学视角下数据治理问题概述

6.1.1　问题提出的背景

科学技术的发展水平深刻影响着人们认识世界和改造世界的能

力，勾勒着人们生活和社会组织形态的可能边界。移动互联网、物联网、区块链、大数据、人工智能等信息技术的发展正共同塑造着一个迭代升级的全新的信息网络空间（赛博空间），使人类社会生活发生了重大变化。在这个不断升级的信息网络空间中，人类经济和社会生活的几乎每个方面、人们的行动乃至反映万事万物性质和状态的信息均被日益数据化。这些超海量的数据远远超过了人工分析处理的能力界限，越来越多的智能算法在信息网络空间运行，人类发明的各种机器在进行数据分析并把分析结果作为预测或决策的依据。同时，信息网络空间与现实物理空间也正处在日益深度融合中，信息网络空间对现实物理空间的影响日益加深和突出。一方面，智能信息技术可以通过控制物理装置而对物理世界产生影响，例如自动驾驶车辆、人脸识别闸机等；另一方面，信息网络空间中的账号等符号与物理世界中的主体也建立起明确的映射关系，例如通过身份认证机制或者通过大数据分析方法等就能确定性地完成这种映射。与数据资源开发利用相关的技术被应用在信息网络空间中，并逐渐建立起物理世界的镜像或"数字孪生"①。这样日益扩大的全景数据结合日益发展的智能分析算法将为人们的生产和生活、商业经营、社会经济发展和国家治理能力提升等方面带来强大赋能和变革的可能性。但当前数据流通和使用规则还不清晰，数据孤岛问题还有待克服，数据流通开放共享的状况还有待改善，数据资源应用还有待进一步创新和深化。法治层面需要关注如何更好地促进数据的合法流通和融合应用、如何更好地促进新技术的创新发展和应用。

与此同时，人们也深刻感受到，"科学技术是一个悲喜交集的福

---

① 数字孪生指利用物理模型、传感器更新、运行历史等数据，集成多学科、多物理量、多尺度、多概率的仿真过程，在虚拟空间中完成映射，从而反映相对应的实体装备的全生命周期过程。

音"。[1]信息技术在社会中的发展运用为社会发展带来强大的新的赋能的同时，也带来了关于科技异化、风险泛在、人的主体性迷失等方面的超乎以往的广泛而强烈的担忧，为法治提出了新的挑战。可以预见，未来数据的收集、自动化分析预测和算法辅助决策、信息技术与物理世界实体的融合都将继续快速发展。面对如此强大的信息技术，普通个体如何确信自己的权益可以被尊重和保护？面对不断被计算的数据，个体如何保护自己的人格尊严、人身自由，而不至于沦为技术的客体？面对互通互联、无处不在的信息技术系统，如何预防和控制其中的风险？面对超海量数据应用带来的权力结构变革，如何调整个体权利、数据权力和政府权力之间的关系，如何保障社会普惠发展？这些都是摆在法治面前的重要问题。

与数据资源开发利用相关的法治建设以促进社会发展和提升人类福祉为宗旨，同时兼顾保障和促进产业发展以及预防和控制社会风险的多重目标。人们面对全新的技术条件，在研发和应用中发现价值共识，并且解决科技发展带来的社会问题，对经济、社会发展和政治进步均有深远的意义。在寻求社会共识和解决实际问题时，要有发展的眼光，我们不仅应当考虑如何在当下国内情境中寻求共识和解决机制，也应关注当前世界格局下数据伦理问题及其解决机制对国家利益的影响，并且评估这样的共识和解决机制对人类利益的长远影响。

当前正值我国新一代信息技术及其应用飞速发展的关键时期，对数据治理问题的探讨和研究有着极为重要的意义，在一定意义上可以说这承载着时代的使命。时代要求我们，一方面，应当平衡技术革新

---

① 卡尔·雷门德·波普尔（Karl Raimund Popper）. 纪树立，译. 科学革命的合理性. 世界科学译刊，1979（8）：1. 该文摘译自 *Problems of Scientific Revolution: Problems and Obstacles to Progress in the Science*，Rom Harré 编，牛津大学出版社 1975 年版。该语句是波普尔教授引用了 W. F. Bodmer 教授的观点并表示赞同。

及其风险防范，建立包容创新、审慎发展的政策和制度环境；另一方面，在建立和完善数据治理理论及一系列解决方案的过程中应充分调动社会力量，以多元共治的精神共同正视和有效解决各种问题，推进新一代信息技术和产业以符合伦理、安全可信的方式实现创新发展。

6.1.2　数据法治建设的要点

在一定意义上，法学视角下的数据治理可以说就是依法治数据，需要突出强调数据法治建设的重要性和必要性。我们认为，数据法治建设要充分体现和遵从社会主义法治的一般规律，同时更要充分重视和遵从依法治数据的特殊规律性，特别是要充分考虑数据法治的以下几个方面所提出的特殊要求。

6.1.2.1　公共风险的两面性——创新促进与风险防控并重

自人类进入工业化社会以来，现代科技和大规模生产所带来的风险与日俱增。正如德国学者乌尔里希·贝克（Ulrich Beck）所述，现代社会中的公众可以切实感受到人类社会已经进入"风险社会"阶段。[①]美国学者彼得·胡伯（Peter Huber）则进一步将风险区分为"私人风险"（private risk）和"公共风险"（public risk）。公共风险在这里指代那些集中或大规模生产的、广泛传播的且在很大程度上超出了个体风险承担者的直接理解和控制的对人的健康或安全的威胁。[②]通常认为，绝大部分公共风险都具有两面性。例如，因为疫苗的灭活率往往无法达到100%，因此，我们时常看到个别疫苗在被注入人体后反而引发疾病的悲伤消息；但整体而言，疫苗的使用显著增进了公共健康。再如，自动驾驶技术并不能完全避免交通事故的发生，总难免会

---

① 乌尔里希·贝克.风险社会.何博闻，译.南京：译林出版社，2004.

② Peter Huber. Safety and the Second Best: The Hazards of Public Risk Management in the Courts, 85 Colum. L. Rev. 277, 277（1985）.

有人因自动驾驶而遭受损伤；但也有许多人士预测，发展成熟后自动驾驶的普及除了可以为人们增加便利之外，还可能从整体上大大降低交通事故的发生率。

在公共风险治理方面，一般存在市场和政府两种手段，对应到法律制度层面，则主要有侵权法和政府规制两种路径。[1]侵权法是一种间接的规制模式，主要通过承担侵权责任的威慑来影响未来的行为，促使相应的主体提高注意程度，进而减少风险；政府规制则是政府通过设定相关行为的准入门槛、行为标准、要求强制披露风险活动的信息等方式来达到减少风险的目的。从这两个路径的比较中可以看出，侵权法依赖于事先固定的法律以及在事后对引起损害的事实的认定，更多地关注个案，能够通过双方当事人及律师的对抗获得个案更全面的信息，其实际对人们行为的影响力依赖于被侵权者对于他人过错或产品缺陷责任等的证明能力。[2]政府机构则更便于组织跨学科的专家团队，对一个领域进行长期跟踪和定期考察，满足监管所需的技术性、事实性判断，并通过设置产业标准等途径影响科技企业的行为和技术产品的特性，通过发布标准、进行公共宣传、收集和传播风险信息等途径，也使公众更容易推断一类产品的相对安全性。[3]

在相关法治建设过程中，往往是监管和责任双重路径并重。在具体规则设计中要特别重视公共风险的两面性，关注社会整体收益和比例原则，避免因噎废食，避免不当地阻碍了数据资源开发利用的发展。一方面，我国仍是发展中国家，面对发展需求和国际竞争，创新驱动发展是我国长期的重要策略。要进一步激励创新、不要盲目地甚

---

① 傅蔚冈. 对公共风险的政府规制——阐释与评述. 环球法律评论, 2012（2）：140-152.

② 司晓，曹建峰. 论人工智能的民事责任：以自动驾驶汽车和智能机器人为切入点. 法律科学, 2017（5）：166-173.

③ 张吉豫. 人工智能良性创新发展的法制构建思考. 中国法律评论, 2018（2）：114.

至不恰当地阻碍创新，这是我国法治不容忽视的重要价值。另一方面，需要重视数据资源开发利用的发展与文化、伦理和法治发展的平衡，对科技革命可能引起的伦理挑战和社会风险予以积极应对。

6.1.2.2　技术的迅速发展——法治建设"面向未来"的必要

与数据资源开发利用相关的新一代信息技术正处于高速发展时期。这一方面意味着法治不能以僵化的眼光看待这些技术，而要意识到这些技术需要一定发展空间来不断创新和完善；另一方面也对法治提出了密切观察技术及应用发展、面向未来的基本要求。

在当代社会，社会异化形式会是实现美好生活的一个主要障碍。德国学者罗萨认为科技加速与社会变迁加速、生活步调加速这三者构成了一个封闭、自我驱动的"加速循环"系统，造就了新的时空体验、新的社会互动模式以及新的主体形式，导致了从空间、物、行动、时间、自我、社会等维度的异化。[①]

当前，社会运转各环节中迅速涌现的未经充分论证、亦缺乏经验验证的一部分数据应用项目突破了以往成熟的社会实践。由于专业、时间、精力以及意识上的局限性，加上信息技术自身的迅速创新和更新迭代，人们很少真正理解这些产品和工具。不仅其内部逻辑对我们而言是个黑箱，而且我们中也较少有人去真正理解其对我们生活和行为的影响。这种对工具的陌生和疏离是异化滋生的肥沃土壤。诚然，法治的本质和重点应当立足和着眼于当下。然而，当代社会变迁的时间日益缩短。正如早在20世纪末，赫尔曼·吕伯（Hermann Lübbe）就已经特别指出了当下时态的不断萎缩。[②]在早期现代社会，基本的社会结构和社会关系变化非常缓慢，甚至在几代人眼中看来都几乎是

---

①②　哈特穆特·罗萨.新异化的诞生：社会加速批评理论大纲.郑作彧，译.上海：上海人民出版社，2018.

静止的；而在晚期现代社会，社会变迁的速度已经从世代之间加快到世代之内加速。"当下"是（过去）经验范围和（未来）期待范围正重叠发生的时间区间。以往的法治建设可以在"当下"这段相对稳定的区间内，游刃有余地描述和总结过去，进行体系化建设并推导未来，较好地引导人们的行为实践。而在当前社会，特别是在科技革命发生和发展的时期，科技和社会的迅速变化使得人们缺乏充足的时间来充分展开对话、建立共识。正如《大数据时代：生活、工作与思维的大变革》的作者维克托·迈尔 – 舍恩伯格等所述，不同于印刷革命等技术变革带来的新的规范和价值观转变，这次"我们没有几个世纪的时间去慢慢适应，我们也许只有几年时间"。由是，"现代的法律与传统的惯例法和静态的自然法构想不同，需要能够对变化的需求做出动态的适应"。大数据法治研究需要适应当代社会变迁速度带来的需求，拓展想象力，建立更加适用于当代法律发展和法治建设的范式框架。①

6.1.2.3　社会治理创新——多维共治及多元共治

由于技术发展迅速等原因，法学视角下的数据治理不能仅仅依靠传统的法律，而是要综合运用多种规制方式。20 年前，美国著名学者劳伦斯·莱斯格（Lawrence Lessig）教授指出了影响人们行为的多种规制路径：法律、社会规范、市场和架构。他同时指出在网络空间，影响人们行为的"架构"主要指在计算机等信息处理设备上运行的代码。由此，进一步做出了"代码即法律"（Code is Law）的著名表述。②四种规制路径或模式具有各自不同的特征，并且会相互影响。代码的设计者有时未必具有明确的价值目标。有时仅仅是市场或商业需求决定了代码或算法设计的目标和最终样态。我们需要询问，法律、代

---

①　张吉豫 . 科技革命与未来法治 . 中国社会科学报，2019-03-21（8）.

②　劳伦斯·莱斯格 . 代码 2.0：网络空间中的法律 . 李旭，沈伟伟，译 . 北京：清华大学出版社，2008.

码、社会规范、市场等种种规制架构所蕴含的价值是不是我们真正需要的；当找到了所希望寻求的价值时，我们应当通过何种规制架构的组合进行规制。

同时，由于技术的发展迅速，在数据治理过程中，政府并不处于可以随时掌握最前沿的技术和把握技术发展方向的地位。在"共建共治共享"的社会治理理念下，应该更充分地发挥多方主体的优势，特别是相关科技企业的优势，构建多元共治的新格局。

如果从治理涉及的核心对象的不同来进行分类，数据治理问题可以粗略地划分为对数据的治理和算法规制两个方面。因此，接下来，我们从这两个方面具体介绍法学视角下数据治理的主要内容。

6.2 数据治理中对数据的治理

对数据的治理在数据治理中占据核心地位。

数据在法律中的属性长久以来一直有争议。德国学者赫伯特·蔡希（Herbert Zech）将信息载体（即物体）分为第一阶的信息载体和第二阶的信息载体。其中第一阶的信息载体只通过物体本身体现信息内容而不包含符号；第二阶的信息载体则因该载体承载符号而能够包含信息。[①] 知识产权法研究界也曾针对知识产权对象的本质属性展开过激烈的论辩。例如，李琛教授认为，知识产权对象的形态是"符号组合"，知识产权是符号财产权。[②] 在近年来探讨数据属性之时，也有多位学者进行过仔细的剖析。例如，有学者提出将数据分为物理层、符号层和信息层。[③]

---

① Herbert Zech, Information as Property, Journal of Intellectual Property, Information Technology and Electronic Commerce, 2015, 6（3）：194-197.

② 李琛. 论知识产权法的体系化. 北京：北京大学出版社，2005.

③ 纪海龙. 数据的私法定位与保护. 法学研究，2018（6）：74.

在不同的语境下，人们提到数据时实际可能指代不同的层面。例如，当人们提到"删除数据"时，往往至少包含对于某个物理存储介质上具体物理内容的改变。例如，删除硬盘上的数据将使相应磁颗粒的极性发生变化。再例如，当我们说传输数据时，则涉及借助物理载体来复制和传输相应的符号。而在欧盟等地区探讨的个人数据，则在很多语境下与我国所说的个人信息无异。

6.2.1　个人信息保护

随着信息网络空间的高速发展，人类社会生活中关涉的几乎所有事物的信息越来越多地被数字化。数字化信息具有易复制、易传播的特性，处理和利用方式也往往超出人们的想象，由此在世界范围内引发了保护个人信息的研究和立法活动。

6.2.1.1　法律意义下个人信息的定义

我国法律保护的个人信息目前通常以其是否可以用来直接或间接识别自然人身份来界定。例如，《中华人民共和国网络安全法》（以下简称《网络安全法》）第 76 条规定："个人信息，是指以电子或者其他方式记录的能够单独或者与其他信息结合识别自然人个人身份的各种信息，包括但不限于自然人的姓名、出生日期、身份证件号码、个人生物识别信息、住址、电话号码等。"我国《民法典·人格权编（草案）》三次审议稿中基本沿用了《网络安全法》中的定义，但并不限于网络空间，并且在列举中明确增加了"电子邮箱地址、行踪信息"两项。[1]欧盟地区通常使用"个人数据"的表述。欧盟《通用数据保护条例》（GDPR）规定："'个人数据'指的是任何已识别或可识

---

① 《民法典·人格权编（草案）》（三次审议稿）第 813 条第 2 款。

别的自然人（'数据主体'）相关的信息。"①

可以看到，尽管姓名、身份证件号码、电话号码等都属于上述我国法律定义中的个人信息或欧盟 GDPR 中的数据，但上述两种定义之间仍有一定的区别。从理论上讲，如果某一信息可以与其他信息结合识别个人身份，那么这个人就是已识别或可识别的，其相关信息则都可以属于欧盟《通用数据保护条例》中定义的个人数据，但未必属于我国界定的个人信息。但实践上如何解释，还需要进一步的理论论证和实践考察。

6.2.1.2　个人信息保护的发展

个人信息保护在西方是由隐私保护逐渐发展而来的。学界通常将西方隐私权益保护追溯到 1890 年美国学者塞缪尔·D. 沃伦（Samuel D. Warren）和路易斯·D. 布兰代斯（Louis D. Brandeis）合作发表的《隐私权》②。这种由人格发展出来的"私生活不受侵犯的权利"并通过侵权法进行保护的理论逐渐得到了美国司法界的认同。1967 年，阿兰·威斯丁（Alan Westin）在其著作《隐私与自由》③中进一步发展了隐私的内涵，将其界定为个人等主体对自身信息"在何时、以何种方式及在何种程度上与他人进行交流的主张"，即"强调主体对自身信息的支配、控制与决定"④。在步入21世纪之后，美国学界也开展了很多反思。信息时代中私生活的界限是否与传统社会不同？个人对自身

---

① See Directive 95/46/EC (General Data Protection Regulation), Article 4（1）："'Personal data' means any information relating to an identified or identifiable natural person ('data subject'); an identifiable natural person is one who can be identified, directly or indirectly, in particular by reference to an identifier such as a name, an identification number, location data, an online identifier or to one or more factors specific to the physical, physiological, genetic, mental, economic, cultural or social identity of that natural person".

② Samuel D. Warren & Louis D. Brandeis. The Right to Privacy, 4 Harv. L. Rev., 1890（193）.

③ Alan Westin. Privacy and Freedom, New York: Atheneum, 1967.

④ 杨惟钦. 价值维度中的个人信息权属模式考察——以利益属性分析切入. 法学评论，2016（4）：68.

信息的自决模式是否忽视了信息在社会维度的意义？能否取得所期待的实际效果？政府可以及应当发挥怎样的作用？这些问题都有待进一步研究。

欧盟地区的相关发展历程有一定的类似性。德国等国家起初将隐私权主要归于人格权进行保护，20 世纪 70 年代之后亦开始逐渐发展个人信息自决权的概念①。在当前的大数据时代，个人信息保护承载了除传统意义上的隐私保护之外的更多价值。它不仅涉及如何预防个人隐私空间和私密信息被侵犯、保护个人生活的安宁，还涉及面对大数据分析技术的日益广泛应用，个人如何在必要之处有效对抗数字化决策，如何更好地保障个人尊严、个人权益等问题。例如，欧盟在 2018 年正式生效的《通用数据保护条例》中规定了数据主体有权反对完全依靠自动化处理——包括用户画像——对数据主体做出具有法律影响或类似严重影响的决策。②

值得注意的是，我国《民法典·人格权编（草案）》三次审议稿规定并特别区分了隐私权和个人信息保护③，并特意构建了包括隐私权和个人信息保护在内的人格权体系的开放性，以更灵活地应对技术及应用模式的快速发展可能带来的新的侵犯人身自由和人格尊严的问题。在立法草案的编撰过程中，主要研究者在关注信息时代人格权益保护的同时，也特别关注如何制定数据共享规则，如何妥当平衡数据流通与信息主体权利保护之间的关系。④

---

① 丁晓东.个人信息私法保护的困境与出路.法学研究，2018（6）：196.

② 参见欧盟《通用数据保护条例》第 21、22 条。

③ 该草案第 811 条第 2 款规定："隐私是自然人不愿为他人知晓的私密空间、私密活动和私密信息等。"第 813 条第 2 款规定："个人信息是以电子或者其他方式记录的能够单独或者与其他信息结合识别特定自然人的各种信息，包括自然人的姓名、出生日期、身份证件号码、生物识别信息、住址、电话号码、电子邮箱地址、行踪信息等。"

④ 王利明.数据共享与个人信息保护.现代法学，2019（1）：45.

总体而言，全球范围内个人信息或个人数据保护的相关法律存在一定的差异。欧盟地区的个人数据保护以建立丰富的个人数据权利和统一规制为主导，美国则除了加州颁布了《加利福尼亚州消费者隐私法案》（CCPA）之外，仍然采取不同领域分散规制的方式，市场自我规制仍然在其中起到重要作用。我国学界有较大争议，但从目前的民法典草案来看，我国未来可能采取的模式会更接近于欧盟的模式，通过统一的法律，对个人信息主体进行赋权，并为数据采集者、控制者、处理者规定相应的责任。

6.2.1.3　个人信息保护的主要原则和框架

欧盟《通用数据保护条例》第二章规定，在处理个人数据时，应当遵循如下七项原则[①]：

（1）合法、合理、透明原则。对涉及数据主体的个人数据，应当以合法的、合理的和透明的方式进行处理。

（2）目的限制原则。个人数据的收集应当具有具体的、清晰的和正当的目的，对个人数据的处理不应当违反初始目的。但满足法律相关规定的且因为公共利益、科学或历史研究或统计目的而进一步处理数据，不应当视为和初始目的不相容。

（3）数据最小化原则。个人数据的处理应当是为了实现数据处理目的而适当的、相关的和必要的。

（4）准确性原则。个人数据应当是准确的，如有必要，必须及时更新；必须采取合理措施确保不准确的个人数据，即违反初始目的的个人数据，及时得到擦除或更正。

（5）限期储存原则。对于能够识别数据主体的个人数据，其储存

---

① 参见丁晓东所译《一般数据保护条例》。https://mp.weixin.qq.com/s/uIUTSy-gz3QzPqYaOf_dSQ。本文这里采用《通用数据保护条例》的翻译方式。

时间一般不得超过实现其处理目的所必需的时间。[①]

（6）数据的完整性与保密性原则。处理过程中应确保个人数据的安全，采取合理的技术手段、组织措施，避免数据未经授权即被处理或遭到非法处理，避免数据发生意外毁损或灭失。

（7）可问责性原则。数据控制者应当负责落实上述事项，并且有责任对此提供证明。

上述原则看似主要围绕数据控制者和处理者的行为规范展开，但个人信息主体（数据主体）的权利亦可以结合这些原则来理解。欧盟《通用数据保护条例》中规定了数据主体的知情权、访问权、更正权、删除权（被遗忘权）、限制处理权、持续控制权（数据可携权）和拒绝权等。这些原则和规定在世界范围内取得了一定程度的共识，为很多国家制定个人信息保护法提供了参考。

尽管我国的《个人信息保护法》尚未出台，但从《网络安全法》《个人信息安全规范》等既有的法律法规和标准中可见，我们目前也在采取类似的原则和框架，对个人信息的收集、存储与使用进行一些基本规定。一方面，尽管还有待明确，但是从法律中可以推出个人对于其个人信息被收集和处理拥有知情权，对承载其个人信息的数据具有访问权、更正权和删除权（被遗忘权）等。另一方面，具体规定了个人信息的收集者、控制者与处理者负有相应的义务。例如，个人信息的收集应以相关主体知情同意为原则；个人信息的收集和处理不得超出该个人信息主体的授权；对个人信息的使用不得超过主体同意的目的范围；保证个人信息数据的安全性；等等。这些权利与义务构成了当前全球范围内的个人信息保护框架。

---

① 《通用数据保护条例》第5条第1段（e）规定："超过此期限的数据处理只有在如下情况下才能被允许：为了实现公共利益、科学或历史研究目的或统计目的，为了保障数据主体的权利和自由，并采取了本条例第89（1）条所规定的合理技术与组织措施。"

6.2.2 企业数据权属

前述符号层面的数据集合与传统知识产权的对象有着非常密切的联系，目前著作权法和反不正当竞争法已经对多种数据集合提供了相应的保护。

6.2.2.1 著作权法对数据集合的保护

我国著作权法规定了对汇编作品的保护。汇编作品即汇编若干作品、作品的片段或不构成作品的数据或者其他材料，对其内容的选择或者编排体现独创性的作品。由于具有独创性是作品的构成要件，因此，简单的数据汇集往往不能满足独创性的要求，而是需要能够反映出对于数据集合中数据的选择、整理和编排具有一定的取舍、具有独创性，才可能构成著作权法意义下的汇编作品。例如，《唐诗全集》往往由于无法体现编者的独创性，因而不能构成汇编作品；然而经过编者按照某些原则进行拣选、体现了编者具有独创性的编排取舍的《唐诗选集》则可能构成汇编作品。看起来这种保护理念与大数据的理念有些相悖——舍恩伯格在其著作中所描述的大数据引发的思维变革之一，即在分析数据时，要尽可能地利用所有数据，而不只是分析少量的样本数据。但在目前的实践中，有很多有意义的数据集合未必是全部数据。对于可以构成汇编作品的数据集合，著作权人可以禁止他人未经许可复制、传播该数据集合或其实质部分。

对于不满足独创性要件的数据集合，崔国斌教授描述了在数据条目本身构成作品时，数据收集者也可能通过获得数据条目著作权授权以及凭借技术保护措施等方法，获得对大数据集合的实质性排他权利。[①]例如，一些网络平台曾经在用户点击同意的格式合同中约定，在平台上发布

[①] 崔国斌.大数据有限排他权的基础理论.法学研究，2019（5）：7-8.

内容的著作权属于相应的网络平台。

6.2.2.2　商业秘密为数据集合提供的保护

非公开的数据集合往往可以作为商业秘密得到保护。反不正当竞争法中所称的商业秘密，是指不为公众所知悉、具有商业价值并经权利人采取相应保密措施的技术信息、经营信息等商业信息。[①]大部分非公开的数据集合都可以满足商业秘密的要件，例如电子商务平台后台记录的用户操作和交易数据、城市交通数据等。即便数据集合中单独的数据项并非秘密，但只要整体上构成商业秘密也可以。

尽管目前实践中大量的非公开数据集合均可作为商业秘密进行保护，但商业秘密的保护具有一些局限性。一方面，商业秘密保护主要限于具有保密义务的主体，如果数据集合被非法公开，那么尽管可以追究非法公开者的责任，但却无法再将该数据集合返回非公开状态。另一方面，在司法实践中，目前很多商业秘密相关的案件审理周期比较长，对于维权效果造成一定影响。我国的商业秘密保护正在不断完善的过程中，其仍不失为一个重要的数据集合保护路径。

6.2.2.3　反不正当竞争法提供的一般保护

除商业秘密保护外，反不正当竞争法还可能对于其他类型的不正当竞争行为进行限制和调整。我国已经出现了一系列司法案例，从2011 年大众点评诉爱帮网案到后来的大众点评诉百度不正当竞争案、新浪微博诉脉脉非法抓取微博用户信息案以及 2018 年的淘宝诉美景案等。在这些案例中，目前原告方往往以《中华人民共和国反不正当竞争法》中的一般条款为法律依据，主张被告方构成不正当竞争。经过这些案件，中国司法界基本形成了比较成熟的模式，考虑二者的竞争关系，之后根据一般条款中的诚实信用原则和商业道德进行分析认定。

---

① 《中华人民共和国反不正当竞争法》第九条。

在竞争关系的认定过程中，认证标准通常比较灵活，但一般都比较容易认定存在竞争关系。在损失和不正当行为的认定过程中，往往关注原告是否遭受了损失以及被告利用数据的行为是否具有不正当性，采用过的论证要素包括是否构成实质性替代，是否为消费者带来了新的价值，为消费者带来的新价值是否与给竞争者造成的损失成比例，等等。

6.2.2.4 设立数据集合有限排他权的探讨

除上述三类现有保护之外，未来是否应该明确设置数据权或数据集合权，理论界还没有取得足够的共识。单独数据项上的权利受到的质疑最为强烈，因为在知识产权领域，长久以来的基本原则即为单独的数据产生不需要法律提供激励，并且数据和事实是作品创作的基础组成部分，也是人们了解信息所必需的，应该处于公有领域。关于数据集合上的权利，欧洲在20世纪90年代制定了数据库指令，提供著作权和单独权利保护；美国本想效仿欧盟，但却遭到了强烈的反对。面对大数据时代的新的发展变化，如果要设置数据集合权，则需要从权利设置的正当性基础和权利限制两个角度开展详细论证。

由于数据集合的权属问题已经引发了许多争议和诉讼，因此对于一些能够取得共识的问题进行及时总结、构建更加清晰的权利体系将有助于减少大数据相关纠纷、提高可预见性。崔国斌教授提出应当为具有实质性投入且达到实质规模的大数据集合设置有限排他权，即禁止未经许可向公众传播该大数据集合。本章支持这一观点。这种权利设置既可以为大数据行业提供对大数据集合必要的法律保护，又能够兼顾数据利用者的利益。

6.2.3 政府数据开放

欧盟委员会以增加欧盟数据的可用性为目标，提出了一系列措施，其中包括修订《公共部门信息再利用指令》等，推动欧盟数字单一市场中非个人数据的自由流动。

我国政府数据呈现出多样化、碎片化、分散化的特征，不但缺少统一的格式和标准，而且存在由于部门利益等原因难以打通的情况。近年来，一些地方政府大力推动政府数据共享和开放，取得了不少成果。但与信息产业界相比，政府缺少足够的技术能力来建构、维护和运用好这些海量的政府数据。面对数据资源带来的智慧城市治理的全新赋能，以及政府数据对社会中其他主体的价值，政府和企业在政府数据开放方面进行合作将是可行的发展路径。

6.2.4　数据安全保障

数据安全问题主要分为境内数据安全问题和数据跨境流通的安全问题两个方面。这主要在《网络安全法》中进行了概括的规定，并通过一些下位法进行细化。

在境内数据安全方面，《网络安全法》第 18 条规定了"国家鼓励开发网络数据安全保护和利用技术，促进公共数据资源开放，推动技术创新和经济社会发展"，等等，并在第 21 条规定了"网络运营者应当按照网络安全等级保护制度的要求"，履行包括"采取数据分类、重要数据备份和加密等措施"在内的安全保护义务。对于关键基础设施的运营者还需要履行更高级别的安全保护义务，例如，对重要系统和数据库进行容灾备份等。

此外，很多地区已经开始建立自己的法规并进行试点。例如，我国贵州省制定了《贵州省大数据安全保障条例》，并已于 2019 年 10 月 1 日起开始实施。该条例从安全责任、监督管理、支持与保障、法律责任等方面对大数据安全保障做了详细的规定。

数据跨境流通的安全问题是另外一个重要领域。互联网的发展应用，特别是云计算分布式存储，使大规模的数据跨境流通成为现实。麦肯锡全球研究院（MGI）的《数据全球化：新时代的全球性流动》报告指出，自 2008 年以来，数据流动对全球经济增长的贡献已经超过传统的跨国贸易和投资，不仅支撑了包括商品、服务、资本、人才等几乎所有类型的全球化活动，而且发挥着越来越独立的作用，数据全球化成为推动全球经济发展的重要力量。

然而各国数据跨境流通政策越来越受到地缘政治、隐私保护、产业能力、市场准入等复杂因素的影响[①]，特别是对整体的国家安全提出了挑战。

目前世界上许多国家都针对数据跨境流通的问题开展了一定的规制。根据规制程度的不同，主要可以分为以下几种模式：数据自由流通，不限制也不要求在境内存储；允许数据跨境流通，但要求在境内存储数据副本；以禁止跨境流通为总体原则，允许跨境流通为例外，即只有在满足特定条件时才允许数据跨境流通；禁止数据跨境流通，要求数据只能在本地存储和处理。这些模式并不是绝对的，而是同一个国家内就可能根据不同类型的数据选择不同的数据跨境流通规制模式。

欧盟高度重视个人数据保护，个人数据出境需通过数据保护充分性认定。美国则认为一般数据可跨境流动，通过制定不得出境数据清单来进行限制。我国则在《网络安全法》中规定关键信息基础设施中的重要数据和个人数据出境需经事前的安全评估："关键信息基础设施的运营者在中华人民共和国境内运营中收集和产生的个人信息和重要数据应当在境内存储。因业务需要，确需向境外提供的，应当按照国家网信部门会同国务院有关部门制定的办法进行安全评估；法律、

---

① 参见阿里巴巴数据安全研究院. 全球数据跨境流动政策与中国战略研究报告. 2019-09-01. http://www.chinabigdata.com/cn/contents/3/253.html.

行政法规另有规定的，依照其规定。"①

2017 年国家互联网信息办公室（网信办）曾经发布《个人信息和重要数据出境安全评估办法（征求意见稿）》，并向社会征求公开意见，但是一直未能形成最终稿。2019 年 6 月 13 日，网信办重新推出了《个人信息出境安全评估办法（征求意见稿）》，对重要数据出境安全评估另行规定。

我国正在研究制定《数据安全法》，以期对境内及出境数据的安全问题进行科学、系统的规定。

6.3　数据治理中的算法规制

目前，大数据应用中的数据分析算法可能直接决定或影响预测和决策，因而可能为公民个人权益乃至社会利益、国家安全带来影响和风险。数据分析算法在社会应用中引起了人们对于算法滥用、算法偏见、算法黑箱、算法安全等问题的担忧，学界和实务界提出了设立算法解释权、要求特定领域的算法公开、开展算法审计、推进算法问责等不同措施。

6.3.1　算法应用中的典型风险问题

数据分析算法应用中的典型风险问题包括但不限于如下方面：

6.3.1.1　算法滥用问题

算法滥用问题主要指在利用算法进行分析、决策等过程中，由于算法设计或应用的目标与社会伦理、法律规范的精神不符，导致了不良的社会影响和后果。面向一个问题的解决，算法设计可能因不同的

---

① 《网络安全法》第三十七条。

评价标准而不同。在以往的信息技术人才培养过程中，强调的更多是算法性能、代码大小、功耗、能耗等技术维度的目标或评测标准，但对于社会价值、伦理规范和法律法规等方面的教育养成训练则很不充分，很少引导学生考虑公平、无歧视、普惠、隐私保护、程序正义、便于公众监督、证据保留、透明性、可解释性、可问责性等伦理、法律、社会维度的目标。在算法日益影响人们生活和社会运行的今天，算法目标是否失范是不容忽视的重要方面。算法设计时需要考虑其对公民权益和社会的影响，考虑其所应用领域的价值规范。例如，同样是进行精准推荐，在普通商品领域进行精准推荐，往往可能主要涉及消费者权益和商家竞争利益；但如果是在新闻领域进行精准推荐，则需要考虑新闻传播的社会价值和社会影响，需要考虑信息茧房效应[①]、信息真实性、用户偏见等问题[②]。例如，仅基于用户过往阅读喜好的简单推送算法将使用户重复接收同类信息，而使公众需要了解的很多重要社会事件的信息传播难度增加。再如，利用大数据分析对用户群体进行细分并分别进行新闻精准推送，可能造成人与人之间消息获取的区隔，使虚假消息可能得到有针对性的传播，但却更加难以被发现。此外，除了传播环节可能直接受算法影响外，数据分析算法还可能被用来指引内容生产本身。例如，美国著名公司奈飞（Netflix）的《纸牌屋》对题材、导演和主要演员的选择就使用了大数据分析的指导。[③]数据自然也可以被用来指导新闻内容的创作和选择。但同样地，电视剧创作和新闻创作传播的社会价值不同，不宜直接采用完全相同的算

[①] 信息茧房效应指在信息传播中，因公众自身的信息需求并非全方位的，公众只注意自己选择的东西和使自己愉悦的通信领域，因此，久而久之，会将自身桎梏于像蚕茧一般的"茧房"中。

[②] 桑斯坦．信息乌托邦：众人如何生产知识．毕竞悦，译．北京：法律出版社，2008.

[③] 大数据是如何捧红《纸牌屋》的？．https://www.sohu.com/a/137926223_114778. 最后访问时间：2019 年 12 月 6 日。

法应用思路。2017 年,《人民日报》曾发表评论文章《新闻莫被"算法"绑架》,质问新闻应该被算法、流量和点击量绑架,还是坚持真实、全面、客观、独立,用优质的内容塑造风格。尽管新闻领域只是众多算法应用领域中很小的一部分,但提示人们重视算法滥用的风险,分析具体领域算法应有的价值导向。

6.3.1.2 算法歧视问题

算法歧视问题与算法滥用问题相关,但是在算法问题的讨论中,算法歧视问题受到了社会的广泛关注,因此本章在此单独着重介绍。算法歧视问题指由于算法设计者自身的偏见或在训练算法时使用的数据本身包含偏见而造成算法决策带有歧视的问题。

关于算法歧视的质疑在商业领域中有非常多的例子,也成为网络用户和媒体关注的重点。近几年,很多网友宣称自己遭受了"大数据杀熟",而"大数据杀熟"当选为 2018 年度社会生活类十大流行语[①];有文章指出广告商更倾向于将高息贷款信息向低收入群体展示"[②];很多出租车司机认为自己在网约车平台上遭受了不公平的派单;等等。尽管歧视性定价等行为并不必然违法,但在社会中得到了高度关注。尽管有市场手段进行调节,但人们往往认为算法歧视比较隐蔽,发现和举证都非常困难;这种信息不对称也影响了人们的选择能力;再加上由于"网络效应"的存在,网络平台不容易充分竞争。这些都可能导致市场自动调节手段的失灵。

司法、行政等领域也存在算法歧视的风险。例如,在美国司法实践中,在保释、量刑、假释等环节往往需要进行风险评估。目前

---

① https://baike.baidu.com/item/%E5%A4%A7%E6%95%B0%E6%8D%AE%E6%9D%80%E7%86%9F/22456755?fr=aladdin. 最后访问时间:2019 年 12 月 6 日。

② When Algorithms Discriminate - The New York Times. https://www.nytimes.com/2015/07/10/.../when-algorithms-discriminate.html. 最后访问时间:2019 年 6 月 13 日。

美国有半数的州都在使用算法，具有代表性的三个软件为 COMPAS、PAS、LSI-R。COMPAS 软件在评估时会涉及被告的犯罪情况、人际关系生活方式、个性和态度、家庭情况和社会对他的排斥程度等方面。该软件会基于历史数据建立一些模型，同时会从询问被告或者从被告的犯罪记录中获得一百多个问题的答案。在引起全球关注的美国 2016 年的 Loomis 案中，法官参考了 COMPAS 软件的量刑建议，被告 Loomis 对此提出了被告应有权检查算法、算法的科学有效性和准确性值得怀疑、这种做法侵犯了个体化量刑的权利、以性别作为量刑基准违宪等主张。尽管威斯康星州最高法院没有支持被告的主张，但判决中认为法官在使用 COMPAS 等软件时必须保持警惕。事实上，在 ProPublica 这一组织进行的调研中，特别分析并指出过 COMPAS 的结果对于不同的人种有很强的歧视性。其中有一个调研例子是一名白人男性和一名黑人女性实施了类似的犯罪行为。在算法分析二者的风险时，尽管该黑人女性之前仅有过 4 起未成年人的轻罪，但算法判断结果认为她的风险非常高，给了一个 8 分的评级；而对于该白人男性，尽管他之前曾经有过两次持械抢劫行为，还有一次持械抢劫未遂，但是算法判断结果仍然给了他一个比较低的评级 3 分。从此后的事实发展来看，这位黑人女性并没有再进行相应的犯罪，反而是这位被认为犯罪风险比较低、社会危害比较低的白人男性有一次比较严重的盗窃罪行。[①]由此推断，该算法的评估结果并不正确，且对黑人具有歧视。

6.3.1.3　算法黑箱问题

算法黑箱问题指由于公众对于算法运行原理及决策依据缺乏了解，以及对于深度学习等算法，由于使用的模型参数数量庞大等原

---

① https://www.propublica.org/article/machine-bias-risk-assessments-in-criminal-sentencing.

因，因此其设计研发人员本身也不能完全掌握和理解算法所带来的公众信任危机、问责机制不充分等问题。特别对于司法审判、政府决策等与公民权利密切相关的重要领域，决策依据和过程透明、正当程序（为公众提供充分的质疑机会）和公共监督被认为是保障权利的重要支撑要素。然而算法黑箱使得算法决策的理由不详、过程不透明，使其难以得到社会的充分信任，也可能影响公民的权利。

人类理性的发展历程使人们相信，如果一个判断或决策是可以被解释的，那么人们将更容易了解其优点与不足，更容易评估其风险，了解其在多大程度上、在怎样的场合中可以被信赖，以及人们可以从哪些方面不断对其进行改善，以尽量增进共识、减少风险，推动相应领域的不断发展。这样的思维范式或许是诞生在大数据时代之前的稍显过时的思维模式。例如，舍恩伯格等在《大数据时代：生活、工作与思维的大变革》一书中就提出，大数据技术引发思维变革；应更为关注事务之间的相关关系，而不是探索因果关系。或许随着科技和社会的发展，未来会演化出新的思维范式，但目前这仍然是人们最成熟、最具共识、最值得信赖的思维模式，人们仍然需要能够对重要问题的决策做出解释。因此，算法透明度、算法可解释性等问题也受到了高度关注。

算法透明度和算法可解释性问题关系到人类的知情利益和主体地位，对数据应用的长远发展影响重大。国内外对算法可解释性问题均予以了密切关注。潘云鹤院士等曾提到人工智能应用需关注算法的可解释性[①]；我国多位法学研究者也对算法解释权等问题开展了研究。[②③] 美国电气和

---

① 潘云鹤. 人工智能迈向 2.0（英文版）. Engineering. http://news.sciencenet.cn/htmlnews/2017/1/365934.shtm. 最后访问时间：2019 年 12 月 6 日。

② 汪庆华. 人工智能的法律规制路径：一个框架性讨论. 现代法学，2019（3）：55-64.

③ 张凌寒. 商业自动化决策的算法解释权研究. 法律科学（西北政法大学学报），2018（3）：65-74.

电子工程师协会（IEEE）发布的《人工智能道德设计准则》白皮书中也在多处提到对人工智能和自动化系统应有的解释能力的要求；美国计算机协会下属的美国公共政策委员会在 2017 年初发布的《算法透明性和可问责性声明》中提出了七项基本原则，其中一项即为"解释"，以期鼓励使用算法决策的系统和机构对算法的过程和特定的决策提供解释；美国加州大学伯克利分校在 2017 年发布的《对人工智能系统挑战的伯克利观点》从人工智能的发展趋势出发，总结了九项挑战和研究方向。其中第三项就是要发展可解释的决策，使人们可以识别算法输入的哪些特性引起了某项特定的输出结果。当然，也有学者对算法透明原则提出了批判。[①]

应该认识到，算法应用带来的风险大小、影响到的利益和社会价值等方面具有显著不同。在选择规制路径时必然不能一以概之，而需要结合具体的应用和场景来探讨。

6.3.1.4 算法安全问题

本章在这里用扩大化的算法安全概念来指代由于算法或计算机系统设计、开发时存在的缺陷或漏洞被攻击和恶意利用或者由于算法本身设计不合理、验证不充分、防御措施不健全等原因带来的可用性、鲁棒性[②]、安全性问题。

数据分析算法的"准确性"往往是建立在概率意义上的，其固有问题往往难以避免但又不容易被发现，在应用于某一重要领域时需要进行仔细评估，以及对可能的风险情况和影响进行评估，同时创建必要的防御措施和问题发生时的应对措施。针对数据分析算法结果的攻击可能超越以往的攻击方式，例如可以从限制、篡改数据的角度来影

---

① 沈伟伟.算法透明原则的迷思——算法规制理论的批判.环球法律评论，2019（6）.

② Robust 的音译，表示健壮和强壮。常用于表达在异常和危险情况下系统的生存能力。

响算法及算法结果，因此对于数据安全的保护措施也对算法安全有重要意义。

6.3.2　算法规制的原则和路径

我们认为，在算法治理理论尚不成熟的当下，立法宜保持适当的谦抑和灵活。当前数据治理的制度构成应以新一代信息技术发展与规制为主题，确立基本原则，并形成包含技术、道德、政策、法律在内的多维度治理体系。

综合许多国家和组织的相关研究，在应对数据算法规制问题时应遵守两项基本原则：人类根本利益原则和责任原则。人类根本利益原则，即算法应以实现人类根本利益为最终目标。这一原则体现出了对人权的尊重、对人类和自然环境利益最大化以及降低技术风险和对社会的负面影响的价值选择。由此可以派生出公平、隐私保护、正当程序、科学有效、安全可靠、创新发展等价值目标。责任原则则以可规制性为核心，以适度的透明性、存证要求等为支撑，以期通过监管和侵权责任分配，更好地引导人们的行为。

在这些原则之下，算法的规制需要综合技术、道德、政策、法律等多重规范模式。超海量数据应用的许多伦理风险可以期待通过技术的改进予以改善。例如，近年来得到越来越多重视的联邦学习①，就是在市场和法律的双重压力之下，为科研人员树立了重视隐私保护的技术研发目标。尽管联邦学习并不能解决所有隐私保护问题，但为科技向善、合乎伦理和隐私的设计树立起了一个早期的典范。

研究人员已经建议了多种多样的具体规制方法和路径。为解决算

---

①　又名联邦机器学习、联合学习、联盟学习。联邦学习实际上是一个机器学习框架，能有效帮助多个机构在满足用户隐私保护、数据安全和法律法规的要求下，进行数据使用和机器学习建模。

法滥用、算法歧视等问题，一些研究人员提出了算法审计、算法审查等方式，同时针对大数据算法的特点，研究人员提出了针对数据集合的数据集异常检查、数据完整性检测、训练样本评估等方法。不同维度的算法标准的建立也在开展。针对算法黑箱带来的公众信任缺失等问题，有人提出了一系列围绕算法的公民权利，例如算法解释权、获得人工干预权、请求人类终裁权等，以及对特定领域的算法应用要求其公开透明或采取可解释算法、建立算法认证机制等。同时还有一系列算法设计者和开发者责任分配机制、算法监管措施被提出。这些形形色色的解决方法可以解决的问题不同、适用范围不同、成本和效果也各不相同，目前还缺少更为细致和系统性的规制框架。

尽管从算法风险分析到算法规制路径等方面已经开展了很多研究和实践工作，但数据治理中的算法规制仍然迫切需要进一步的理论发展和体系化建设。尽管算法应用具有很多潜在风险，但在当前的大数据时代，数据的算法分析和应用正为个人的信息利用和导航、工商业发展、社会治理等方方面面带来强大赋能，是数据资源高效利用和国家竞争力提升的重要支撑。卢克·多梅尔（Luke Dormehl）在《算法时代》中将算法比喻成船只。"船只的发明同时带来了海难……但算法同时也发挥了极其重要的作用，帮助我们在每天产生的多达 2.5 艾字节（是人脑信息储存量的 100 万倍）的数据海洋中航行，并得出切实可行的结论。"①莎拉·芭氏（Sara Baase）教授在《火的礼物：人类与计算技术的终极博弈》一书中将计算技术比作火。火"使我们的生活更加舒适、健康和愉快。而它同时也拥有巨大的破坏力，有可能因为意外，也可能是故意纵火……渐渐地，我们已经学会如何高效地使用它，如何安全地使用它，以及如何更有效地应对灾难，无论是自然

---

① 卢克·多梅尔.算法时代.胡小锐，钟毅，译.北京：中信出版社，2016.

的、意外的，抑或是故意造成的。"①期待通过共同努力，我们可以更好地掌握大数据算法并且防控其中的风险，使大数据算法可以更加安全可信地帮助人们解决各种难题、建设更加美好的社会。

6.4　总结与展望

大数据时代为法学理论和法治建设均提出了许多新的命题。本章围绕大数据治理中的数据治理和算法规制的一些概况展开了介绍，呈现了这一领域法治建设的复杂性。大数据的飞速发展要求法治建设有面向未来的视野，科学地把握技术和社会发展规律，坚守法治基本理念，积极进行治理模式创新和制度创新，推进多元共治，确立数据流通的基本原则和规范，促进大数据发展应用，并平衡好可能产生的新型权力和个体权利，使技术发展真正服务于人类福祉提升和社会普惠发展。

参考文献

[1] 乌尔里希·贝克.风险社会.何博闻，译.南京：译林出版社，2004.

[2] Peter Huber. Safety and the Second Best: The Hazards of Public Risk Management in the Courts, 85 Colum. L. Rev. 277, 277（1985）.

[3] 傅蔚冈.对公共风险的政府规制——阐释与评述.环球法律评论，2012（2）：140-152.

[4] 司晓，曹建峰.论人工智能的民事责任：以自动驾驶汽车和智能机器人为切入点.法律科学，2017（5）：166-173.

[5] 张吉豫.人工智能良性创新发展的法制构建思考.中国法律评论，2018（2）：114.

① 莎拉·芭氏.火的礼物：人类与计算技术的终极博弈.郭耀，李琦，译.北京：电子工业出版社，2015.

[6] 哈特穆特·罗萨.新异化的诞生：社会加速批评理论大纲.郑作彧，译.上海：上海人民出版社，2018.

[7] 张吉豫.科技革命与未来法治.中国社会科学报，2019-03-21（8）.

[8] 劳伦斯·莱斯格.代码2.0：网络空间中的法律.李旭，沈伟伟，译.北京：清华大学出版社，2008.

[9] Herbert Zech, Information as Property, Journal of Intellectual Property, Information Technology and Electronic Commerce, 2015, 6（3）: 194 - 197.

[10] 李琛.论知识产权法的体系化.北京：北京大学出版社，2005.

[11] 纪海龙.数据的私法定位与保护.法学研究，2018（6）：74.

[12] Samuel D. Warren & Louis D. Brandeis. The Right to Privacy, 4 Harv. L. Rev., 1890（193）.

[13] Alan Westin. Privacy and Freedom, New York: Atheneum, 1967.

[14] 杨惟钦.价值维度中的个人信息权属模式考察——以利益属性分析切入.法学评论，2016（4）：68.

[15] 丁晓东.个人信息私法保护的困境与出路.法学研究，2018（6）：196.

[16] 王利明.数据共享与个人信息保护.现代法学，2019（1）：45.

[17] 崔国斌.大数据有限排他权的基础理论.法学研究，2019（5）：7-8.

[18] 桑斯坦.信息乌托邦：众人如何生产知识.毕竞悦，译.北京：法律出版社，2008.

[19] 汪庆华.人工智能的法律规制路径：一个框架性讨论.现代法学，2019（3）：55-64.

[20] 张凌寒.商业自动化决策的算法解释权研究.法律科学（西北政法大学学报），2018（3）：65-74.

[21] 沈伟伟.算法透明原则的迷思——算法规制理论的批判.环球法律评论，2019（6）.

[22] 卢克·多梅尔.算法时代.胡小锐，钟毅，译.北京：中信出版社，2016.

[23] 莎拉·芭氏.火的礼物：人类与计算技术的终极博弈.郭耀，李琦，译.北京：电子工业出版社，2015.

第7章 经济学视角下的数据治理

无处不在的大数据对各行各业造成了巨大冲击。社会上的各种营利和非营利组织，从政府部门到企事业单位，从餐饮、金融、教育、医疗到装备制造等几乎所有行业，都加入了数据治理的浪潮中。实际上，要实现数据的有效治理面临着诸如数据产权问题、数据开放问题、数据共享问题以及社会相关方面的治理能力问题等许多挑战。

经济学作为社会科学的皇冠，其独有的思维方式可以观察和处理各种社会问题，当然，数据治理问题也不例外。用经济学分析的方法来研究数据治理问题，让经济市场向更广阔的其他市场领域延伸，有助于人们进行更深刻的思考，得出有别于其他学科领域的不同认知。

7.1 经济学视角下的数据资源内涵与治理困境

7.1.1 研究对象与边界界定

大数据需要用新的处理模式来实现更强的决策、洞察和优化，它既是一项技术，也是一种社会资源[1]。作为资源，它能实时记录多源信

---

[1] Beyer，MA，Laney, D. The Importance of "Big Data": A Definition Gartner. Retrieved 21 June, 2012.

息，帮助人们更好地进行决策。同时，公共数据特别是政府数据的开放能使公众参与公共事务决策的便利程度更强、互动性更足，而这些都会促进政府治理过程走向智能化、精准化和有序化。

可以看出，大数据的出现推动着政府治理能力的提升，但与大数据相关的一系列经济活动也对政府行为产生了规制和影响。作为占社会数据资源80%以上的政府数据资源的禀赋者，政府无疑在数据治理中处于主导地位，但其行为边界是有限的。原因在于：一是政府也会失灵，在数据资源配置的过程中也会面临技术落后、管理滞后等一系列困境。在实践中，政府"好心办坏事""出力不讨好"的情形随处可见。二是政府也是理性人①，它需要为自身的生存获取资源和条件，因此具有追求自身利益最大化的动机。一旦赋予政府更多权力，政府在自利性的诱导下，难以避免侵蚀公众利益或者部分群体的利益，造成社会福利难以实现帕累托最优②。以公共数据特别是政府数据开放为例，数据开放往往需要考虑国家的利益和公民的利益。如果数据能够实现真正的开放，则公民不仅享有知情权，而且将获得更高的收益；而数据开放引发的民众舆论压力或数据泄密又会带来社会成本，给国家和政府造成负担，减少政府的收益。这时，如果双方权利发生冲突，那么政府往往会从自身利益出发，减少对数据的开放。因此，为了探讨政府数据治理的有效途径，就要解决权力制约问题。对政府权力进行限制的一个有效途径就是对权力做出明确的界定。但是边界的界定并不是一件简单的事情，要正确界定政府数据的产权，有必要先

① 理性人假设，是西方经济学中最基本的前提假设。其基本特征就是：每一个从事经济活动的人都是利己的，其所采取的经济行为都是力图以自己最小的经济代价去获得最大的经济利益。在任何经济活动中，只有这样的人才是理性的；否则，就是非理性的。

② 帕累托最优，是指资源分配的一种理想状态，假定固有的一群人和可分配的资源，从一种分配状态到另一种分配状态的变化中，在没有使任何人的境况变坏的前提下，使得至少一个人的境况变得更好。

对其经济学内涵进行分析，这既是产权分析的基础，也是提高政府大数据治理效率的依据。

7.1.2　内涵本质

7.1.2.1　产权本质

"产权"[①] 属于西方经济学理论的范畴。有学者认为产权是一个对各种经济权利结构及其效率和功能进行考察的范畴，它不仅包括所有权、使用权，还包括转让权、收益权等，是所有权在市场关系中的体现。产权理论恰恰可以解释大数据在经济活动中的复杂问题。在现实中，政府部门生成、集成和保存大量与公众生活相关的数据，是一个国家最主要的数据提供者，也是数据开放的起点。数据本身没有价值，被利用后才具有价值。数据利用者对开放数据进行分析和开发，实际上成为数据提供者与公众之间的桥梁，可以是拥有数据的政府部门、其他政府部门、高校、企业等。在数据利用者提供数据产品和服务后，政府数据的最终用户——社会公众可以购买使用，甚至将用户体验更好地反馈给数据利用者，引导后续更好地开发。

习近平总书记在主持中共中央政治局实施国家大数据战略第二次集体学习时，明确指出要制定数据资源确权、开放、流通、交易相关制度，完善数据产权保护制度。可见在大数据时代，数据产权已成为关注的重点问题。这不仅因为产权伴随在所有经济活动过程中，而且因为是通过产权界定理论让大数据发挥更大的经济效益的[②]。科斯定理[③] 提出，产权的界定可以提高资源配置的效率，因此产权应该配置

---

① 它包括财产的所有权、占有权、支配权、使用权、收益权和处置权。

② 陈一．我国大数据交易产权管理实践及政策进展研究．现代情报，2019, 39（11）：159-167.

③ 科斯定理是指在某些条件下，经济的非效率可以通过当事人的谈判而得到纠正，从而达到社会效益最大化。

给那些最能有效利用该权利并有动力去这样做的人。从德姆塞茨对产权的分类来看，数据资源属于国有产权的范畴，这说明国家在排除个人因素的情况下享受权利是合理的，政府可以按相应的程序来使用国有财产①。但是，政府大数据资源实际上是分配到相关部门的，而且数据管理的权限归属于专门机构。各个部门在权力上的独立性引发了对其他部门、社会组织与个人使用其数据的排斥性，这在一定程度上加剧了产权界定的难度②。

7.1.2.2　准公共物品③的特征

政府管理中面临的一个重要问题就是公共物品的供给。按照生产和消费的特征，公共物品可划分为纯公共物品和准公共物品，纯公共物品一般由政府亲自经营并免费提供给公众；准公共物品一般由投资者经营并收取一定的费用，例如电信、供暖、铁路、教育等均为准公共物品。与公共物品相比，准公共物品是一种限定了受益范围的纯公共物品，它具有部分竞争性和排他性。与私人物品相比，准公共物品又是一种扩大了受益范围的私人物品，具有部分非竞争性和非排他性。所以说，准公共物品就是具有有限的非竞争性或有限的非排他性的公共物品④。

---

① Demsetz H. Toward a theory of property rights. *American Economic Review*, 1967, 57（2）: 347-359

② 代水平. 政府产权的理论逻辑及其边界约束. 北京：中国民主法制出版社，2014.

③ 准公共物品是指具有有限的非竞争性或有限的非排他性的公共物品，它介于纯公共物品和私人物品之间。这里"非竞争性"指在消费过程中一些人对某一物品的消费不会影响另一些人对这一物品的消费，受益者之间不存在利益冲突。而"非排他性"是指任何人都不能因为自己的消费而排除他人对该物品的消费，通俗地说，即我用的物品别人也能用，我能获益，别人也可以获益。

④ 黎晓春. 政府与互联网经济平台由监管到合作供给"准公共产品"的路径探析. 经济论坛，2019（3）: 50-55.

具体来说，准公共物品同时存在正外部性和拥挤性。它与纯公共物品的边界不是固定不变的，这与经济发展阶段和公共财政供给能力有关。在公共财政有足够能力负担成本时，为了凸显准公共物品消费的正外部性①，可将某些准公共物品转变成纯公共物品，如气象局免费提供的天气预报，公众获取天气预报的相关数据后可以更有效地进行经济活动，使社会因公共服务而获得更多的正外部效应的蔓延。另外，准公共物品超过饱和点后，其取得方式具有竞争性和排他性（即拥挤性），通过限制特定消费群体让物品显示出竞争性和排他性，如一些气象年鉴的数据是有偿向社会提供的，只有购买者才享有数据的使用权。

7.1.2.3　条块管理体制②

条块管理是我国行政管理中的一个普遍现象。政府机构的条块分割模式是纵向层级制和横向职能制组成的科层体制的二维结构。这种二维结构在面对数据资源共享的现实需求时暴露出越来越多的不适应性。第一，纵向层级制中存在庞大的中间管理层次，拉长了数据传递距离，且数据传递的速度越慢，被忽略和扭曲的可能性就越大③。第二，横向职能制的分工会导致各政府职能的交杂和分散，这往往会引发数据重复和信息孤岛两种极端现象。一方面，专业化的劳动分工会造成职能交叉和政出多门，从而导致数据治理的事倍功半。另一方面，部门化的职能分配让行政机关各司其职，部门间形成了稳定的权力划分格局，部门利益凌驾于数据共享的行政管理目标之上，极易形

---

① 正外部性是指一个经济主体的经济活动导致其他经济主体获得额外的经济利益，而受益者无须付出相关代价。

② 垂直管理部门之间的关系称为"条"，地方政府之间的关系称为"块"。

③ 梁芷铭. 大数据治理：国家治理能力现代化的应有之义. 吉首大学学报（社会科学版），2015, 36（2）：34-41.

成数据垄断①。所以说，数据治理难逃现有行政管理体制的制约，在面对数据共享的现实需求时，政府内部矛盾引发了治理效率低下的事件，这常常成为政府部门反思的重要内容。

7.1.3 四大治理困境

7.1.3.1 有权不开放

"法律的强制约束"或"上级明确指令和硬性要求"成为政府冠冕堂皇的不开放数据的理由。从法律法规的角度来看，我国至今还没有信息共享的专项立法，即便有信息共享的相关条文，也一般采用"应当信息共享""实现信息共享""推进信息共享""建立健全信息共享机制"等表述，没有一部法律法规明确规定行政机关在履行职责过程中与其他部门共享信息是一种职责②。地方层面仅有贵阳市等少数几个地区颁布了政府数据共享开放方面的法规。所以说，国家和地方层面都缺少明确、清晰、具有可操作性的政策和标准来指导实际工作的开展。另外，从行政规范来说，对各部门数据开放的考评机制也不健全，这也在事实上为部门有权不公开数据提供了理由。政府按照"法无授权不可为"的逻辑，"多一事不如少一事"，选择对数据不开放、不共享，因此在客观上造成了政府部门成为数据资源的垄断者。

7.1.3.2 不愿开放

该项选择是政府部门在综合考虑数据开放的成本与收益比之后做出的。从成本角度来看，数据开放后部门曾花费大量精力和资源用于

---

① 垄断是指行业或市场中只有一个或极少数厂商的情况。

② 胡建淼，高知鸣．我国政府信息共享的现状、困境和出路——以行政法学为视角．浙江大学学报（人文社会科学版），2012，42（2）：121-130.

筛选、清理、更新和维护的成本无法体现；数据开放后还会增加工作量，因为数据开放不是一次性的工作，它是一项长期性的工作。从收益角度来看，有关部门出于权力本位而不愿提供给他人享用，它们往往认为数据源于本部门工作的积累，隐含着部门权力，就应属于"部门私有"，而数据共享意味着部门的权力旁落。数据的"小农意识"一旦生成，部门便不愿意主动提供数据。某海事部门的一位管理人员就提到，不愿意将手中的数据进行开放是因为数据代表部门权力，希望数据能够转化为部门利益。在现实中，部门还会因为开放数据带来的短期好处难以体现、没有针对数据开放的绩效评估而缺乏数据开放的动力。

7.1.3.3　不敢开放

这里说的"不敢"有三个层面的意思：第一，政府部门向社会开放的数据不得涉及国家机密、商业秘密、个人隐私。过去制定的一些用来保护数据的规章制度仍然有效。如我国有《中华人民共和国保守国家秘密法》（简称《保守国家秘密法》）、《中华人民共和国国家安全法》（简称《国家安全法》）、《网络安全法》等大量法律法规涉及政府数据的保密。政府各业务线的法律法规也有相关规定，例如《中华人民共和国税收征收管理法》（简称《税收征管法》）要求税务机关应当依法为纳税人和扣缴义务人的情况保密。然而这些政策也没有明确列出哪些数据不得开放，特别是对不涉密但敏感的数据更没有清晰的界定，政府部门担心公开数据违规逾制。第二，政府部门担心公布一些真实数据会引起不必要的社会影响，并进而增加维稳压力。例如，公开北方冬季空气污染的相关数据、公开自然灾害的死亡数据等会增加社会恐慌。第三，随着数据开放力度的增强，政府部门对某些问题可以回旋遮掩、模糊化的空间也将会越来越小，不同部门数据间的自相矛盾还会使政府部门面临更多问责压力。数据开放后,政府部门的决策过程是否科学合理都将会受到社会的监督,这使得政府部门不敢开放相关数据,因为它们害怕被社会公众挑毛病、找问题。它们认为多开放就意味着多出错,少开放则意味着少出错。这就是有那么多政府部门不敢公开数据并往往以"数据涉密"遮挡的重要原因之一。

7.1.3.4 不知如何开放

该逻辑主要是在能力有限的情况下,政府数据开放的动力不足。这表现在以下方面。第一,政府工作人员能力不足,影响政府数据的开放。一些地方政府中负责数据开放工作的人员,或者没有技术和数据管理专业背景,或者缺乏足够的业务知识和能力,很难判断应该开放哪些数据。贵阳市大数据发展管理委员会主任就谈到这样的问题,他认为目前政府部门懂大数据的人不多,队伍建设问题成为关键。第二,技术能力不够也会阻碍政府部门推进政府数据开放。一些基层政府部门信息化发展水平的技术能力弱,甚至还没建立相应的信息系统,这严重影响了数据开放的推行。第三,各部门相互独立,难以提供标准化格式的公共数据。如果数据集不是完整的、原始的、可机读的、开放格式的,那么即便被开放出来,也很难被用户利用,难以产生真正的价值。我国政府部门普遍缺少统一标准的数据体系,各部门采集的数据格式不统一,采用的处理技术以及应用平台各异,数据库接口也不互通。因此,数据管理平台整合难,导致数据导引、数据获取、数据交换中经常发生迟滞、偏差,数据资源的共享存在困难。第四,专项经费保障的不到位拖延了数据开放。数据共享、数据维护、增加专业人才等都需要专项资金的支持,一旦资金不足就会挤占其他工作的预算,增加了部门数据开放共享的难度。

7.2　数据治理困境背后的经济逻辑与制度障碍

7.2.1　权力边界问题

准公共物品是具有有限的非竞争性或有限的非排他性的公共物品。公共数据特别是政府数据具有"准公共物品"的特性，这主要体现在：其一，对特定用户主体的非排他性。在一定量的前提下，用户主体使用数据的同时，数据平台提供的服务并不能排除其他主体获得该项服务的利益。从效用外溢来看，这是数据对特定消费群体的普惠性。其二，特定用户主体的非竞争性。根据交易规则，平台并不能对满足条件的特定用户主体采取歧视性措施，即满足特定用户的条件后，用户主体的边际成本为零。数据平台提供的广泛且成本极低的信息收集机制降低了各方沟通成本，向用户共享其能力，极大促进了多方共赢，提升了社会福利。其三，对非特定主体的排他性。政府提供的数据服务一旦突破某一临界点，大量增加的用户主体或用户活动就会使得公共物品中的"公地悲剧"出现，因此需要设定一定的门槛，限制数据使用的群体。其四，非特定主体的竞争性。数据背后是经济与科技的支撑，这需要很大的投入成本，通过价格机制的介入，可以平摊部分成本，提供不免费的服务。但是准公共物品与公共物品、私人物品的界定边界并不清晰，对数据的正确界定还需要根据实际情况，参考政府的财政供给能力、数据开放的交易成本、数据本身的性质等。

当数据是公民社会活动的数字化记录时，它对于普通个人而言并没有很深远的意义，但对于政府、知识型企业和组织来说，数据便是命脉。于是，将所有权、使用权甚至收益权相分离，改善权力的分配，是产权理论在数据治理方面得以很好运用的体现。数据作为资源和要素，就必须探讨其产权问题。目前数据产权界定的状况并不理想。国际上对数据产权的界定尚无统一说法。一方面，对于越有价值的事物，人们越是倾向于清晰地界定其产权。另一方面，产权界定需要考虑的是其带来的好处和确定产权导致的交易成本两者的相对大小。目前有学者把数据权分为国家数据主权、数据管理权、数据公民权、数据财产权、数据被遗忘权等。那么数据的所有人到底是谁？在上述权力中，政府、个人、企业分别拥有哪些权力？对于不同性质的数据，该权力是否有变化？政府如何界定自己的权力范围，又如何将权力分配给各部门？这些都成为数据治理急需解决的问题。

7.2.2　委托代理问题 [①]

公共数据特别是政府数据给政府带来的困扰不仅仅是权力边界的确定问题，还表现为道德风险问题。根据经济学理论，道德风险通常是指在委托－代理关系中，代理人由于拥有不公开、不透明的信息，从而利用信息不对称在追求自身利益的同时会产生损害委托人利益的行为[②]。具体来讲，在委托－代理关系中，如果公共部门数据的所有权为国家，那么部门便为日常代理人。国家把自己的权力通过一定的方式，让渡给政府部门，由它代为行使，在这种情况下，国家权力就转化为政府部门直接掌握的公共权力。由于种种原因，当委托人的部分信息被蒙蔽时，代理人可以选择道德风险行动使自身利益最大化。也就是说，委托人会在这样的数据面前处于不利地位。

伴随着数据采集、处理和挖掘技术的发展，拥有数据行使权的各

---

① 委托－代理关系是指一个或多个行为主体根据一种契约，指定、雇佣另一些行为主体为其服务，同时授予后者一定的决策权利，并根据后者提供的服务数量和质量对其支付相应的报酬。授权者就是委托人，被授权者就是代理人。

② 张维迎，吴有昌，马捷.公有制经济中的委托人—代理人关系：理论分析和政策含义.经济研究，1995（4）：10-20.

部门就有可能凭借对数据掌控的优势进行信息垄断，从而控制政策制定、执行、评价和完善等整个运行过程，为自身牟利，弱化其他部门的能力和影响力，酿成更大的道德风险。

7.2.3 治理能力问题

数据共享对处理庞大的数据体量尤为重要，既要在庞杂的信息数据中做出鉴别与筛选，优化各部门的信息资源，又要据此做出科学的决策来增进与其他部门的业务协同。但是，我国数据治理却很难做到数据的深度共享。与政府部门的条块管理体制相对应，我国的政府数据体系也是按照"条块分割"的思路建设的。政府数据治理有两条线：一条是以各级政府为主的政府上网工程及各个政府部门的网站管理与规划；另一条是如税务、海关、工商等垂直职能部门的业务系统管理与规划。就像平行线一般，这两个系统缺乏信息共享，在大数据时代逐渐暴露出弊端。以税务的线上申报系统为例，用户只要在全国任何一个税务系统注册并填报资料，其资料就会在全国的税务系统共享。但是，这只是实现了税务系统内部垂直的资源共享，它与其他部门却是独立的，海关、工商、当地政府部门的系统就无法共享其信息，用户还是需要在其他系统重复登记信息。我国机构组织的"纵强横弱"是上述事实的原因所在。在该机构组织体系下，容易强化信息的垂直分布，而忽略部门之间的横向联系。于是各部门拥有的数据资源库就只能像一座座信息孤岛，悬浮在电子政务系统上，不能形成跨部门的信息交流和共享①。所以说，传统管理模式和组织架构给跨部门、跨层级、跨区域的数据开放共享都带来了实际困难。

此外，在通常情况下，数据治理的具体主体并不明确，涉及部门众多，这往往会降低行政效率。例如，"智慧城市"是对数据资源应

---

① 马亮.大数据治理：地方政府准备好了吗？.电子政务，2017（1）：85-94.

用最广泛的城市管理形态，中国至少有 26 个部委、国家局和办公室在推动和"授牌"。但它们彼此的分工是否到位、相互推诿情况是否存在还值得深究。虽然在我国的法律和行政法规中已有一些关于信息共享的条文，但其中与信息共享的实施程序相关的条文还存在过于模糊化的问题，这些行政法规中都使用了"有关部门"的关键词，然而，怎样解读"有关"的内涵？怎样明确"有关部门"的界限？这些语义不清的概念使得行政主体难以理解、工作难以展开。

所以，产权界定的不清晰、"委托－代理"造成的信息不对称、治理体系建设的不科学成为大数据背景下数据治理难的重要障碍，这也是我国数据治理急需解决的重要问题。

7.3　完善数据治理的政策构想

7.3.1　法律、规划自上而下谋划，明确"可为、不可为"边界

当前，我国 80% 的数据资源掌握在政府部门中，如此庞大的数据体量背后存在着很大的数据保护的隐患和风险。从国家层面看，政府数据作为国家的重要资产和战略资源，对国家安全、政治、经济都发挥着决定性作用，关系着整个社会的稳定[①]。对个人而言，政府进行数据治理必然会收集大量的个人隐私数据，在这一过程中个人的社会行为都会被记录，隐私泄露的风险大幅增加。鉴于我国在数据开放方面还未形成全面系统的整体规划，已有法律条文的涉及内容也不够清晰，明确"可为、不可为"的边界问题是现阶段政府在推行数据治理方面的首要任务。

政府产权边界约束制度架构的重要组成部分是正式制度的规范，

---

① 范灵俊，洪学海等.政府大数据治理的挑战及对策.大数据，2016，2（3）：27-38.

在数据治理中体现为制定明确的政治规则和法律条文。在政府规则、法律条文中，首先应当明确政府部门间（包括上下级政府、各部门之间）的产权界定问题，即明确哪方拥有数据的所有权，哪方拥有数据的使用权，哪方拥有数据的收益权。其次，划分各行政单位的权利与义务，并对拥有数据产权的部门设定提供信息的义务，尤其要规定不共享数据需要承担的责任，对未拥有数据产权的部门设定获取信息的权利。另外，数据治理该如何进行？这需要重点规范数据的性质、不同级别的行政机关共享的范围、信息共享双方对于保障数据更新及维护数据安全的义务和责任等。

7.3.2　引入市场竞争等自下而上的机制，创新数据治理经济模式

从公共经济学视角看，社会的发展会刺激对公共物品的需求，在这种情况下，单靠国家财政已远不能满足。此外，政府在公共事务中的高投入、高消耗和低效率、低收益问题已经严重阻碍了经济社会的可持续发展。利用市场机制，政府部门通过与多种所有制企业、社会组织和个人展开合作，把原来由政府承担的部分公共管理与服务职能适当让渡给多元化的市场主体，形成一种由公共部门与私人部门共同承担责任的机制，解决政府失灵[①]问题，提高资源配置的效率。有鉴于此，我国数据治理可以根据实际情况采取以下方式。

7.3.2.1　控股开发模式：与社会资本共同持股，局部开放

控股开发模式将国有企业的部分股票出售给私人或企业，实现产权关系的多元化，这既回避了完全私有化带来的公共产权的纠纷问题，又缓解了政府治理的低效现状。其中可借鉴的典型案例是，自 20

---

① 　政府失灵是指公共部门在提供公共物品时趋向于浪费和滥用资源，致使公共支出规模过大或者效率降低，政府的活动或干预措施缺乏效率，或者说政府做出了降低经济效率的决策或不能实施改善经济效率的决策。

世纪 70 年代末开始，英国首相撒切尔夫人及其改革的后继者主要采取向公众出售股份的形式，实现国有企业的撤资。这不仅在短期内获得了数百亿英镑的股份出售收入，还让企业有了自主权，绩效明显提高。英国航空公司走向国际领先地位也是很好的证明。现有尝试表明，我国交通部门数据资源开发利用的政企合作得到了不错的反响。因此，我国数据治理可以借鉴股权转让的模式，如交通部门将城市交通数据（如地铁运行、一卡通乘客刷卡数据、城市道路交通指数等）提供给社会的互联网企业控股开发，有助于把城市公共数据更好地利用起来。

7.3.2.2　拍卖模式：价高者得，完全市场化

由于数据价值的不确定性，直接对数据给出一个合理的价格是很困难的，特别是对数据交易的前期来说更是如此。故而可以采取拍卖策略以保证政府的利益，同时也能够兼顾市场原则。按照市场规则，将拍卖品在众多买家中进行公开叫价竞购，最后出价最高的买者获得产权。我国碳排放许可证实际上就是按照拍卖模式进行的。政府在"拍卖交易"系统中向市场出售为数不多的碳排放许可证，参与企业进行投标。随着价格的提升，投标者的收益不断降低，政府的收益在不断上升。当拍卖价格达到政府与企业之间估价的均衡时，便是经济学上的帕累托最优。数据治理也可以借鉴"拍卖－交易"模式，政府将稀有但可以公开的数据通过拍卖许可证的方式公开出售，有数据需求的企业可以公开投标，价高者得，从而实现市场均衡。

7.3.2.3　赎买模式：部分让渡权力，徐图渐进式

政府放权让利，将部分权力交给市场、交给社会，可以突破利益固化的藩篱。但是，对于涉及公共产权的产品，并非总是可以直接转让产权，有时要采取渐进式的转让。正如 20 世纪 50 年代中期，我国在社会主义改造中采取的赎买政策，即政府对资本主义工商业的改

造分阶段进行，最终通过和平赎买政策顺利地完成任务。在数据治理中，政府可以采取渐进式的试点政策。如上海市经信委牵头从 2015 年开始组织 SODA 大赛，先后以"城市交通""城市安全""城市治理"等为主题，渐进式地开放城市层面的数据，引导高校师生、企业、研究机构参与到比赛中，为城市建设提供更加优化的方案[①]。渐进式地开放大数据，不仅显示出政府在数据上的权威，而且能够鼓励社会充分利用已公开的数据，为解决城市问题提供创新思路。

7.3.2.4 契约模式：与研究和开发机构签订合同开发

政府契约外包是将项目对外承包给私人组织或非营利组织，中标者要与政府签订规范行为的约定，并按照合同的约定提供公共产品和服务。这种方式成为政府确定公共服务的数量和质量标准的很好的实践。从政府的角度来说，大数据治理的契约模式是政府向社会购买大数据治理服务，是政府运用市场机制与社会企业达成合作生产公共产品的契约及完成契约的过程。在我国，政企的契约模式在大数据治理中已经有了很好的尝试。2018 年《春运旅客出行预测分析报告》受到了大家的关注，这篇报告综合政府部门掌握的历年春运出行数据和春运服务体验调查数据，整合了百度、高德、携程、中国移动、中国联通、中国电信、摩拜等企业数据和技术资源，开发出干货十足的报告[②]。契约模式受到合作双方的青睐，今后在我国交通、医疗、金融领域会有发挥更大作用的空间。

7.3.3 以数据治理为契机，提升政府整体治理能力、完善政府治理体制

数据治理方式是对传统治理方式的重塑，政府在大数据的浪潮下

---

① 丁波涛 . 政府数据治理面临的挑战与对策——以上海为例的研究 . 情报理论与实践，2019, 42（5）：45-49.

② 郑磊 . 开放的数林：政府数据开放的中国故事 . 北京：上海人民出版社，2018.

应抓住机遇，破除政治的固有藩篱。第一，打破原先僵硬的条块化体系，促使官僚科层结构走向扁平化。公共事务的决策将不再只通过高层来制定，掌握其数据的相关部门和下级执行者也应该参与政策讨论，这样可以建立以公共问题解决为导向的各个部门之间的合作，鼓励开放数据，共同参与政策制定。同时，政策的制定和执行在互动中同步进行，这样可以将执行中出现的问题立刻反映出来，进行重新修正，有效地打破内部冗杂的问题。第二，从封闭型管理结构走向开放型治理结构。大数据将促使公共服务更加透明和开放，不仅缓解了政府上下级之间信息不对称的问题，而且为民众参与公共治理打开了新的渠道。例如贵阳市交通管理局推行的"数据铁笼"计划，警察的每一项公共行为都有数据记录，他们的执法活动更加规范，真正地将权力关进了数据的"笼子"里。第三，提供更加个性化和精准化的服务。智能信息技术能对民众的需求偏好信息进行多维度、多层次的细分，增强公共服务的针对性。换言之，大数据时代的政府可以提供更为个性化、精准化的专业服务。

参考文献

[1] Beyer，MA，Laney, D. The Importance of "Big Data": A Definition Gartner. Retrieved 21 June, 2012.

[2] 陈一. 我国大数据交易产权管理实践及政策进展研究. 现代情报，2019，39（11）：159-167.

[3] Demsetz H. Toward a theory of property rights. *American Economic Review*, 1967, 57（2）：347-359

[4] 代水平. 政府产权的理论逻辑及其边界约束. 北京：中国民主法制出版社，2014.

[5] 黎晓春. 政府与互联网经济平台由监管到合作供给"准公共产品"的路径探析. 经济论坛，2019（3）：50-55.

[6] 梁芷铭.大数据治理：国家治理能力现代化的应有之义.吉首大学学报（社会科学版），2015, 36（2）: 34-41.

[7] 胡建淼，高知鸣.我国政府信息共享的现状、困境和出路——以行政法学为视角.浙江大学学报（人文社会科学版），2012, 42（2）: 121-130.

[8] 张维迎，吴有昌，马捷.公有制经济中的委托人—代理人关系：理论分析和政策含义.经济研究，1995（4）: 10-20.

[9] 马亮.大数据治理：地方政府准备好了吗?.电子政务，2017（1）: 85-94.

[10] 范灵俊，洪学海等.政府大数据治理的挑战及对策.大数据，2016, 2（3）: 27-38.

[11] 丁波涛.政府数据治理面临的挑战与对策——以上海为例的研究.情报理论与实践，2019, 42（5）: 45-49.

[12] 郑磊.开放的数林：政府数据开放的中国故事.北京：上海人民出版社，2018.

第 8 章　管理学视角下的数据治理

　　随着信息技术的不断发展，数据与人们的生产生活联系得越发密切，数据挖掘、数据分析、数据安全等技术也渐渐地深入人类社会生活的几乎所有领域。面对爆炸式增长的超海量数据资源，如何利用其以更科学地制定政策、实现社会治理？如何将其应用于决策、营销和产品创新？如何利用相应的数据平台优化产品、流程和服务？所有这一切都离不开对数据的有效治理。数据治理是大数据、"互联网＋"等情境下孕育出的新的时代命题。

　　管理是指在特定的环境下，管理者通过履行计划、组织、领导、控制等职能，整合组织的各项资源，实现组织既定目标的活动过程[①②]。管理学是一门综合性的交叉学科，是研究管理规律、探讨管理方法、建构管理模式、取得最大管理效益的学科[③]。管理学是适应现代社会化大生产的需要而产生的，它的目的是研究在现有条件下，如何通过合理地组织和配置人、财、物等因素，提高生产力水平[④]。

　　基于管理学科视角，从管理学的基本假设及方法出发研究数据治

　　① 达夫特，马西克．管理学原理．北京：机械工业出版社，2010.

　　② 姚建明．战略管理：新思维、新架构、新方法．北京：清华大学出版社，2019.

　　③ 罗珉．管理学范式理论研究．成都：四川人民出版社，2003.

　　④ 陈世清．对称经济学 术语表（四）．大公网，2015-06-23.

理，在深入剖析数据治理存在的问题的基础上，提出改善数据治理水平的科学建议，这将为数据治理水平的大幅提升、充分实现数据资产在管理决策中的巨大价值产生重要影响。

8.1　管理学科的基本假设及基本方法

在管理学科视角下观察和分析数据治理，首先需要对管理学科的基本假设及基本方法有一个基本认识。

8.1.1　管理学科的基本假设

8.1.1.1　人性假设

管理的本质是通过对人性的正确认识而采取适宜的组织行为以提高组织绩效。个体的人是构成组织的核心要素，人是影响管理绩效的决定性因素。而正式组织中的人的行为依存于人的选择、动机、价值观、态度、效用评价、行为准则、理想。因而，要了解组织中人的行为，就必须对管理活动中人的观念和需要进行深入细致的研究。人性假设正是管理者关于被管理者需要的观念。所以，人性假设就成为研究管理绩效的人性论的基础。

（1）"经济人"假设

"经济人"假设又称"实利人"假设，这种假设源于享乐主义哲学和亚当·斯密关于劳动交换的经济学理论，是早期管理思想的体现。这一假设认为，人的行为动机源于经济诱因，在于追求自身利益最大化。

在企业中，人的行为的主要目的是追求自身的利益，工作的动机是为了获得经济报酬。资本家开设工厂是为了获取最大的利润，而工人工作则是为了获得经济报酬，只要劳资双方共同努力，大家都可得到好处。

"经济人"假设包括如下基本观点:第一,职工基本上都是受经济性刺激物激励的,不管是什么事,只要向他们提供最大的经济利益,他们就会去干;第二,由于经济刺激在组织的控制之下,所以职工在组织中的地位是被动的,他们的行为是受组织控制的;第三,感情是非理性的,必须加以防范,否则会干扰人们对自己利益的理性的权衡;第四,组织能够而且必须按照能中和并控制住人们感情的方式来设计,特别是那些无法预计的品质。

(2)"社会人"假设

"社会人"假设又称"社交人"假设,这种假设认为,人的最大需要是社会性需要,人在组织中的社交动机(如想被自己的同事接受和喜爱等)远比对经济性刺激物的需要的动机更加强烈。只有满足人的社会性需要,才能有最大的激励作用。

"社会人"假设可概括为如下几点:第一,社交需要是人类行为的基本激励因素,而人际关系则是形成人们身份感的基本因素;第二,从工业革命中延续过来的机械化使工作丧失了许多内在的意义,这些丧失的意义现在必须从工作中的社交关系里寻找回来;第三,与管理部门所采用的奖酬和控制的反应比起来,职工更容易对同级同事所组成的群体的社交因素做出反应;第四,职工对管理部门的反应能达到什么程度取决于管理者对下级的归属需要、被人接受的需要以及身份感的需要能满足到什么程度。

(3)"自我实现人"假设

"自我实现人"的概念是由美国心理学家马斯洛提出的。施恩在总结了马斯洛、阿吉里斯、麦克雷戈等人的理论后提出了"自我实现人"假设,并认为这种假设与麦克雷戈的"Y"理论假设是一致的。

"自我实现人"假设的基本内容是:第一,在人们最基本的需要得到满足后，就会转而致力于较高层次的需要，寻求自身潜能的发挥和自我价值的实现；第二，一般人都是勤奋的，他们会自主地培养自己的专长和能力，并以较大的灵活性去适应环境；第三，人主要还是靠自己来激励和控制自己的，外部的刺激和控制可能会使人降低到较不成熟的状态；第四，在现代工业条件下，一般人的潜力只利用了一部分，如果给予适当的机会，职工们就会自愿地把他们的个人目标与组织目标结合为一体。

（4）"复杂人"假设

施恩在 20 世纪 60 年代末至 70 年代的调查研究中发现，人不只是单纯的"经济人"，也不是完全的"社会人"，更不可能是纯粹的"自我实现人"，而应该是因时、因地、因各种情况而具有不同需要和采取不同反应方式的"复杂人"。

"复杂人"假设的基本内容是：第一，人的需要是多种多样的，而且这些需要随着人的发展和生活条件的变化而发生改变，每个人的需要都各不相同，需要的层次也因人而异。第二，人在同一时间内有各种需要和动机，它们会发生相互作用并结合为统一的整体，形成错综复杂的动机模式。例如，两个人都想得到高额奖金，但他们的动机可能很不相同，一个人可能是要改善家庭的生活条件，另一个人可能把高额奖金看成是达到技术熟练的标志。第三，人在组织中的工作和生活条件是不断变化的，因此会不断产生新的需要和动机。这就是说，在人生活的某一特定时期，动机模式的形成是内部需要和外界环境相互作用的结果。第四，一个人在不同单位或同一单位的不同部门工作会产生不同的需要。

（5）人性假设对管理及数据治理的启示

"经济人"假设和"社会人"假设的相继提出与古典管理理论及新古典管理理论的兴衰紧密相关。之后，人性假设理论又有了新的进展，管理学家和心理学家认为"经济人"假设与"社会人"假设还不能包括人性的全部，又提出"自我实现人""复杂人""决策人"等假设，这些假设与"经济人"和"社会人"等假设共同构成了当代管理学的逻辑起点。

治理实际上是管理的一种形态。在数据治理过程中，只有全面、系统地理解和把握人性，既能重视个人心理动机对于工作热情和工作积极性的重要影响，又能适时、适地地提供恰当信息以促进人的工作能动性和主动性的发挥，更能投资人力资本，提升人的知识创造能力，从而激活人的工作创造性，将人的工作积极性、能动性和创造性紧密结合起来，才能最大限度地提高数据治理的绩效。

8.1.1.2 管理主体假设

（1）传统看法：理性的经济人

传统管理学理论的管理主体概念是在其"理性的经济人"概念中被认识的。管理主体被看成是一个不偏不倚的"理性的经济人"，在管理实践中扮演着决策者的角色，他要求使满足达到最大和追求效用最大的结果。

（2）有限理性的管理人

"有限理性的管理人"假设建立在每个人都有的成就感上。当每个人都能够在自己行事的范围内自主工作并创造成就时，这本身就是一种巨大的激励，使其获得一种自己的创造力得以发挥的满足。基于"有限理性的管理人"假设的管理思路和管理方式则要求恰当的分权，让每个人在他所接受的授权范围内独立自主和创造性地工作、决策，发挥每个人最大的潜能并从中塑造人本身。此外，为保证企业目标的实现，要依靠严密计划下的决策一致性，以及相应设计的新型组织体系。

（3）后现代管理学派的看法

在后现代管理学家看来，管理主体问题实质上是管理的阶级本质问题；强调应将管理客体与管理主体糅合起来研究；管理是由占统治地位的管理主体制定，并为一定的阶级或者集团的利益服务的；强调管理者与被管理者对话的意义，呼吁不同的声音都应该被聆听、被接受，而且不同的要求应该体现在管理制度的设计上。

（4）管理主体假设对管理及数据治理的启示

管理学以激励积极性、提高组织绩效为最终目标，而管理主体（员工）往往被视为"术业有专攻、能力有高低、地位有区别"的个体。人作为管理主体和客体的核心，承担着不同的角色。数据治理的客观必要性主要就在于，在数据开发利用与管理过程中，经常出现各种各样的问题。例如，数据管理责任主体不明确，出现数据丢失等问题无责任人可查；数据管理效率低下，缺乏有效规章制度的制约；数据管理不规范，数据缺乏统一的标准；等等。这些问题的解决离不开管理主体的参与，离不开管理主体对被管理主体的激励及约束。

8.1.1.3　管理是科学还是艺术的假设

（1）管理的科学性

管理工作有其客观规律性。管理有一整套系统化的基础知识，管理学是由许多概念、原理、基本原则组成的知识体系。管理必须遵循一定的原则和方法，它不仅具有普遍性，而且反映了客观规律性。就管理工作有客观规律性、必须按照客观规律的要求办事而言，管理是一门科学，而且已形成科学。

（2）管理的艺术性

人们从实践中发现，管理工作很复杂，影响因素众多，管理学并不能为管理者提供解决一切管理问题的现成或标准答案。管理学只是探索管理的一般规律，提出一般性的理论、原则、方法等，而其运用则要求管理者从实际出发，具体情况具体分析，充分发挥各自的创造性，因而管理又是一种艺术和技巧。

（3）管理既是科学，又是艺术

管理的职能、管理的原则以及管理的任务和范围是具有普遍性的，它们不因国家、民族的不同而有本质的差别。但一般而言，管理工作方式却深受各国国情特征、传统与历史的影响，甚至为这些社会因素所决定；管理还要受具体组织文化的制约。然而反过来，管理与管理者也可以塑造社会和组织文化。所以，管理虽然是一种组织文化的知识，可应用于任何事务，但它也是一种"文化"，并不是"超越价值观"的科学。正是在这样的意义上，管理既是科学，又是艺术。

（4）管理的科学还是艺术假设对管理及数据治理的启示

在数据治理这种特殊形态管理的实施过程中，不仅要遵循管理学的一般规律，而且要结合数据治理的实际问题灵活处理，提升数据治理水平。数据治理不仅受正式管理规章制度的制约，还受组织文化的影响。同时，管理者也塑造着组织文化。进行大数据有效治理除需要不断完善相应的管理规章制度和组织结构外，还需要不断加强相应的数据治理文化建设。

8.1.2 管理学科的基本方法

管理方法是实现管理活动的管理目标的途径和手段。管理方法一般可分为管理的法律方法、管理的行政方法、管理的经济方法以及管理的教育方法。各种管理方法之间相互联系，构成了完整的管理方法体系。管理的方法体系将为有效提升数据治理水平提供强有力的支撑。

8.1.2.1 管理的法律方法

管理的法律方法指运用法律规范和具有法律规范性质的各项行为

规则进行管理。

　　管理的法律方法具有如下特征：1）利益性。在社会主义制度下，法律服务于最广大人民的利益，在管理系统中运用法律方法是为了提升整个系统的管理绩效，维护整体的正当利益。2）权威性。法律由国家权力机关颁布和确定，任何不遵守法律的行为都将受到相应的制裁，所以，法律方法具有权威性。3）规范性。法律规范运用严谨的语言阐明含义，是所有组织和个人行动的统一准则，对所有被管理者具有同等的约束力。4）强制性。法律法规的实施受到国家力量的保证。一经制定，将会强制执行，各利益相关方都需要无条件遵守。

　　管理的法律方法具有如下作用：1）保证必要的管理秩序。法律方法保证管理系统依照法律的规定运行，可以明确各方的权责，使各项活动有序进行，法律的约束力可以明确各方的义务和作用，减少系统间的摩擦，有利于系统的有效运转。2）加强管理系统的稳固确定性。法律方法将管理系统中的管理制度用法律的形式予以明确，各子系统必须严格执行，这就增加了整个系统的稳定性，保证其不受其他外部因素的干扰，提高了管理效率。3）促进管理系统的发展。法律方法可以促进系统内部的合理沟通，并在出现矛盾时起到有效调节的作用，因此可以促进管理系统的发展。

　　管理的法律方法的局限性在于：法律方法具有稳定性和规范性，但是缺乏灵活性，而管理对象往往是复杂的、易变的，法律不可能考虑到所有具体的管理活动和内容并都以法律的形式进行规定，所以不能期望用法律方法解决所有问题。也就是说，法律方法只能在有限的范围内发挥作用。

8.1.2.2　管理的行政方法

　　管理的行政方法指依靠行政组织的权威，运用具有强制性的命令、规定、条例等行政手段，对下属的工作进行管理。

行政方法的特征包括：1）权威性。行政方法的实施依靠的是管理机关及管理者的权威。领导的权威是行政方法实施的前提。2）强制性。行政权力机构和管理者发出的指令和命令对于下级具有强制性。管理者通过强制性实现控制的作用。3）垂直性。行政方法通过行政系统，按照行政层级来实施。命令自上而下下达，属于垂直管理，强调自上而下的领导和控制，不接受横向传达的命令。4）具体性。行政方法的实施对象和实施内容都是具体的，并且在实施的过程中可以因对象、时间和目的的不同而进行具体的调整。

行政方法的作用在于：1）有利于组织内部的统一集中决策，统一目标。便于复杂系统的集中统一管理，可以有助于上级的方针政策迅速得到贯彻执行，有利于保持系统整体的协调和稳定。2）是实施其他管理方法的必要手段。行政方法是实施管理活动过程中的法律方法、教育方法、经济方法的中介和桥梁。其他方法通过行政方法来贯彻和执行。3）便于发挥各项管理职能。行政方法便于管理活动的计划、组织、领导以及控制等职能的发挥，并可以协调各部门之间的工作进度和关系。4）便于对特殊问题进行特殊处理。行政方法具有迅速贯彻执行、时效性强的特点。对于出现的新问题和紧急问题等特殊问题可以及时、高效地处理。

行政方法的局限性在于：1）管理效果受到领导者水平的制约。不同于法治，行政方法主要依靠人治，管理效果受到领导者的认知水平和能力的影响。2）不利于调动下级的积极性和主动性。行政方法容易导致权力的集中，助长管理者的官僚主义作风，不利于被管理者发挥其主动性和创造性。

8.1.2.3 管理的经济方法

管理的经济方法指根据客观经济规律，运用经济手段调节不同经济主体之间的利益关系。主要手段包括价格、税收、信贷、工资、利润、奖金、罚款以及经济合同等。

经济方法的特点包括：1）利益性。经济方法通过利益机制引导被管理者对利益的追求，从而可以间接影响被管理者的行为。2）关联性。经济方法中的各种经济手段关系复杂，每一种经济手段和其他经济手段之间都具有较强的关联性，每一种经济手段的变化都将引起多方面经济关系的连锁反应。3）灵活性。经济方法的灵活性体现在管理对象和管理方式两个方面。针对不同的管理对象，可以采用不同的经济手段。而对于同一个管理对象，也可以根据情况的不同而采用不同的管理方式。4）平等性。经济方法承认被管理的组织或者个人获取自身经济利益的权力是平等的。对于所有相同情况的被管理者，经济手段具有同样的效力。

经济方法的运用要点：1）经济方法只有在正确运用的前提下才能充分发挥作用。经济方法需要结合其他管理方法，如教育方法等。因为人除去物质激励的需要，还需要其他方面的激励。利益刺激的作用正在逐渐减弱，而教育方法则正起到越来越重要的作用。2）需要注意经济方法的综合运用和不断完善，要发挥各个经济杠杆自身的作用，更要重视整体经济方法的协调配合。3）防止盲目迷信重奖重罚、以罚代管的倾向。

8.1.2.4　管理的教育方法

教育是指按照一定的目的、要求对受教育者从德、智、体等多个方面施加影响的一种有计划的活动。教育最主要的目的是提高人的素质。

教育方法的作用在于：教育的主要目的是提高人的素质，教育的内容涉及有利于个人素质完善的各个方面，人的素质通过教育和实践得以逐步发展和成熟。教育可以提升人的政治素质、文化素质、专业素质等，而对组织成员不断地进行培训教育，通过教育调动组织中个体的积极性和创造性则是管理者管理活动的重要内容之一。

教育方法的内容涉及思想道德教育、思维方法教育、专业知识教育、组织纪律教育、企业文化教育等方面。

教育方法是较好的管理方法，其行之有效的前提是采用适当的教育方式。较为适宜的教育方式主要包括：1）专业式教育。专业式教育需要由具有专业资质的权威人员来进行。2）示范式教育。示范式教育结合实际现场情境或模拟情景进行示范，可以取得较好的效果。3）互动式教育。通过开放的、平等的方式交流讨论出现的管理问题。4）启发式教育。通过晓之以理、动之以情，促进员工进行自我思考，从而使被管理者受到启发和感染，提升教育的效果。

8.2　管理学对数据治理的理解

在信息技术飞速发展的现代社会，数据正在以前所未有的方式不断增长和累积，可供个人、企业、政府乃至整个社会使用的数据越来越多，大数据时代俨然已经到来。

尽管大数据的应用已经逐渐形成一股浪潮，但在其应用过程中仍然存在着许多问题，且已经引起了不同领域学者的关注。比如，数据科学研究者关注前沿技术的开发，如何更高效地抓取、储存海量数据等；经济学家关注大数据的产业价值；法学学者关注大数据应用过程中涉及的法律问题，尤其是用户的隐私保护等；哲学家关注大数据应用背后的伦理问题等。那么管理学领域的学者应该如何着手对数据进行治理以使其得到更为规范、高效的应用呢？

随着旧数据的不断累积，在对旧数据进行应用时，往往会产生新的数据。因此，数据实际上是一种越用越多的资产。随着可用数据的不断增加，迎面而来的一个首要问题就是如何对超海量的数据进行治理，从而能够安全、高效地使用数据，最大限度地发挥数据所能创造的价值。只有在此基础上对数据进行利用，才能使现有的数据产生价值，进而赋能到组织的各种生产经营活动。从这个角度而言，研究管理学视角下的数据治理具有重大意义。

8.2.1　管理学视角下的数据治理需要破解的核心问题

图 8-1 反映了数据的一般生命周期。在从数据获取到废弃处理的完整过程中，数据治理需要重点应对或者破解以下几个问题。

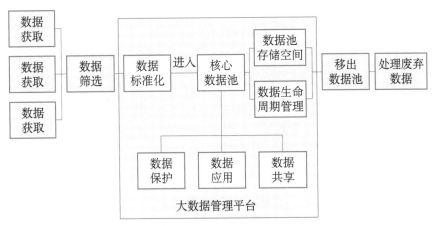

图 8-1　数据生命周期示意

8.2.1.1　大数据的隐私保护

如何在不泄露用户隐私的前提下挖掘数据的价值，是目前大数据研究领域的关键问题。具体而言，实施大数据环境下的隐私保护，需要在数据应用过程中的两个步骤采取措施，分别是大数据获取的合法合规以及获取后对平台所储存的数据的保护。

8.2.1.2 数据的质量管理

对数据质量进行管理是数据分析的一个前提。并非所有数据都能产生价值，因此，我们要将一般的数据与真正能够创造价值的数据区分开来。对数据进行筛选，以及使用标准化的流程和工具对数据进行处理，有助于获得高质量的分析结果。

8.2.1.3 数据价值变现能力及应用

数据价值变现是大数据存在与应用的基本意义所在。如果数据无法创造价值，那么花费巨大成本去储存和分析将毫无意义。数据价值变现的关键步骤在于将大数据与业务流程进行整合，因此，有效的数据治理以准确识别大数据的核心业务流程为前提。比如，在石油和天然气行业，钻探和生产就属于核心流程。在制订数据治理计划时，必须制订与石油钻机中的温度、流量、压力和盐度等传感器数据的保留期有关的数据管理策略。此类数据不仅储存成本较高，而且是规制部门在出现石油泄漏时，对开采商的行为进行合规性评估的依据。

8.2.1.4 数据生命周期管理

由于大数据环境下数据体量急剧扩大，各种社会组织面临相关规制和业务要求的挑战，需要决定何种数据应保留在运行和分析系统中、何种数据要予以存档、何种数据要予以删除。因此，这些社会组织需要做好数据的生命周期管理。数据生命周期指的是随着时间的推移，任何形态的数据内容都可能变得陈旧过时，用于满足用户认知或决策支持等用途的价值可能趋于减少，直至完全丧失。因此，如果缺乏对数据生命周期的管理，运营系统就必须管理全部数据，将所有数据都视为高价值并用一种方式全面进行管理，将会导致储存成本过高，使数据资源的应用效率低下。

8.2.2　管理学视角下数据治理核心问题的破解之道

基于管理学相关理论，可以从计划、组织、领导和控制等几个方面着手来破解数据治理过程中面临的问题。

8.2.2.1　强化计划

计划就是对组织未来活动的一种预先筹划，其中包括对组织的未来环境进行分析等，以此来确定组织的目标，并对目标的实施进行具体的规划和安排。计划是管理的首要职能，它指明了组织活动的方向，并保证各项活动有序进行。在进行数据治理时，我们需要通过强有力的计划预测未来发展，并进行有针对性的目标、措施、进度、资源保障等方面的安排。

8.2.2.2　优化组织

组织是为了保证管理目标的顺利实现而对组织系统进行设计以及对各单位成员在工作执行中的分工协作关系进行合理的安排。进行数据治理的社会组织应该确立与数据治理需要相匹配的组织机构，确立精准明确的责任分工体系并将这些安排制度化。

8.2.2.3　完善领导

这里的领导是一种职能，指管理者利用组织赋予的职权和自身所拥有的影响力去指挥、影响和激励他人为实现组织目标而努力工作的管理行为或者过程。在数据治理过程中，领导职能将发生一定的变化。比如，超海量数据的处理和应用就会要求管理人员必须快速、准确地依靠相关智能分析工具做出决策，并且带领团队执行决策，以抓住一切必须抓住并抓紧的机会。这一要求无疑会对管理人员的领导能力、领导风格等提出更高的要求。

8.2.2.4　严格控制

控制是为了确保实现组织目标而实施的监察、监督以及纠正偏差的管理活动。在一定意义上，治理就意味着更加严格的控制。也就是说，当有偏离数据治理目标的现象出现时，必须灵敏感知偏差的存在、精准界定偏差的性质状态、有针对性地制定纠正偏差的措施、及时有效地执行措施，彻底消除各种偏离目标的倾向和现象。

8.3　管理学视角下的数据治理问题及其成因分析

从管理学视角来看，数据治理过程中存在的问题主要可从数据治理活动的计划、组织、领导、控制等方面进行分析。

8.3.1　计划层面存在的问题

数据治理是对数据管理的一种发展，也可以说是一种强化。这种强化的需求，首先表现在计划层面。大数据时代的到来使国家、社会组织和个人都面临着瞬息万变的外部环境，管理者迫切需要提高计划、决策的准确性和有效性，以便更好地分析未来发展趋势，获取竞争优势。但恰恰在这个层面上，无论政府机构还是企事业单位都或多或少存在一些问题。

8.3.1.1　政府数据治理计划层面存在的问题

在全球范围内，利用大数据提高政府决策水平和治理能力是大势所趋，在这一方面中国政府已经走在了世界前列。然而尚存在一些亟待优化的问题。

（1）政府数据治理中的规划尚不健全

当前，为加快实施国家大数据战略、推动大数据产业健康且快速发展，工业和信息化部编制了《大数据产业发展规划（2016—2020年）》。为贯彻落实《促进大数据发展行动纲要》和国家大数据战略，我国多个省市专门出台了大数据的发展规划、行动计划和指导意见等文件，如《北京市大数据和云计算发展行动计划（2016—2020年）》《上海市大数据发展实施意见》等。

但是，目前出台大数据规划的省市集中在部分发达省份和城市，尚未覆盖全国部分省份以及绝大部分地级市及县域。另外，政府数据治理规划目前集中在宏观层面，微观指导性规划不足。

（2）缺乏统一规划标准、数据共享难

由于缺乏统一的数据产业分类统计体系及产业运行监测手段，无法根据市场需求进行统筹布局，这导致产业定位相似，同质化竞争严重。如目前 37 个省市中有超过 20 个提出建设面向全国的大数据创业创新中心、产业中心、应用示范中心等，发展方向同质化严重。

虽然政府大力推广电子证照使用、推动政府数据资源信息共享，然而，由于信息化建设初期缺乏统一的统筹规划，地方各级政府部门的业务系统建设标准不一，妨碍数据资源互通共享，普遍存在数据资源分散、数据标准有差异、数据库版本多样、数据转换难等问题，增加了数据共享中的改造、对接和维护成本，使得数据资源失去了应有的使用价值。

8.3.1.2　企业数据治理计划层面存在的问题

（1）企业数据治理在商业层面发展较好，对技术层面的革新较少

目前，企业对于大数据的应用更多是在商业层面（表层），在产品外形创新、营销模式上应用大数据取得了一些成绩；但是对技术层面（底层）的革新较少，数据的通用性和平台之间的合作不足。

（2）重描述性及预测性分析，深层次的决策性指导偏少

目前，在大数据应用的实践中，描述性、预测性分析应用多，决策性指导等更深层次的分析应用偏少。在数据治理过程中，在积极利用大数据进行预测分析的同时，应注重加强利用大数据进行决策的能力的构建。

8.3.2　组织层面存在的问题

在数据治理的过程中，合理的组织架构将大大提升数据治理的效率和质量，而不合理的组织架构将极大阻碍数据的收集、流动与处理过程，甚至导致数据治理的失败。数据治理涉及大量活动和环节，单靠某个部门是难以实现的，但是多个部门间的协作又会带来沟通、协调、权责分配等问题。多个部门间的有效协作需要依靠有效的组织架构来实现。当前，我国数据治理实践中面临的组织方面的问题包括如下几方面。

8.3.2.1　政府系统对数据治理统筹协调能力不足

不同行政层级所具备的能力不同，对于数据的治理能力也不尽相同。在政治激励的"层层加码"下，承担数据治理的多数是区、县、乡镇等政府部门。由于区、县、乡镇政府不是完整的一级政府，因此在部门职能设置上不如省市政府完善，不具备数据治理中的统筹协调能力，无法协调好各部门利益。这导致部门间利益割据，共享部门信息困难，存在数据壁垒，无法打通信息共享，"信息孤岛"现象仍然很常见。在这种情况下，虽能勉强维持数据治理，但无法给民众提供更加便捷、精准的公共服务。即使有再强的政治激励与经济激励支撑，也无法改变缺乏数据给数据治理带来的致命伤害。

8.3.2.2　企业数据治理存在组织权责不清、组织架构不能有效支撑大数据实施的问题

在推进数据治理组织架构建设的过程中，相当多的企业存在诸多部门及其员工一起涌入的现象，这使得各部门、各组织成员职责分配不清晰，权责不统一。同时许多组织成员除了负责数据治理的相应业务外，还需要承担原有的传统工作，这更加剧了权责混乱的情况。在这一混乱的关系下，组织难以有效监管数据治理活动，数据治理业务整体效率低下。

很多企业或机构在实施大数据的时候，只是简单地建立大数据技术部门，仅从技术、算法角度进行了考虑。企业往往不能科学地考虑大数据团队内部应该招聘和培养哪些方面的人才。同时，更不会考虑不同大数据团队和业务部门如何更好地协同作战，导致大数据不能充分有效地在业务场景中落地。

8.3.3　领导层面存在的问题

数据治理不仅需要战略制定和组织建构等顶层设计环节，而且依赖于组织成员对于战略的贯彻和执行。而组织是由具有异质性的个人组成的，组织成员并非只追逐组织目标的实现，他们也有自己的个人目标[1]。因此，如何平衡与协调数据治理中的组织目标和成员个人目标，成为数据治理过程中必须思考的问题。

基于管理学的视角看待上述问题，我们发现组织中的管理者可以通过实施领导职能，将组织成员的精力引向组织目标。具体来说，管理者需要确立有效的领导方式，在组织中进行有效的沟通，使成员充分理解组织的战略目标，并通过恰当的激励手段使成员积极地为实现

---

[1]　焦叔斌,杨文士.管理学原理.北京：中国人民大学出版社,2014.

组织目标做出贡献。

8.3.3.1 政府数据治理领导层面存在的问题

通过对数据治理文献及案例研究的探索发现[1][2]，当前政府部门在领导层面存在的问题主要包括：

（1）没有对"数据治理"形成正确认识

无论是官员还是基层工作人员，都有人对"大数据"存在着不客观、不准确的认知，要么认为大数据徒有其名，并不重要，要么认为大数据无所不能，是"包治百病的神药"。连大数据是什么、到底能做什么都一知半解的人也就很难期待他们能够高效地完成组织数据治理的目标了。出现这种问题的根本原因在于他们没有对国家的大数据战略进行充分的理解，没有意识到数据治理对于国家发展的重大意义。

（2）人才缺失

目前在政府内部，精通数据技术的专业型人才流失严重，与此同时，既懂数据技术又懂政务的复合型人才稀缺。出于待遇和职业发展的考虑，不少专业型技术人才流向企业。而在我国基层公务员队伍中，接受过有关数据技术训练的人非常有限，多数人仅能完成基础的数据处理和简单的分析工作，其中一些大龄人员在使用智能设备上仍存在一定困难。这种现状意味着在政府数据治理过程中，不仅缺少数据技术人才，而且大部分成员的数据能力也有所欠缺。

（3）奖励机制不明确，基层工作人员缺乏积极性

数据治理的基础环节通常是由政府的基层人员完成的，但是由于缺乏应有的激励，成员通常无法明确感知工作付出的回报，虽然法规

---

① 丁波涛.政府数据治理面临的挑战与对策——以上海为例的研究.情报理论与实践，2019，42（5）：41-45.

② 安小米，白献阳，洪学海.政府大数据治理体系构成要素研究——基于贵州省的案例分析.电子商务，2019（2）：7-21.

制度规定了基层人员的数据责任，但其缺乏从此项工作中获得的回报和收益，因此积极性不高、责任心不强，这会导致一系列有损数据治理效能的问题发生。

（4）组织间的数据共享存在阻碍

数据治理的组织目标是为了提升公共管理效率，增强政府管控能力，提升公共服务质量，促进数字资产的保值增值。部门间的数据共享可以促进数据的利用率提升，有助于组织目标的实现。然而，由于数据共享过程中存在着一定的泄密风险，不少官员秉持着多一事不如少一事的原则，很少主动完成共享行为。甚至有人将数据看作是自己或者所在部门的政绩，将数据紧紧握在手中，即使其他部门提出要求，也拒不共享。

8.3.3.2　企业数据治理领导层面存在的问题

与政府数据治理不同，企业关于数据治理的相关岗位、角色的定位更为清晰，甚至有企业专门为此调整了自己的组织架构，并广纳专业人才，帮助企业完成数据治理，大力推进企业的数字化转型进程。不过正是由于这个原因，企业数据治理出现了新的痛点。

（1）数据治理存在多维领导，权责不清

在企业中，与数据治理相关的负责人可能不止一位。企业中的高级管理人员作为决策者，对于数据的使用有着决定性的影响，因此他们通常会依据企业的战略目标对数据治理的诸多环节提出要求。业务部门主管更清楚数据的产生过程，因此可以更准确地把握其对组织的真实价值，往往会对数据治理过程进行有利于自己部门的调整。而作为 IT 专家，数据技术人员会更多地单纯从数据技术的角度出发对数据治理过程施加影响。这三者的出发点和知识结构都有差异，因此对于数据治理有着不同的理解，他们所形成的多维领导结构会导致数据治理的不明确。举例来说，高级管理人员希望做一个覆盖全业务和技术域的、大而全的数据治理项目，可以基于数据全生命周期完成数据治理。而不同的业务部门主管则希望能够对其具体业务流程中的某些重要数据流进行重点治理，从而更好地帮助开展业务。与此同时，技术专家指出，由于受到技术的限制，很难顾及这么多方方面面的关系，只能有选择地对数据进行清洗筛选和大范围去除。此时，要确保数据治理的效能，就需要良好的沟通和协商来平衡和处理各方诉求之间的矛盾。

（2）数据治理流于形式化，忽略人的主观能动性

不少企业已经充分认识到数据的重要性，因此纷纷成立专门的团队对数据进行管理和治理。这就导致一个问题，那就是不少其他部门的员工会认为数据治理就是技术人员的工作，与己无关，只需要按照既定的流程标准机械地完成技术部门派发的数据处理任务就可以了。所谓的数据治理往往会流于形式，员工既感知不到数据的重要性，也不会将数据思维代入自身的工作当中，也就不会积极主动地参与数据质量管理，这对于企业来说是非常致命的。如果不能及时认识到这一点，厘清业务部门和技术部门在数据治理中的权责关系，并调动员工参与大数据质量管理的积极主动性，那么数据质量将无法保障，数据治理的效果也就无从谈起。

8.3.4 控制层面存在的问题

控制作为管理的四大职能之一，是指为了确保目标得以实现，根据事先确定的标准对计划开展的情况进行测量和评价，并在出现偏差时及时纠正的过程。控制往往伴随着管理的全过程，在计划、组织、领导等前期准备工作充足且完备的基础上，对具体活动进行追踪，对管理客体施加影响，使得管理目标能够顺利实现，并将信息反馈到计

划等基础职能上，使管理形成一个可以自我调节的闭环，在螺旋上升的过程中实现不断优化。具体来讲，控制过程分为三个重要步骤：衡量、比较、纠正。当前，在数据治理过程中，在控制层面面临的主要问题包括如下几方面。

8.3.4.1　政府数据治理控制层面存在的问题

（1）数据治理控制目标不清晰

实现对数据治理活动的有效控制，首先需回归到数据治理的目标上，从目标出发进行控制体制的设计。对于不同的主体来讲，对数据治理的目标与期望是不同的。相对于传统数据管理，数据治理的目标将更加集中于以下四个方面：一是数据收集与存储过程中的数据标准管理问题；二是数据处理过程中的数据质量管理问题；三是数据应用过程中的数据结构管理问题；四是数据使用全过程中的数据安全管理问题。但是在数据治理实践中，究竟以哪一个或者哪几个方面的目标为主，往往是含混不清的。如果目标不清楚，就难免会在实践中出现南辕北辙的现象，甚至出现一个组织的各个部分做事情各奔东西、效能被相互抵消的现象。

（2）数据治理绩效评估体系不健全

当前，政府的数据治理绩效评估体系尚不健全。在数据治理绩效评估中，控制所关注的重点有三个：衡量什么，怎么衡量，由谁来衡量。衡量什么的问题即确定衡量的标准，这也是控制过程的起点，一般情况下会将管理客体活动分解为能够量化的工作，制定尽量客观的衡量标准。怎么衡量的问题与衡量标准息息相关，在制定衡量标准时就应考虑被衡量指标是可观测和获取的，而观测及获取的信息将成为衡量的依据。另外，还要确定衡量主体的问题，一般衡量的主体有上级、同级和自身，总之应尽可能从多维度视角审慎地评价衡量信息。

8.3.4.2 企业数据治理控制层面存在的问题

（1）数据治理控制中的执行不力

目前来说尽管很多企业出于对数据规范的重视，不同程度地开展了数据标准和规范体系的建设，但这套标准规范体系的执行程度如何、认可度如何并没有引起企业足够的重视，这就很有可能导致数据标准和规范只停留在文件阶段，而在实际数据治理过程中依然面临无章可依的局面。因此，数据治理不应仅仅停留在相应规范的建立上，规范的有效性、采用率等过程指标在后续执行过程中也应被充分考虑，用以评估数据治理的效率和效果。

（2）企业数据治理监管体系不健全

实现企业数据治理的效果离不开健全的监管体系。目前，部分企业在数据治理过程中存在治理监管依据不健全、监管方式单一、监管人员队伍质量参差不齐等影响企业数据治理有效监管的问题。

8.4 关于解决我国数据治理若干问题的对策建议

8.4.1 计划层面的对策建议

8.4.1.1 政府数据治理计划层面的对策建议

（1）顺应时代潮流，树立坚定正确的数据治理理念

面对大数据时代的到来，地方政府要积极转变治理理念，在意识层面形成对数据治理理念的准确把握，这是地方政府应用大数据提升治理能力的前提条件和核心因素。

在大数据时代，领导干部必须深刻认识到大数据在提升政府现代化治理能力中举足轻重的作用；通过开展大数据培训或者自学信息技术相关理论，养成用数据说话、以数据为决策依据的数据治理思维；

认识到数据对于数据治理的重要性，公开数据、共享数据、高效利用数据，打造透明政府。以当前国人关心的空气质量问题和环境污染问题为例，要想解决好这个问题，就要提高环境管理的系统化、科学化、法治化、精细化和信息化水平。

政府在数据治理过程中要充分认识政府数据治理的重要性，厘清大数据应用的价值理性和技术理性。大数据技术要服务于公共价值导向，避免技术决定论。习近平总书记指出，在运用大数据时"要坚持问题导向，抓住民生领域的突出矛盾和问题"。大数据旨在服务于国家治理现代化，致力于民生服务的"痛点"，而不是停留在积累数据的层面。政府应着眼于公共服务和政策的核心问题，积极建设数据工程，提出基于大数据的解决方案。特别是在身份识别、认证和审批等关乎民生福祉的公共服务方面，大数据可以实现跨域信息的关联和汇聚，提高企业和民众的办事效率。

（2）加强政府数据治理的科学规划和顶层设计

大数据作为一项国家战略，应具有统一的收集、共享和应用规则。中央政府在大数据基本规则方面具有引导和强制作用。首先，制定大数据收集的统一标准，以便不同部门和不同地区之间大数据的共享更加方便。其次，把数据开放和共享上升到国家法律层面，虽然已有《中华人民共和国政府信息公开条例》对政府信息公开的种类、公开程序等做出了原则性规定，但仅限于政府信息方面，对于大数据时代的政府和非政府数据缺少应有的规定。建议制定《信息自由法》，以法律形式对政府部门有关数据开放、共享等基本规则做出规定。再次，制定信息安全规则，保障公民、企业和国家数据安全，不受各种形式的困扰与侵害。最后，通过政府立法等制度建设，对各行各业如何安全使用数据进行有效监管。

（3）统一数据治理的规划指导标准

国家层面应尽快出台数据权利相关的规范标准，制定数据采集、政府数据开放、数据交易、安全等相关的标准体系；鼓励有条件的地方政府、行业组织、企业推进数据标准体系、交易公约建设等工作，让数据的流通和交易在公平、透明、安全的规则下运行，为政府数据治理高效、标准地运行提供保障。

8.4.1.2 企业数据治理计划层面的对策建议

我国企业应当聚焦数据治理在计划层面的四个基本要素：应用场景、数据产品、分析模型和数据资产。

企业着手实施数据治理要着重考虑这四大方面，管理者需要在这四个方面做好规划，才能给企业带来更好的业务价值。

企业需要确定不同大数据业务投入的优先级，确定大数据的切入点；在确定了大数据业务投入的优先级后，我们需要考虑的是如何通过数据产品来帮助提升业务绩效；数据产品背后的"黑洞"是数据模型。数据的堆砌不会创造太多的业务价值，需要通过数据模型、数据挖掘方法来实现海量数据的商业洞察；只有我们合理地整理企业所拥有的数据并整合有利于业务发展的外部数据，形成系统化的管理，才能很好地形成企业的数据资产。

8.4.2 组织层面的对策建议

8.4.2.1 政府数据治理组织层面的对策建议

（1）形成与数据治理相适应的人力资源体系

政府数据治理的关键在人。为此，我国既要在政府中形成一支高素质的大数据人才队伍，也要促进政府工作人员大数据意识与能力的普遍提升。一是提升政府工作人员的大数据意识；二是培养既懂政府业务又熟悉大数据的复合型人才队伍。

（2）健全数据治理组织机构

建立高层领导牵头的数据治理委员会，形成强有力的跨部门协调机制，消除既得利益对数据采集、共享、开放和利用等工作的干扰；建立政府部门的首席数据官（CDO）制度，由 CDO 专门负责本部门的数据治理以及跨部门的数据共享事宜，促进大数据与政务业务的深度融合[①]。

8.4.2.2　企业数据治理组织层面的对策建议

（1）建立科学的数据治理组织体系

数据治理的实施绝不是一个部门的事情，在单一部门内难以得到有效实现。因此，需要从整个组织的全局性视角考虑，建立专业清晰的数据治理组织架构，理顺现有的数据治理体系，明确其中的权责关系。其中的一个关键就是保证 IT 部门与业务部门之间，以及各业务部门之间的长期有效协作。只有建立专业的数据治理组织体系，培养整个组织的数据治理意识，才能保证数据治理过程中数据的质量以及各治理行动的效率，从而为关键业务和管理决策提供支持。总体上，数据治理组织体系应如图 8-2 所示。

首先，为了推动数据治理的有效进行，应成立数据治理委员会，确定数据治理计划的总体方向，进行组织内跨业务部门之间的协调，对组织成员进行有效激励，以确保数据治理在整个组织内获得支持。

在数据治理委员会之下，需要确立具体的数据治理工作组。企业根据自身需要，设立相应的项目小组或者部门，负责管理数据治理的日常运行，监控日常工作开展情况，推动相关制度的落实以及具体问题的解决。

---

① 丁波涛 . 政府数据治理面临的挑战与对策——以上海为例的研究 . 情报理论与实践，2019，42（5）：41-45.

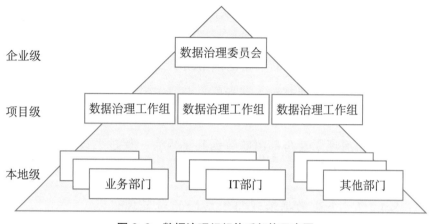

图 8-2　数据治理组织体系架构示意图

最下层是具体的各业务部门及 IT 部门。各业务部门负责信息的产生与传输，IT 部门完成存储、处理、更新、注销等活动。业务部门及 IT 部门内各工作人员负责本部门的具体数据治理活动。

（2）选择适合的组织模式：实体组织模式 / 虚拟组织模式

当前，在我国部分企业的具体实践中，数据治理组织体系可以分为两类：一是实体组织模式；二是虚拟组织模式。两种类型各有优劣，各有其所适用的不同组织情境。

实体组织模式是指针对数据这一企业资产设立独立的部门来集中进行运营和管理。组织通过建立一个独立的数据治理部门，由该部门统一负责各方面的具体管理工作。这种模式有利于各种数据治理政策的落实和数据治理业务的推动，也有利于明确组织数据治理的各权责归属，打破传统的部门壁垒，推动各部门间的协调合作。并且，随着实体的独立部门的设立，部门内组织成员能拥有明确的工作目标，以数据治理相关工作为己任，有利于提升部门内人员的工作积极性。但实体组织的设立往往伴随着对现有组织架构的较大冲击，存在较高的设立成本和设立阻力。

虚拟组织模式是指不设立新的独立部门，仅从职责上设立相应的数据治理组织。在这种模式下，数据治理组织内各层工作由现有的部门或成员负责。这种模式对现有的组织架构冲击较小，相应的成本和阻力也较少，更容易建立。但是，在执行数据治理具体业务的时候，这一模式可能面临执行难的问题。由于虚拟组织模式通常由一个部门牵头，因此导致其他部门的参与度较低。组织内的大多数员工都是兼职上岗，因此可能出现权责模糊的情况，数据治理业务本身对成员的激励不强。

这两种组织模式都不是十全十美的，关键在于应当根据组织的发展阶段和战略目标选择更加适用于组织当前现状的模式。

8.4.3　领导层面的对策建议

为了更加协调有效地实现数据治理，我们需要从领导与激励的视角看待数据治理中的具体问题并探索其解决方案。

一般而言，成员在执行计划的过程中偏离组织目标主要有以下四类原因：1）成员对组织战略目标的理解不清晰，由于不知道组织目标或者对组织目标理解有误，成员可能在执行计划的过程中朝着错误的方向努力，导致偏离组织目标；2）成员不具备相应的能力，即使成员清楚组织目标，由于自身能力的限制，也会导致其无法对组织目标的实现做出贡献；3）成员积极性不高，即使成员清楚组织目标并且有能力完成组织目标，也会因缺乏激励从而缺乏完成组织目标的动力；4）个人目标与组织目标存在冲突。

在不同的组织中，由于战略目标的差异，组织成员在执行组织制定的数据治理计划时遇到的具体问题往往会有所区别，因此为了能够更精确地对问题进行甄别分析，本节将治理主体分为政府与企业，分别对其数据治理问题及解决方案进行讨论。

8.4.3.1 政府数据治理领导层面的对策建议

（1）尝试建立数据利益补偿机制

数据价值往往存在感知差异。在一个部门眼里可能是"垃圾"和"废物"的数据，在另一个部门眼里却可能是"宝藏"和"金矿"[①]，对前者而言，数据工作投入多、回报少，但其数据有助于提升政府大数据工作的整体效能。对这类部门和人员应给予一定的利益补偿或政绩激励，增强其工作积极性。

（2）建立统筹协调、权责对等的领导与激励体系

首先，需要建立一般的奖惩体制，提升基层工作人员对于数据收集工作的责任心，保证数据质量。其次，针对不愿共享数据的个体，应当根据个人情况进行特殊激励，促进数据共享。

（3）通过培训等方式，提升员工对数据治理的理念认同及技术能力

管理者应当及时传达并准确解读国家大数据战略，帮助成员建立正确的数据观，使其能够正确且客观地看待数据对于推动发展的作用。可以通过举办讲座、开展分享会、知识竞赛等手段帮助成员树立正确的数据治理观念。

管理者应加强数据技术的相关培训，提升现有成员的数据技术能力，培养既懂技术又懂政务的复合型人才；同时改进现有的待遇标准，吸纳更为专业的技术型人才。

8.4.3.2 企业数据治理领导层面的对策建议

（1）理顺领导体制，明确角色定位

明确不同的数据治理岗位和角色之间的关系，并确立其权责范围，保证在特定的数据治理范畴内只存在单一领导，避免冲突领导出现的可能性；或者设立特殊的调解人员，如首席数据官（CDO），负

---

① 马亮.大数据治理：地方政府准备好了吗?.电子政务，2017（1）：77-86.

责处理可能出现的矛盾和冲突。

（2）建立数据质量追责机制

明确不同部门不同岗位的数据治理权责，一旦出现数据质量问题，需要追责到个人，从源头上解决由于员工的不负责所导致的数据质量问题。

（3）加强企业数据文化建设

管理者应当促进企业形成数据文化。管理者应启发和激励员工积极参与数据治理的过程，培养员工的数据思维，提升其利用数据解决问题的能力。这可以使员工对数据产生一份责任心，从而激励员工自发参与数据质量管理的过程。

8.4.4　控制层面的对策建议

8.4.4.1　政府数据治理控制层面的对策建议

（1）建立数据产业的统计体系及运行监测机制

为提升政府对数据治理的监控能力，一是从国家层面明确数据产业的分类，构建数据产业发展统计体系，建立针对共享开放程度、大数据应用水平、产业创新能力等内容的统计指标、统计方法；二是建立数据产业监测机制，加强产业运行情况监测、分析和研判，提高数据产业发展运行监测和风险预警能力。

（2）完善政府数据治理绩效评估及问责机制

政府首先要保证政务数据资源的良性发展，在制定绩效考评体系的时候，还需要将电子化政府的成熟度指标纳入其中，避免电子化政府流于形式。对于形式化的电子化政府与数据造假的现象要严格启动问责机制；对于出现的数据安全问题，既要追究直接的责任主体，也要调查政府在监管中是否存在漏洞、是否有不作为的表现。

8.4.4.2　企业数据治理控制层面的对策建议

（1）加强数据治理的标准化管理

企业作为大数据时代信息的重要产生者和消费者，应当加强对数据标准化的管理，使得自身数据结构更为清晰，有利于后续的应用与追踪，同时这种标准化还将有利于打破不同主体间的信息屏障，提高数据治理的整体效率。

（2）建立企业大数据平台，改善数据治理绩效

加强企业大数据平台建设，建设统一的数据交换平台，提供通用的跨部门和跨地域的数据资源交换共享服务功能，由以前的点对点共享转为网状共享，既促进制度化数据共享机制的形成，也实现企业对大数据的申请、审核、交换和利用的全流程监管。

（3）建立健全数据监管机制

首先，企业要制定数据监管方面的制度标准，使数据监管体系化与制度化。其次，企业要成立专门的监管机构与监管队伍，保证大数据监管的专业化与常态化。最后，企业要探索协同监管机制，加强与政府、科研院所的合作，提升协同监管能力。

正如卡内基梅隆大学海因茨公共政策管理学院及信息管理学院院长 Ramayya Krishnan 所言："大数据具有催生社会变革的能量，但是释放这种能量需要严谨的数据治理、富有洞见的数据分析，以及一个激发管理创新的环境。"总之，数据治理的有效实施离不开对数据治理管理的参与，卓越的管理将推动数据治理迈向更高的台阶。

参考文献

[1] 达夫特，马西克. 管理学原理. 北京：机械工业出版社，2010.

[2] 姚建明. 战略管理：新思维、新架构、新方法. 北京：清华大学出版社，

2019.

[3] 罗珉. 管理学范式理论研究. 成都：四川人民出版社，2003.

[4] 陈世清. 对称经济学 术语表（四）. 大公网，2015-06-23.

[5] 焦叔斌，杨文士. 管理学原理. 北京：中国人民大学出版社，2014.

[6] 丁波涛. 政府数据治理面临的挑战与对策——以上海为例的研究. 情报理论与实践，2019，42（5）：41-45.

[7] 安小米，白献阳，洪学海. 政府大数据治理体系构成要素研究——基于贵州省的案例分析. 电子商务，2019（2）：7-21.

[8] 马亮. 大数据治理：地方政府准备好了吗 ?. 电子政务，2017（1）：77-86.

第 9 章　数据科学视角下的数据治理

数据科学的目标是将现实世界映射到数据世界，并用在数据世界中挖掘出的知识去影响和改进现实世界。数据治理是数据科学需要研究和解决的重要课题之一，一整套数据科学理念和方法为数据治理提供了理论原理和技术方法方面的支持。当前我国的数据治理面临多个问题，包括数据安全、数据质量以及数据规模等，数据科学已经形成有针对性的解决方案。

9.1　数据科学基本假设与基本方法

在数字经济时代，数据是堪比人、财、物等生产要素的资源，也是具有战略意义的资产。2006 年，英国科学家克莱夫·哈姆比（Clive Humby）提出"数据是新能源"①这样一个说法。他认为数据具有极高的价值，但需要经过提炼才能使用。这一观点得到了越来越多学者的认同。

随着信息技术的飞速发展，今天的社会每时每刻都在产生大量数据。例如，人们日常生活中浏览的网页，购物、手机定位形成的数

---

① https://www.theguardian.com/technology/2013/aug/23/tech-giants-data.

据，以及传感器、摄像头、路由器等大量电子设备产生的数据。这些数据源源不断地产生，把物理世界的万事万物一一映射成一个数据世界。

通过对这些数据进行挖掘分析，政府或企业可以做到更加精准地洞察和预测，从而丰富治理或运营的手段和方式。数据正成为一切管理和决策的依据，以及与人力、资本同样重要的生产力要素。我们应该像重视石油、土地、森林这些自然资源一样重视数据资源，必须有效地对数据进行收集、管理和使用。

数据科学是一门研究如何对数据进行分析，从中抽取信息和知识的学科[①]。它研究数据的各种类型、状态、属性及其变化规律，并且研究各种方法，对数据进行分析，从而揭示自然界和人类行为等现象背后的规律。

9.1.1　数据科学的基本假设——数字孪生

我们可以用"数字孪生"（digital twin）这个概念来形象地阐述数据科学的基本假设。从数据的角度来看，世界是由实体和联系构成的，可以采用 E-R 模型[②]（entity-relationship model）等来刻画世界，并且在数字世界里用数据来表达物理世界（见图 9-1）。因此，我们可以认为，在数字世界中，有一个与物理世界对应的数字孪生。换言之，就是物理世界对象的变化可以以数字的形式在数字世界中反映出来。另外，人们可以在数字世界里探索和认识物理世界，发现其规律或者构建机器学习模型，以预测物理世界的变化趋势，甚至通过决策、建议等形式去影响物理世界。因此，数字孪生和物理世界之间存在双向映射，分别是认识世界（从物理世界到数字世界）和改造世界

---

① 覃雄派,陈跃国,杜小勇.数据科学概论.北京：中国人民大学出版社，2018.

② E-R 模型，即实体联系模型，是数据建模的重要模型。

（从数字世界到物理世界）。

数字孪生

图 9-1　数字孪生示意图

资料来源：https://www.mouser.com/applications/digital-twins-offer-insight/。.

9.1.2　数据科学的基本方法——第四范式

第四范式（The Fourth Paradigm）是图灵奖获得者吉姆·格雷（Jim Gray）在 2007 年给美国国家计算机科学与电信委员会（Computer Science and Telecommunications Board）的一次报告中提出的[①]。吉姆·格雷认为，科学的第一范式是早期人类对自然现象的经验性总结。第二范式则是理论分析，采用模型对自然现象进行归纳。而第三范式重视实验仿真，企图模拟复杂的现象。第四范式是伴随着数据爆炸发展起来的，综合理论、实验和仿真，强调收集数据并对数据进行挖掘分析。

具体而言，数据科学的基本方法一般分为以下四种。

9.1.2.1　数据采集与汇聚

为了解决复杂问题，首先需要采集能记录复杂问题所涉及的物理

---

① Tony Hey，Stewart Tansley，Kristin Tolle. The Fourth Paradigm: Data-Intensive Scientific Discovery. Microsoft Research, 2009.

世界中有关对象实体和联系的数据，然后对采集的数据进行整理。数据的规模不同，类型多样，产生速率也不相同。这些都对数据采集的工具带来了严峻挑战。现实中的数据还往往以 Word 文档、PDF 文件、网页等非结构的形式存在，因此，需要专门的数据抽取工具将其转换为结构或半结构的形式，以方便后续处理。

9.1.2.2　数据建模、组织和管理

为了方便数据的使用和探索，需要对数据进行建模、组织和管理，各种数据管理工具应运而生。比如，我们需要制定元数据[①]，以保证数据的一致；需要构建统一的数据模式，以集成不同来源的数据；需要有效完成对数据的存储、索引和查询。没有经过妥善管理的数据是难以使用的。

9.1.2.3　数据分析与数据挖掘

探索数据是数据思维的基本活动，包括开发数据分析和数据挖掘软件，发现数据中隐藏的规律，以及使用数据训练神经网络等。传统的数据挖掘技术包括关联分析、分类、聚类等。近年来深度学习的兴起为数据分析和挖掘带来了强有力的武器。结合大数据、云计算和深度学习方法，我们可以从数据中推测出更多更精确的结果，例如，大选的结果、疫情、交通流量等。

9.1.2.4　数据可视化

向用户提供图形化的结果展示工具。这种直观的展示分析结果有利于人们理解结果、发现规律。数据可视化主要是借助图形化手段，清晰有效地传达和沟通信息。数据可视化并非单纯地追求美观，而是为了有效地传达思想概念，实现美学形式与功能需要的齐头并进，通

---

① 描述数据的数据，主要用于描述数据的属性信息。

过直观地传达关键的方面与特征，进而实现对于相当稀疏又复杂的数据集的深入洞察。

9.2 数据科学对数据治理的理解

对于数据治理，目前尚未形成完全一致的定义。总体来看，目前在数据科学领域，关于数据治理的定义可分为三个层次[①②]。

从微观层次来看，数据治理是对数据的全生命周期管理，表现形式为信息系统。

从中观层次来看，数据治理从属于 IT 治理，实现数据优化、隐私保护与数据变现等目标，表现形式为一系列相关政策和制度。

从宏观层次来看，数据治理是通过国家或者企业战略和组织架构，实现风险可控、安全合规以及数据价值提升。

上述定义均强调了数据的价值，如"价值提升""数据变现"，也都谈到了要遵循一定的约束条件，比如"风险可控""隐私保护"等。同时，从这些定义可以看出，实现数据治理不是单纯靠技术，而是要依靠职责、制度、技术、过程、标准、政策、战略方针、组织架构、责任分工等数位一体的系统力量，形成一系列措施共同发挥作用。这数位一体的系统和措施可以被归纳为制度法规、标准规范、应用实践和支撑技术四个方面。因此，我们认为数据治理的概念可以归纳为：在法律法规和政策约束下，在数据全生命周期内，通过制度法规、标准规范、应用实践和支撑技术等一系列措施，实现数据价值最大化的行为或者过程。

---

① 安小米，郭明军，魏玮，陈慧.大数据治理体系：核心概念、动议及其实现路径分析.情报资料工作，2018（1）：5-11.

② 梅宏.大数据治理体系建设现状及思考.2018 中国计算机大会报告，2018.10.

9.3　数据治理的问题分析

9.3.1　数据安全和隐私保护

数据资源蕴含着巨大的商业价值，目前各行各业都在做数据分析和挖掘。企业、运营商等在各自拥有的数据或互联网上发布的数据中发掘潜在价值，为提高自己的利润或达到其他目的服务。然而，在享受数据挖掘得到的各种各样有价值的信息，从而给生产和生活带来便利的同时，也不可避免地会泄露人们的隐私。如何在不泄露用户隐私的前提下提高数据的利用率、挖掘数据的价值，是目前数据科学领域的关键问题之一。这方面的成败将直接关系到大数据的民众接受程度和大数据的未来发展。具体而言，实施大数据环境下的隐私保护，需要在数据整个生命周期内平衡两个方面的关系：如何从数据中分析挖掘出更多价值；如何保证在数据的分析使用过程中，使依法受到保护的隐私不被泄露，特别是在有人恶意挖掘数据中的隐私信息的情况下，强化惩戒，强化隐私保护的实际效果，充分实现数据利用和隐私保护二者之间的有益平衡。

9.3.1.1　传统意义的数据安全挑战：对数据进行非法操作

在传统的数据管理系统中，数据安全所面临的危害、危险和危机（也就是安全挑战）主要指有人通过技术手段，利用数据管理系统的漏洞，绕过权限管理机制，对数据进行非法操作。

2019 年初，江苏太仓市一个直播平台的程序员利用自己的专业知识以及系统权限，侵入直播平台的数据库系统，向自己的账户上增加了大量虚拟币，非法获利 40 余万元。[1]

---

[1]　江苏一直播平台程序员"内部刷币"非法套利 40 万. 新华网客户端, https://baijiahao.baidu.com/s?id=1623526490201176051&wfr=spider&for=pc.

2019 年 8 月，广州越秀警方破获一起破坏计算机信息系统案，涉案的 2 名停车场收费员通过修改电脑收费系统的数据非法获利 7 万余元。[①]

近年来，每年都有高考志愿被他人非法篡改的案件发生，部分考生的升学受到了影响，甚至有考生因为志愿被篡改而落榜。

数据库管理系统一般都包含了权限管理子系统，用来管理每个用户对每个数据对象（如数据库、表、列等）的操作权限（如查询、更新或删除），以保证数据的安全。但是非法入侵者通过窃取口令或利用系统漏洞对数据进行非法操作，以达到自己的目的。

从数据科学的角度来看，所有数据治理系统都必须重视数据安全，应该通过权限管理、数据加密、数据审计等技术手段来保护数据不被非法访问。

9.3.1.2　AI 时代新的数据安全问题：数据投毒

目前主流的人工智能技术均采用机器学习的方法，计算机程序依据大量样本训练神经网络，从而使程序获得分类、预测以及模式识别等能力。数据投毒是指在训练数据里加入伪装数据、恶意样本，以破坏数据的完整性，进而导致训练的算法模型的决策出现偏差。

华盛顿大学计算机安全研究人员 Earlence Fernandes 指出，在机器学习的建模阶段，可以用恶意数据来训练系统。攻击者可以用数据污染脸部检测算法，令其将攻击者的脸识别成获授权的人的脸。

据报告，2017 年 11 月到 2018 年初，至少有 4 次针对分类器的大规模攻击。[②]一些高级的垃圾邮件发送群组尝试通过将一些垃圾邮件报告（反馈）为非垃圾邮件来使 Gmail 过滤器不再记录该垃圾邮件。

---

① 修改停车场数据获利 一名收费员被逮捕 . 广州日报大洋网，http://news.dayoo.com/guangzhou/201908/28/139995_52774260.htm.

② AI 攻防技术三例 . 搜狐新闻，http://www.sohu.com/a/236540695_358040.

人工智能已经深入渗透到我们的日常生活中。我们使用人工智能来过滤有害信息，通过人脸或指纹识别来进行权限检查，无人驾驶也正逐渐成为现实。我们对人工智能的依赖越深，出现数据投毒的可能性就越高，其危害也就越大。因此，很有必要通过数据治理来防范这类数据安全问题。

很多数据投毒攻击者都利用 AI 系统的反馈机制，向 AI 灌入恶意的用户反馈数据，使 AI 系统的分类边界发生变化，混淆了对善意输入和恶意输入的识别。从数据科学的角度来看，在重要数据的采集过程中，应建立数据的溯源机制，使系统能追踪恶意训练数据的来源。在此基础上，可以构建用户行为知识图谱，以分析用户的信誉情况。这样，AI 系统在收集用户反馈数据时，就可以区分重要的和不重要的反馈数据，使攻击者的恶意反馈很难被 AI 系统采用。

9.3.1.3　更积极主动的数据安全壁垒：隐私保护

2018 年 5 月，欧盟《通用数据保护条例》（GDPR）[①] 正式生效。GDPR 规定了企业如何收集、使用和处理欧盟公民的个人数据，不仅适用于欧盟的组织，也适用于在欧盟拥有客户和联系人的组织。根据 GDPR 的规定，企业在收集、存储、使用个人信息方面要征得用户的同意，而且用户对自己的个人数据有绝对的掌控权，包括查阅权、被遗忘权、限制处理权以及数据移植权等。GDPR 号称史上最严的个人数据保护条例，将影响全球的企业经营活动，对其他国家相关法律的制定也将起到示范和参考作用。

美国于 2015 年出台《网络安全法》（The Cybersecurity Act）[②]，

---

① https://gdpr.eu.

② The Cybersecurity Act of 2015. https://www.sullcrom.com/siteFiles/Publications/SC_Publication_The_Cybersecurity_Act_of_2015.pdf.

规定了网络安全信息共享的参与主体、共享方式、实施和审查监督程序、组织机构、责任豁免及隐私保护等。

我国政府自2017年6月1日起正式实施《网络安全法》[①]，其宗旨就是保障网络安全，维护网络空间主权和国家安全、社会公共利益，保护公民、法人和其他组织的合法权益，促进经济社会信息化健康发展。这部法律充分体现出我国对数据安全与隐私保护的重视。此外，我国新的《消费者权益保护法》[②]明确了消费者享有个人信息依法得到保护的权利，同时要求经营者采取技术措施和其他必要措施，确保个人信息安全，防止消费者个人信息泄露、丢失。

我国政府对数据隐私保护的日益重视不但表现在逐步完善法律制度方面，还表现在加大对违规行为的整治方面。近期，国内有多家数据公司被相关部门调查、查封，概因这些企业滥用数据，涉嫌侵害公民个人隐私权。预计我国政府将会进一步增强对此类违法违规甚至是犯罪行为的打击力度。

数据是资源，能带来难以估量的价值。但是对数据资源的开发利用必须符合国家的法律法规。数据治理最终要落实到信息系统来完成。因此，有必要将规章制度编制成计算机程序，"嵌入"数据治理的信息系统，这就带来一系列新的挑战。如何将国家的法律法规映射为数据治理信息系统中的逻辑规则甚至代码？如何自动检查信息系统是否合规？当国家的法律法规有变化时，如何快速对信息系统进行调整？这些都是数据科学必须解决的问题。

9.3.2　数据汇聚与数据质量

我国信息资源80%以上掌握在各级政府部门手里，比如人口、交

---

① www.yanbian.gov.cn/zt/safe2y/201906/t20190603_414837.html.

② www.lawtime.cn/faguizt/117.html.

通、卫生、社保、税收、城市规划等方方面面的数据。但这些数据基本是"深藏闺中",没有开放共享,无法被整合,数据质量也参差不齐。这里面有两个层次的问题。

9.3.2.1　数据欠共享

2019 年 1 月,江苏男子张某被曝分别与三位女士登记结婚。[①]虽然我国婚姻法禁止重婚,但各个省的民政系统数据并没有共享。张某正是利用这个漏洞,分别在三个省与三位女士进行了婚姻登记。

经过多年的政府信息化建设,目前大多数政府部门都建成了比较完备的信息化平台。但是各个部门间的数据没有进行高效整合,大量部门数据如一个个信息孤岛,给政府治理和公众办事带来了不便。

2015 年以来,国务院陆续出台了相关政策,如《促进大数据发展行动纲要》,明确提出"推动政府数据开放共享"的整体要求,明确政务信息应"以共享为原则,不共享为例外",并将"形成公共数据资源合理适度开放共享的法规制度和政策体系"作为中长期目标。2018 年 4 月国务院印发的《2018 年政务公开工作要点》指出:"加快各地区各部门政府网站和中国政府网等信息系统互联互通,推动政务服务'一网通办''全国漫游'。"依据国务院的纲要,各地政府纷纷发布公共数据开放办法。

2018 年 1 月,贵阳市政府发布《贵阳市政府数据共享开放实施办法》。[②]该办法要求:"行政机关共享政府数据应当遵循共享为原则、不共享为例外,通过共享平台实现在本市跨层级、跨地域、跨系统、跨部门、跨业务统筹共享和无偿使用。涉及国家秘密的,按照相关法律、法规执行。""政府数据提供机关有义务向其他行政机关提供可共享的政府数据,有权根据本机关履行职责需要提出政府数据共享需

---

① 　男子三年娶三妻 . 搜狐新闻,http://www.sohu.com/a/288792699_120016265.

② 　http://www.cbdio.com/BigData/2018-01/22/content_5667072.htm.

求，并向市大数据行政主管部门授权数据查询权限。"

2019年9月，上海市政府发布《上海市公共数据开放暂行办法》。[①] 该办法要求：市经济信息化部门应"结合公共数据安全要求、个人信息保护要求和应用要求等因素，制定本市公共数据分级分类规则。数据开放主体应当按照分级分类规则，结合行业、区域特点，制定相应的实施细则，并对公共数据进行分级分类，确定开放类型、开放条件和监管措施。"

据不完全统计，目前有二十多个省建立了政府数据开放共享平台，开放的数据集个数超过一万个。

然而，这些已开放共享的数据只占目前政府部门实际保有数据的很小比例。不少政府部门对开放共享数据仍持犹豫、观望态度，现状依然不乐观。

从数据科学的角度来看，应该实现不同政府、不同政府部门、不同层级政府及其部门之间数据的集中共享。一方面，应该进行纵向信息系统整合，在相同的上下级政府部门之间，利用多级网络和中心数据库，构建统一的信息平台。另一方面，还需进行水平的电子政务信息系统整合，实现跨部门的政府信息资源共享和政务协同。

从技术层面看，数据开放共享是多部门之间的协同工作，要求公开、透明、可监管、可追责；从数据层面看，是在不同单位/部门之间及时、完整地共享数据。一个思路是引入区块链技术，通过强化用户行为不可篡改、共享流程程序化、数据共享过程可追溯等机制，实现数据的可靠共享。

9.3.2.2 数据难集成

根据复旦大学发布的《2019中国地方政府数据开放报告》，[②] 目前已

---

① http://www.shanghai.gov.cn/nw2/nw2314/nw2319/nw12344/u26aw62638.html.

② http://www.sohu.com/a/316823552_657456.

有41.93%的省级行政区提供了数据开放平台，但是约六成政府的数据开放平台的数据存在质量问题，如数据内容不一致、数据格式不通用等。

目前，政府开放的数据存在以下几方面的质量问题。

（1）数据缺失

部分开放的数据集只有标题、类型等描述，但没有数据；或者在开放的数据集中，存在大量数据项缺失的情况。

（2）数据格式不规范、不统一

例如，根据国家标准《数据元和交换格式－信息交换－日期和时间表示法》（GB/T 7408-2005），日期的格式应为：YYYYMMDD（如20090320），但政府开放的数据中很少严格遵循国家标准，其采用的日期数据格式有中文、数字、英文等，甚至同一个数据集采用不同的日期格式。

（3）未将数据转换为结构化形式

不少开放数据未整理为结构化形式，如Excel、XML等，而是用自然语言，通过集句成段、集段成篇方式形成的文章式非结构化文本。

（4）数据单元名称及含义不一致

描述同一对象实体的同一个属性的数据单元的名称各异，比如"电话""手机""Tel"都指电话号码；相同名称的数据单元的含义多歧，如"籍贯"，有些数据库中的含义是"本人出生地"，有些数据库则定义为"曾祖父及以上父系祖先的长久居住地或曾祖父及以上父系祖先的出生地"，有些数据库中则定义为"为本人出生时祖父的居住地"等。

（5）错误数据

存在一些明显错误的数据，如"2019年2月31日"等明显不存在的日期。

（6）乱码

部分数据集中存在乱码现象。

从数据科学的角度来看，数据质量包括完整性、一致性、正确性等多个维度。政府部门应建立数据管理体系，遵循统一的数据标准，尽可能提高开放数据的质量。另外，数据使用方也需要接受数据质量参差不齐的现实，采用数据抽取、数据清洗、数据集成等技术手段，有效利用现有的政府开放数据。

9.3.3　数据量快速增长的不可持续性

今天数据量的增长符合摩尔定律，大约每两年增长十倍。但这个增长速度是不可持续的。一方面，不可能持续投入新的硬件来存储和管理所有数据，这种指数级的增长必然导致不可接受的硬件成本。另一方面，真正"有效"的新数据将越来越少。比如，虽然可以不断采集一个人的头像，但是当这样的图像数据积累到足够多之后，人脸识别系统将不再需要更多关于此人的头部相片。

为此，客观上需要构建一个关于"有效"数据的模型，数据的有效性并非数据的质量，而是新的数据对提升分析或决策效果的价值；需要证明这个模型是合理的，并预测未来一段时间内有效数据的规模，以预估硬件的投入；需要研究数据的时效性模型，该模型应该与具体的领域相关，在此基础上研究新的数据如何安全地替换老数据。

9.3.4　大数据处理能力集中化

数据量的迅猛拓展，特别是大数据分析技术的飞速进步，使得数据科学对社会的影响力与日俱增。然而，数据科学为不同的人群和组织带来的好处差异很大。数据处理的资源，诸如技术、系统以及专家等，集中在少量企业和组织中。这可能导致一系列社会问题。

数据处理涉及一系列技术，包括数据的采集、清洗、存储、计算、查询、聚类、关联分析以及预测等，而且这些技术还在飞速发展中。与之相关的大数据处理平台，从底层的存储和计算系统（如NoSQL、Spark）到上层的挖掘和分析系统，也在不断演变。掌握这些技术和系统需要巨大的投入。

此外，大数据处理需要大量的数据科学专业人才，例如大数据软件开发、大数据系统运维、大数据分析算法设计等都需要专门人才特别是数据科学专家层次的专门人才。雇佣这些数据科学专家的代价也是非常高昂的。

正是由于这样高昂的投入，普通的个人或组织都很难具备真正的大数据处理能力。虽然有不少开源的大数据处理和分析软件，但是这些软件离商用还有距离，而且个人或小企业也缺乏对软件进行定制开发的能力，因此难以从大数据中获益。

只有极少数资本雄厚的大企业，诸如谷歌、腾讯以及阿里巴巴等IT巨头，以及以华尔街为代表的大金融机构等才具备对大数据进行有效管理和分析的能力。这些大企业可以提供更高的薪水、更好的软硬件环境，可以吸引更多的大数据处理专家。因此，它们拥有的大数据处理能力远远超出了一般的小型企业，也超过了普通的政府部门。

大数据处理能力的过度集中化带来了一系列问题：

第一，绝大部分大数据处理资源都用于提升极少数公司的股价，而不是用于整个社会的发展和进步。这在客观上造成了大数据处理资源的浪费。

第二，很多公有数据掌握在尚不具备大数据处理能力的组织和部门中，如交通、医疗、教育以及气象等。由于隐私和安全等因素，这些数据难以被专业的大数据分析公司所用，因此大量有价值的数据客观上还没能得到合理利用。

第三，个人或小企业经常也会有大数据处理的需求，但是难以负担相应的成本。

9.4 数据治理解决方案

图 9-2 展示了从数据科学的角度给出的数据治理方案。下方是外部数据源，可以采用不同的数据格式，如 HTML 网页和 Word 等非结构化数据、JSON 和 XML 等半结构化数据或者 Excel 等结构化数据。外部数据源需要通过数据准备对其进行结构化、规范化、集成和清洗，才可以被数据管理系统使用。数据管理主要包括数据存储、数据计算和数据查询。最上层是数据分析，包括关联分析、聚类分类，以及平民化分析等。

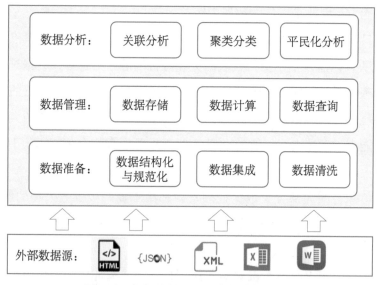

图 9-2　数据科学视角下的数据治理方案

9.4.1　数据准备

数据准备也叫作数据整理，是指对外部数据进行必要的预处理，使其满足数据管理系统的要求[1][2]。数据整理是数据管理的基础性工作，是实施数据治理的必要步骤，在数据治理过程中有非常关键的作用。相关调查研究表明，很多大数据分析任务 80% 以上的工作花费在数据整理上。因此，数据整理往往是整个数据治理过程中耗时和耗资最多的步骤。此外，数据整理工作决定了数据的质量，影响数据分析的精确度。因此，必须高度重视数据整理。

从技术上讲，数据整理包含对外部数据进行解析和结构化处理、数据质量评估与数据清洗、数据集成和修复等过程。

9.4.1.1　数据结构化

数据结构化是指从非结构或半结构的数据中识别实体，提取实体的属性值，并发现实体和实体之间的关系。实体（entity）指客观存在并可相互区别的事物。实体可以是具体的人、事、物，也可以是抽象的概念或联系。在自然语言理解领域，也将这个过程称为信息抽取。

数据结构化包含以下几部分工作：命名实体识别、实体去重，以及关系抽取。

命名实体识别的任务目的是发现非结构化文档中的各个实体，如人、组织、山河等地理实体、街道、办公楼，等等。命名实体识别通常是数据结构化工作的第一步。

命名实体识别技术一般分为以下三类：基于正则表达式的命名实体识别，基于字典的命名实体识别，以及基于机器学习模型的命名实体识别。第一种方法将数据中的模式结构定义为正则表达式，并利用

---

①　杜小勇，陈跃国，范举，卢卫. 数据整理——大数据治理的关键技术. 大数据，2019，5（3）：16-25.

②　杜小勇，卢卫，张峰. 大数据管理系统的历史、现状与未来. 软件学报，2019，30（1）：130-144.

正则表达式来提取数据中的实体。例如，"中国 .* 大学"表示以"中国"开头、中间多个任意字符并以"大学"结束的一个字符串。我们认为，在特定的数据中，凡是符合该正则表达式的字符串都表示中国某所大学。第二种方法预先定义实体名称的字典，借助字典来识别实体。比如，人工整理中国所有大学的名称，以此为依据从文本中识别出所有大学。第三种方法在近年来发展迅速，通过深度神经网络来完成实体识别工作，代表系统如BERT[1]。这类方法需要预先建立带标注的训练数据集，对神经网络进行学习和调整，再使用神经网络来完成识别工作。

同一个实体在不同的语境下可能使用不同的名称，比如"中国人民大学"有时会简称"人大"、"人民大学"甚至是"学校"。实体去重是自然语言处理的重要任务，目的是将不同的名称对应到正确的命名实体上，有时也称为记录连接[2]。常用的技术手段是采用特定度量标准来计算两个实体之间的相似度，比如余弦距离、编辑距离、Jaccard距离以及欧式距离等。在大规模数据准备过程中，还需要通过聚类、划分以及云计算等技术来提高实体去重的效率。

关系抽取是信息抽取的一个重要的子任务，负责从文本中识别出实体之间的语义关系[3]。常见的关系抽取方法包括基于模式匹配的方法、基于本体的方法、基于机器学习的方法，以及混合的方法。基于模式匹配和基于本体的方法依赖领域专家人工制定规则或本体，成本高，可移植性差。基于机器学习的方法又可分为三类：有监督[4]的方

---

① BERT 的全称是 bidirectional encoder representations from transformers，是美国谷歌公司开发的用于自然语言理解的神经网络模型，https://github.com/google-research/bert。

② 李文杰.面向大数据集成的实体识别关键技术研究.沈阳：东北大学，2014.

③ 庄传志，靳小龙，朱伟建，刘静伟，白龙，程学旗.基于深度学习的关系抽取研究综述.中文信息学报，2019（12）：1-18.

④ 监督是机器学习的术语，表示从给定的训练数据集中学习并提炼出一个函数。

法、半监督的方法和无监督的方法。基于机器学习的关系抽取方法是目前的主流技术，该方法结合了自然语言处理和统计语言模型，实现简单，精确度高。

9.4.1.2　数据集成

数据集成指提供统一的访问接口、数据视图和查询语言，访问来自不同数据源的、异构的数据[1]。在数据治理任务中，常常需要处理来自不同机构的异构多源数据，数据集成的目的就是将这些形式各异的数据整合起来，为上层的数据查询和数据分析提供统一的访问接口，实现对数据源数据的透明访问。

数据集成系统通常有两种实现方式，即虚拟视图集成和物化视图集成。划分的依据是数据集成系统中是否存储集成之后的数据。

虚拟视图集成的基本思想是设计一个全局统一模式，构建各个数据源模式到统一模式之间的映射关系，使用户按全局统一模式透明地访问不同的数据源。全局统一模式描述了数据的结构[2]、语义及操作等基本信息。基于这个统一的模式，用户可以按自己的需求，以统一的语言定义查询请求。数据集成系统在收到查询请求后，依据全局模式到各数据源模式之间的映射关系，自动将查询转换为对不同数据源的请求操作，并调用相应的数据源服务，最后将收集到的结果返回给用户。

虚拟视图集成方案的优点是实现了数据集成系统和各数据源系统的松耦合。当某数据源的数据模式发生改变时，只需要修改该数据源和全局模式之间的映射关系，而不用修改全局模式，从而不会对建立

---

[1]　AnHai Doan, Alon Halevy, Zachary Ives. Principles of Data Integration. Waltham, MA: Morgan Kaufmann, 2012.

[2]　例如关系表中各字段的名称和数据类型。

在全局模式之上的应用产生影响。同时，这种集成方案也存在性能上的缺陷。查询需要改写，结果需要合并，这些中间环节可能导致系统性能上的损失。

物化视图集成方案要求在数据集成服务器中保存所有数据源的数据，而且这些数据需要转换成统一的模式。数据仓库是常见的物化集成系统。一个典型的数据仓库系统包括ETL[①]、元数据管理、数据转换与管理、查询管理几个部分。数据仓库是"面向主题的、数据集成的、数据非易失、数据随时间变化的一个支持管理决策的数据集市"[②]。

相对于虚拟视图集成方案，物化视图集成方案的性能优势明显，因为数据已经经过事先的转换，以统一的模式存储在本地，在查询处理过程中不需要额外的改写和转换步骤。但物化视图集成方案面临的问题是当数据源发生改变时，需要重新执行 ETL，甚至可能影响全局模式。

不管是虚拟视图集成方案还是物化视图集成方案，都涉及一项关键的技术——模式匹配。模式匹配是实现异构数据源集成的关键技术，通常集成过程中超过一半的代价用于生成模式映射。现有集成系统中多由系统工程师通过图形用户界面手工定义映射，这项工作繁杂、耗时且容易出错，已成为集成系统构建的最大瓶颈。如何自动建立不同模式的映射匹配规则受到研究人员的广泛关注。

模式匹配研究已经进行了三十多年，原则上模式匹配算法需结合多种启发式方法，如综合考虑模式元素名字、数据实例内容在语言层和约束层的相似性、模式在结构层的相似性、匹配基数约束、领域知识或领域本体约束、用户反馈等。

---

① ETL 为 Extract-Transform-Load 的缩写，指将外部数据通过抽取、转换以及加载三个步骤导入本地系统的过程。

② 龙军，章成源 . 数据仓库与数据挖掘 . 长沙：中南大学出版社，2018.

近期有部分工作采用机器学习特别是深度学习来提高模式匹配的效果，包括采用概率推理方法从所有候选模式中找出最优结果，以及采用 RNN[①] 提高关系抽取效果[②]。

9.4.1.3 数据清洗与数据质量评估

数据清洗是检测并纠正数据中存在的错误的过程[③]，确保数据符合一定的质量标准以及相关的完整性约束[④]。数据清洗是数据管理和数据分析的基础和必要步骤。数据清洗包含两个任务，即噪声检测（也称错误检测）和数据修复。

噪声检测任务的目标是发现数据中存在的噪声或错误。通常存在以下几种噪声：

1）数据缺失。指由于录入、转换以及提取等原因，部分数据记录的某些字段为空。

2）异常值。指部分数据的值不符合常识，例如，某人的身高为 –1 米或某所大学的教职工人数为数百亿等。

3）违背完整性约束。为了保证数据正确、有效、相容，通常会对数据附加必要的约束条件，例如，一个人的年龄必须为正整数，或者一个人的居住城市必须是一个真实存在的地名等。若数据的值不满足这些约束条件，就很可能是错误的。

4）数据冗余。同一个实体或同一个数据项在数据库中多次存在，

---

① RNN 为循环神经网络（recurrent neural network）的缩写，一种深度学习模型，在自然语言处理、语音图像等领域有着广泛应用。

② Angelika Kimmig, Alex Memory, Renee J. Miller and Lise Getoor. A Collective, Probabilistic Approach to Schema Mapping. In proc. of ICDE 2017: 921-932.

③ 郝爽，李国良，冯建华，王宁. 结构化数据清洗技术综述. 清华大学学报（自然科学版），2018，058（012）：1037-1050.

④ 数据库术语，指数据应满足相关领域的一系列约束条件，比如身份证号不可为空，也不能重复；年龄必须为正整数等。

比如某人的信息在表中重复多次。

　　对于上述错误，研究者提出了很多方法予以检测。传统方法是制定一系列形式化的规则或约束，用程序扫描每个数据记录，自动判断该记录是否存在错误。这种方法精确度较高，但需要耗费大量人工，且不能应对快速多变的数据。近年来的趋势是采用机器学习的方法，从大量数据中自动发现规律，生成相应的完整性约束，如条件函数依赖或霍恩子句[1]等。也有研究者考虑借助知识图谱及互联网上公开可用的众包服务（crowdsourcing）[2]，其基本思想是通过发现数据中与知识图谱或众包标注违背的部分，归纳出结构性错误。

　　数据修复任务是指自动更正、补充或删除错误的数据项，以使数据满足完整性约束条件，提升数据质量。对于数据缺失问题，通常做法是采用合理的数学模型来推测缺失的数据。比如，若某人的身高数据缺失，则可计算表中所有人的平均身高，以这个平均值来填补；也可根据概率分布，随机选择一个数据。这些方法简单易行，但完全基于统计，没有考虑具体数据记录的情况，精确度不高。更可靠的方法是根据带有缺失值的具体数据记录以及表中其他数据记录，预测一个最可能的值进行填补，比如建立贝叶斯或决策树分类器，将缺失值填补转换为一个分类问题[3]。

　　与错误检测相比，数据修复的挑战性更大。当前数据修复技术的发展趋势是采用机器学习的方法，融合多源的信息，采用联合推理的方式来推测概率最大的数据。

---

① 霍恩子句（Horn Clause），数理逻辑术语，是指带有最多一个肯定文字的子句，可用于描述完整性约束。

② 赵江华，穆舒婷，王学志，林青慧，张兮，周园春.科学数据众包处理研究.计算机研究与发展，2017，54（2）：284-294.

③ 孙晓飞.基于核相似性和低秩近似的缺失值填充算法研究.天津：天津大学，2018.

总体而言，数据整理是为了使数据更好地服务于数据分析而对数据进行审查和转换的过程，它是整个数据分析流程中最占用精力的过程。由于问题的复杂性，数据整理过程通常不是完全自动化的，而是需要用户介入的反复迭代和交互的过程。数据可视化、用户反馈与交互在整个过程中都发挥了重要作用。

9.4.2　数据管理

9.4.2.1　数据管理系统历史

数据管理经过了人工管理、文件系统管理和数据库管理系统几个阶段[1]。而数据库管理系统又分为层次数据库、网状数据库、关系数据库、面向对象数据库，以及 NoSQL 数据库和 NewSQL 数据库几类。目前，关系数据库仍是主流，但是随着大数据的兴起，NoSQL 数据库和 NewSQL 数据库系统也占据了越来越多的市场份额。

层次数据库和网状数据库首次将数据的存储与访问功能从应用程序中分离出来。所谓层次、网状，是指其组织数据的方式，这两种数据库分别以分层结构和网状结构来描述事物之间的关系。关系数据库最大的特点是采用单一的关系来描述实体，以及实体之间的关系。关系数据库以关系代数为理论基础，存取路径透明，实现简单，应用广泛。直到今天，关系数据库仍然是最常见的处理数据的工具。关系数据库的最大缺陷在于不能水平扩展，即无法通过添加服务器来应对规模日益庞大的数据。为了应对大数据的挑战，人们提出了 NoSQL 数据库，通过放松一些关系数据库的限制并引入云计算平台，NoSQL 数据库可以很好地处理超大规模的数据。然而，NoSQL 数据库的查询性能较低，因此又有了 NewSQL 数据库，该数据库兼具关系数据库

---

[1]　王珊，萨师煊. 数据库系统概论. 5 版. 北京：高等教育出版社，2014.

和 NoSQL 数据库的优点[①]。自此，数据管理进入了一个新的时代，即大数据管理时代。

9.4.2.2　大数据管理系统

大数据管理系统提供对大数据的采集、存储、计算以及查询功能。大数据管理系统包含存储管理、数据模型、计算和查询处理等功能。

在大数据存储方面，大数据管理系统通常采用 HDFS 等分布式文件系统。HDFS 是 Hadoop 分布式文件系统，是谷歌公司 GFS[②]的开源实现。HDFS 将数据存储于多个副本，具备高容错性和高可靠性。HDFS 可通过增加服务器数量来容纳更多的数据，可部署于数万个普通的商用服务器集群上，也就是具有常说的可扩展性。HDFS 支持高吞吐率[③]的数据访问，适用于对大规模数据集的处理。

数据模型是数据管理系统的核心。在传统的应用系统中，系统开发者总是尝试将外部数据转换为关系模型来进行处理。但是大数据的类型多样，增长迅速，一味地使用关系模型不仅过于僵化，还可能导致性能的损失。为此，研究者提出了 NoSQL 系统。NoSQL 系统采用多种灵活的数据模型，如键值对、文档、图等，以支持不同类型数据的存储和查询。键值对模型是指数据以 <key, value> 的形式存取，在 NoSQL 系统中使用得最为广泛，Google BigTable、HBase、Amazon Dynamo 等都使用键值对模型。文档模型主要用于存取文档类型的数据，依赖于文档中的内部结构对数据进行查询。常见的使用文档模型的系统有 MongoDB。图数据管理技术是当前的研究热点，社交网络、

---

①　数据库专委会.新型数据管理系统研究进展与趋势.CCF2014-2015 中国计算机科学技术发展报告会，2015.

②　GFS 为 Google File System 的缩写，是谷歌公司开发的一个可扩展的分布式文件系统。

③　吞吐率，单位时间内存取数据的次数。

知识图谱、语义网等都是图数据管理的场景。对图数据进行查询通常采用 SPARQL 语言，这是 W3C[①] 推荐的面向 RDF 图数据模型的查询语言。

大数据计算系统可以采用不同的计算模型，包括批计算、流计算、迭代计算、交互式计算等。针对每一类计算系统，开发者只需实现相应的接口函数，就可以调用平台完成复杂的分析、查询任务。大数据计算平台通常是分布式的，并且具备容错能力，可以在部分节点宕机的情况下重启相应的子任务。

大数据的查询处理引擎基于大数据计算系统，通过计算系统提供的通用接口，借助分布式查询优化技术，实现数据的高性能查询与分析。

9.4.2.3　发展趋势

与传统数据管理系统相比，大数据管理系统有两个明显的特征：一是以数据为中心，二是基础设施化。

随着信息技术特别是互联网的发展，形形色色的大数据应用每天产生了规模庞大的数据量，大数据管理系统也发生了以软件（操作系统）为中心到以数据为中心的计算平台的迁移。这要求软件设计人员在以数据为中心的平台上开发新型数据管理系统和相应的应用系统。此外，大数据服务正日益普及化，成为类似于水、电、气的日常生活中的必需品。因此，大数据管理系统的另一个趋势是基础设施化。

从数据管理系统来看，在过去的半个世纪里，经历了早期的层次、网状数据库系统，到后来一统天下的关系数据库系统，再到面向分析应用的数据仓库系统，然后到了今天的大数据管理系统[②③]。传统

---

① 万维网联盟，是 Web 技术领域一个权威的国际技术标准机构。

② 杜小勇，陈跃国，范举，卢卫.数据整理——大数据治理的关键技术.大数据，2019，5（3）：16-25.

③ 孙晓飞.基于核相似性和低秩近似的缺失值填充算法研究.天津：天津大学，2018.

的数据管理系统以关系数据管理系统为代表，围绕特定的操作系统平台，采用关系模式对数据进行统一建模，采用 SQL 语言对查询进行描述，采用查询引擎将查询需求转换为对数据的计算。

大数据管理已不像传统数据库时代那样追求使用关系数据库来解决所有数据管理问题，而是探索从数据存储、数据组织与存取、语言处理、应用等几个维度对各个传统数据库管理系统进行解耦，解耦后的各个子系统依据大数据的 4V 数据特征，各自独立发展。用户可根据实际应用的需要，采用松耦合的方式对各个子系统进行组装，量身定制自己的大数据管理系统。

9.4.3 数据分析

谷歌首席经济学家哈尔·瓦里安（Hal Varian）指出，大数据是经济新的驱动力量，计算机科学家、统计学家和经济学家应该更多地合作，利用大数据分析工具为经济服务[1]。大数据价值链中的关键就是对数据的分析，其目标是发现数据的规律，挖掘数据中隐藏的信息，从而辅助制定决策等[2]。

从主要任务来看，大数据分析可以分为四个方面：大数据聚类、大数据关联分析、大数据分类以及大数据预测。

从数据分析的发展趋势来看，平民化的数据科学以及平民化的数据分析工具越来越流行。这些工具将有助于打破大公司对数据分析的垄断，使得大数据更好地造福整个社会。

---

[1] Hal R. Varian. Big Data: New Tricks for Econometrics. Journal of Economic Perspectives, Spring 2014, 28（2）.

[2] 维克托·迈尔－舍恩伯格，肯尼思·库克耶. 大数据时代：生活、工作与思维的大变革. 周涛，等译. 杭州：浙江人民出版社，2012.

9.4.3.1　数据分析的任务

（1）大数据聚类

大数据往往是跨学科、跨领域、跨媒体的，传统聚类算法难以直接应用于大数据聚类，因此，大数据聚类受到越来越多的关注。

MapReduce 是主流的分布式计算框架之一。基于 MapReduce 实现传统聚类算法的并行运算是大数据分析的一类重要方法，其主要思想为首先针对大规模数据进行数据分块简化处理，再将处理结果合并，即基于 MapReduce 分布式计算框架实现了数据的并行化。传统聚类算法在大数据时代存在数据量大、复杂度高等难题，采用并行实现或改进现有聚类算法的方法，是当前大数据聚类算法研究的重要方向。

（2）大数据关联分析

关联分析又称关联挖掘，即在各种数据中查找存在于项目集合或对象集合之间的频繁模式、关联、相关性或因果结构，是大数据挖掘的主要任务之一。关联规则挖掘具有广泛的应用领域，如智能交通、数值分析、疾病诊断、日志分析等。当前，应用较多的关联分析算法主要包括 Apriori 关联规则挖掘和频繁模式增长算法关联规则挖掘。但传统的串行算法多次扫描数据库，I/O 负载过大，而且效率低，随着数据规模的增大，计算能力和存储容量成为关联挖掘的阻碍。为了克服传统单机环境下的挖掘瓶颈，针对大数据进行关联分析，可采用 MapReduce 或 Spark 分布式计算框架，对已有算法进行分布式和并行化处理，采用分而治之与并行处理策略来提升计算效率、平衡计算负载。

（3）大数据分类

大数据分类是大数据挖掘中的一种重要手段。大数据分类问题普遍存在，应用于各行各业，如网络入侵检测、医疗诊断等。常见的大数据分类算法包括随机森林、K 近邻分类、逻辑回归以及支持向量机等。在大数据环境下，由单一数据逐渐过渡到分布式数据集，各种分类算法都面临着大数据环境的挑战，因此传统分类方法很难直接运用于大数据环境。基于机器学习的大数据分类是当前的研究热点，怎样结合大数据平台，将机器学习应用于不同领域的分类是一个极具挑战的难题。

（4）大数据预测

大数据预测是大数据研究的核心内容之一，其可以应用于很多行业，如价格预测、网络入侵检测、化学元素分析、医学、电力负荷预测、智能制造车间运行状态预测、企业绩效分析等。

大数据预测目前存在两个主要困难：1）在预测时，快速获得一个大概的轮廓和发展趋势比获得精确的结果重要，但在需要根据大数据进行个性化决策时，精确性则变得非常重要。在进一步研究的新方法中，需要在效率和精确性之间找到平衡点。2）在大数据中，存在的有价值的信息与数据规模的扩大并不是成比例增长的，从而导致获取有价值的信息的难度加大。怎样在大数据中找到这些有价值的信息是提高大数据分析方法性能的关键。

9.4.3.2　数据分析的发展趋势：平民化数据科学

当前数据治理面临的很多问题都源于大数据处理能力的过度集中化，因此实现平民化数据科学（democratizing data science）就成为解决这些问题的手段之一①。平民化数据科学的主要途径包括如下几个方面。

（1）工具化、平台化和自动化

一些新技术的出现正逐渐使大数据处理变得更为容易。比如云计

---

① Sophie Chou, William Li, and Ramesh Sridharan. Democratizing Data Science: Effecting positive social change with data science. In KDD at Bloomberg, NY: New York, Aug.2014.

算平台的出现使得人们不再需要购置和维护昂贵的高性能服务器，只需要按照任务需求租赁一段时间的云服务即可。这就大大降低了大数据处理对于硬件资源的要求。数据可视化技术和相关工具的发展使没有受过专业训练的普通人也可以方便地从大量数据中发现有用的知识。深度学习技术的兴起使大数据分析任务变得更为容易，很多过去需要复杂模型的任务，比如自然语言处理和人脸识别，现在都可以使用深度学习工具轻松解决。

这些技术和工具大大降低了大数据处理所需要的软硬件成本以及技术知识。因此，越来越多的机构和个人得以从大数据中获益。

不过，大多数大数据的技术或工具仍然需要使用者较为深入地掌握数据科学的知识，以及软件开发的技能。为了真正实现数据科学的平民化，大数据处理技术应该做到工具化、平台化和自动化。

所谓工具化，就是要针对常见的大数据处理和分析的问题场景，开发一系列方便用户使用的工具。这些工具将屏蔽具体的算法细节，融合数据处理、计算和算法分析的能力。这些工具是独立运行的，封装了完成特定任务所需的存储、计算以及挖掘分析等软件包。这些工具结合具体的实践需求，为用户省去了从第一行代码到与具体场景结合的前期准备工作。总的来看，工具化的目的就是要减少对数据科学专家的依赖，将重复性高、技术含量低的环节封装起来以方便普通用户使用。

目前不少大数据处理产品提供给用户的就是若干集群和它们的日常运维优化，有时甚至连集群都是由用户自建的，没有统一的管理。所有具体的开发、调试、问题排查工作都交给系统开发方来负责。这样的大数据处理系统对用户的要求较高，也高度依赖于系统开发团队，很难被广泛使用。所谓平台化，就是将各种组件、工具和开发流程整合到一起，统一管理，提供成体系的开发运维管理途径。同时通过规范流程，提升平台整体的稳定性和可控性，进而提升运维和业务开发的效率。大数据处理的平台还应该是可伸缩的，可根据应用的需要提供不同层次的资源服务且资源自动伸缩。

所谓自动化，可以认为是对平台化的延申。大数据处理平台应该是端到端的，无须用户关注中间的技术细节。技术人员也无须陷入业务领域的泥沼，而更关注所提供的抽象服务。自动化的大数据处理平台融合了各种分析算法和模型，并根据应用需求自动选择合适的算法或模型，自适应地调整模型参数，自动调配所需的硬件资源（云存储和云计算）。此外，大数据处理平台的自动化还应该支持机器学习算法的可视化建模，使数据分析师更专注于具体问题。任何工程的未来和发展方向必然是平台化和自动化，它使用户和技术人员各取所需、各司其职。

（2）草根化

传统大数据研发的成本很高，因此对大数据技术的研究基本局限于大公司或科研机构。近年来，众包技术的兴起让人们意识到，可以借助大众（草根）的力量，用较低的成本来完成本来非常困难或昂贵的计算任务。在数据科学平民化的过程中，同样可以借助大众的力量，降低大数据处理的门槛，让更多企业和个人能从大数据中受益。

第一个途径是降低数据整理的成本。如前所述，数据整理是大数据处理的基础，但是数据整理面临人力成本高和时间周期长两个难题。为了解决人力成本高的难题，众包技术被广泛应用于数据准备过程，如数据抽取、数据清洗、集成与标注。其基本思想是向互联网上的众包平台发布众包问题，吸引大量的互联网用户（称为众包工人）作答，以相对低廉的单价，将人的认知与处理能力引入数据准备过程。另外，为了解决时间周期长的难题，交互式数据准备（interactive data preparation）技术被提出，并得到了广泛的研究。这项技术的基本思想是认为数据准备既不是一蹴而就的，也不是能够完全依靠自动化完成的，而是需要与领域用户进行交互完成。交互过程中需要准确预测适用于用户数据集与分析任务的数据准备步骤以及最优的参数，也需要提升算法执行的效率，以保证交互的实时性。

第二个途径是通过开放的大数据处理竞赛，低成本地获得解决实际问题的方法。很多组织，比如奈飞、KDD Group、中国计算机学会等，每年都会组织大数据处理和分析竞赛。这些竞赛会指定某个实际问题并提供相应的数据集，要求参赛队伍在指定的时间内提交代码。组织者根据评测指标，如效率、准确度等来评选出获胜的队伍。这些竞赛首先为举办竞赛的企业降低了研发成本，它们可以从参赛的作品中获得解决方法。竞赛的过程相当于它们以极低的代价雇佣了大量优质的数据科学专家来解决它们自己的问题。此外，这些竞赛也为学术机构的数据科学专家提供了接触到实际问题和实际数据的机会。这样的经历有助于他们对原有的技术和算法进行改进，并最终用于解决更广泛的社会问题。

参考文献

[1] 覃雄派, 陈跃国, 杜小勇. 数据科学概论. 北京：中国人民大学出版社, 2018.

[2] Tony Hey, Stewart Tansley, Kristin Tolle. The Fourth Paradigm: Data-Intensive Scientific Discovery. Microsoft Research, 2009.

[3] 安小米, 郭明军, 魏玮, 陈慧. 大数据治理体系：核心概念、动议及其实现路径分析. 情报资料工作, 2018（1）：5-11.

[4] 梅宏. 大数据治理体系建设现状及思考. 2018 中国计算机大会报告, 2018.10.

[5] 杜小勇, 陈跃国, 范举, 卢卫. 数据整理——大数据治理的关键技术. 大数据, 2019, 5（3）：16-25.

[6] 杜小勇，卢卫，张峰.大数据管理系统的历史、现状与未来.软件学报，2019, 30（1）：130-144.

[7] 李文杰.面向大数据集成的实体识别关键技术研究.沈阳：东北大学，2014.

[8] 庄传志，靳小龙，朱伟建，刘静伟，白龙，程学旗.基于深度学习的关系抽取研究综述.中文信息学报，2019（12）：1-18.

[9] AnHai Doan, Alon Halevy, Zachary Ives. Principles of Data Integration. Waltham, MA: Morgan Kaufmann, 2012.

[10] 龙军，章成源.数据仓库与数据挖掘.长沙：中南大学出版社，2018.

[11] Angelika Kimmig, Alex Memory, Renee J. Miller and Lise Getoor. A Collective, Probabilistic Approach to Schema Mapping. In proc. of ICDE 2017: 921-932.

[12] 郝爽，李国良，冯建华，王宁.结构化数据清洗技术综述.清华大学学报（自然科学版），2018, 058（012）：1037-1050.

[13] 赵江华，穆舒婷，王学志，林青慧，张今，周园春.科学数据众包处理研究.计算机研究与发展，2017, 54（2）：284-294.

[14] 孙晓飞.基于核相似性和低秩近似的缺失值填充算法研究.天津：天津大学，2018.

[15] 王珊，萨师煊.数据库系统概论.5版.北京：高等教育出版社，2014.

[16] 数据库专委会.新型数据管理系统研究进展与趋势.CCF2014-2015中国计算机科学技术发展报告会，2015.

[17] Hal R. Varian. Big Data: New Tricks for Econometrics. Journal of Economic Perspectives, Spring 2014, 28（2）：3-28.

[18] 维克托·迈尔-舍恩伯格，肯尼思·库克耶.大数据时代：生活、工作与思维的大变革.周涛，等译.杭州：浙江人民出版社，2012.

[19] Sophie Chou, William Li, and Ramesh Sridharan. Democratizing Data Science: Effecting positive social change with data science. In KDD at Bloomberg, NY: New York, Aug.2014.

第 10 章 信息资源管理学视角下的数据治理

信息资源管理学属于综合交叉学科。它的研究对象是信息社会中广泛存在和发展变化的信息资源及其开发利用与管理现象，它的学科使命是探索追寻信息资源价值实现的规律性，试图通过强化科学管理对信息资源功能效用的放大作用，实现信息资源对经济社会发展的战略价值。信息资源管理学认为，信息资源是信息社会三大资源中的核心资源，数据是信息社会信息资源的主要存现方式，超海量和高质量优势铸就数据在社会信息资源体系中的地位，数据资源价值需要通过有序有效的开发利用与管理才能实现，数据治理本质上就是信息资源管理的新形态。我国的数据治理需要在不断破解各种困难和问题的过程中得到科学发展并不断实现善治的目标。

10.1 信息资源管理学对数据及其价值的认知

10.1.1 信息资源是信息社会三大资源中的核心资源

作为信息资源管理学重要理论基础支撑的资源三角形理论[①] 认

---

① 该理论是由以哈佛大学安瑟尼·欧廷格教授为代表的一批学者提出的，用以描述社会基础资源结构。

为，资源是指构成人类社会存在和发展基础的物质财富和精神财富的来源。原材料、能量、信息是构成人类社会发展的基本条件的三大战略资源。在人类社会所经历的不同的社会形态中，支撑经济社会发展的资源结构是有巨大差异的。在农业社会，原材料是支撑经济社会发展的资源主体；在工业社会，随着工业化的推进，原材料资源种类越发多样化，在社会对这些资源的利用越来越频繁和充分的同时，煤炭、石油、电力等能量资源大规模深度进入社会生产各领域，能量对经济社会发展的作用越来越重要，两大资源共同支撑经济社会发展；从 20 世纪中期开始，人类开始步入信息社会，信息开始被正式列入资源体系。

信息从来都是客观存在着的，但在 20 世纪中期之前，它没有被人们视作"资源"，因为在这之前，信息的利用并不像原材料资源和能量资源的利用那样普遍和深入。信息往往依附于原材料资源和能量资源，并通过对原材料资源和能量资源的利用过程间接发挥作用。因此，这时候的信息还不是资源。在信息社会，信息与原材料和能量鼎足而立、并驾齐肩，共同构成社会资源体系，并成为其中最具重要性的组成部分。

在信息社会，信息资源之所以成为三大资源中最具重要性的部分：一是因为其自身就具备可成为社会物质财富和精神财富源泉的资源属性；二是因为其对原材料资源和能量资源具有效用倍增作用，可以放大这些物质形态资源的功能效用，降低有限和不可再生资源的消耗，支持经济社会的可持续发展。

动态资源三角形理论[1]认为，社会的"资源三角形"模型随着社会形态的不同会呈现不同的形状，而不应是一个标准的、一成不变的等边三角形。为此，该理论的提出者在静态"资源三角形"模型中

---

[1] 冯惠玲，钱明辉.动态资源三角形及其重心曲线的演化研究.中国软科学，2014(12)：157-169.

增加了一个时间变量，进而构建出反映人类的不同社会形态下资源结构变化特征的动态"资源三角形"模型。他们的研究发现，在农业社会形态中，原材料资源的投入量最多；有能量资源的投入，但比例要低很多；投入最少的资源是信息资源，绝对量和比重几乎可以忽略不计。在进入工业社会后，能量资源的投入大大增加，超过原材料资源的投入，成为投入最多的资源要素，其次是原材料资源的投入，信息资源仍为投入较少的要素。在这种社会形态中，"资源三角形"模型呈现为重心从偏向原材料资源的一侧转到偏向能量资源的一侧的三角形。最后，当社会发展步入信息社会之后，信息资源投入超越能量资源投入，成为社会资源要素投入结构中投入最多、占比最大的部分，是推动社会进步最重要的力量。此时，能量资源和原材料资源的消耗数量同比降低，逐渐成为社会资源结构中占比较少的资源。在这种社会形态中，"资源三角形"模型呈现为重心又从偏向能量资源的一侧转到偏向信息资源的一侧的三角形。随着美国第三次工业革命、德国"工业 4.0"、"中国制造 2025"等产业发展战略的提出，信息资源越来越成为社会生产中最具重要性的资源，成为国家产业发展战略的核心要素，成为决定一个国家、一个地区在世界发展格局中处于何种位置和在未来发展中有何种命运的重要条件。

作为信息社会的核心资源，信息资源对经济社会的发展具有关涉全局和根本的重要战略价值，这种价值既包括经济价值、社会价值，同时也包括文化价值、政治价值、军事价值、物质的和精神的生产与生活价值。

10.1.2　数据是信息社会信息资源的主要存现方式

信息资源管理学的信息资源结构理论认为，数据是信息时代社会信息资源的主要存现方式。在电子信息技术的推动下，数据以更加有利于超海量存储、高速率传输、更充分地被获取利用的优势，取代传统文献，成为社会信息资源的主要存现方式。

在人类历史上，信息的存现方式经历了复杂的形成和演变过程。从结绳记事的绳结，到在金石、甲骨、缣帛、竹木、纸张上契刻、书写和印刷的符号图形和成体系的文字，再到今天用电子信息技术负载到各种电磁材料和其他复合材料上的图形、图像、声音、文字，实际上都是信息加物质载体的信息记录，都在完成着将不具备运动特性的信息①与特定的物质载体固化并赋予运动特性，使其可以跨越时间和空间而有效存在和显现。如果将具有原始特点的结绳记事排除在外，实际上，人类文明史上信息的存现主要是依靠被称作"文献"②的信息记录完成的。直到 20 世纪中叶，随着计算机技术和现代通信技术的不断发展和广泛应用，文献的这种主流和主体地位才遭遇"数据"的挑战，并逐渐让位给这位后起之秀。

实际上，在现代计算机技术和现代通信技术的背景下，数据就是在信息系统中可以被记录、被传递和能够被识别的非随机符号的集合。其实，数据是包含文献在内的。在电子化的信息系统中，图书、资料、报刊、文件、档案等所有文献无一不是被当作数据来进行处理的，但数据却不局限于文献范畴，而是将信息系统内所有非随机符号的集合囊括其中。

信息所获得的这种"数据"形式的呈现方式不仅使以高速、高效为特点的现代信息技术有了更广阔的作为空间，极大地扩展了可被处

---

① 信息不是物质，它是物质的一种属性、一种认识，自身不具备在时间上和空间中可以由此及彼的运动特性。而信息的价值必须通过运动才能实现，因此，信息必须负载到有运动特性的物质载体上形成信息记录，才能被人们掌握并产生有用性。

② 国家标准《文献著录总则》（GB/T 3792.1-1983）对文献给出的定义为："文献：记录有知识的一切载体"。国际标准化组织 ISO 在《文献情报术语国际标准》（ISO/DIS5217）中给出的定义是："为了把人类知识传播开来和继承下去，人们用文字、图形、符号、音频、视频等手段将其记录下来，或写在纸上，或晒在蓝图上，或摄制在感光片上，或录到唱片上，或存贮在磁盘上。这种附着在各种载体上的记录统称为文献。"

理的信息的数量，提升了信息处理的质量，而且标志着人类信息处理能力达到了前所未有的高水平。

10.1.3　超海量和高质量优势铸就数据在社会信息资源体系中的地位

信息资源管理学的资源结构和资源组织理论认为，大数据已经脱离早期概念所界定的范畴，成为超海量、高质量、数字化信息资源的代名词，它与信息社会经济社会发展需求具有高度的契合性，以不可替代的优势成为当今社会信息资源体系中的主体和核心。

"大数据"（big data）在信息技术领域原本是指一种因数量规模巨大而无法用常规工具进行处理的数据类型。在维克托·迈尔－舍恩伯格及肯尼思·库克耶编写的《大数据时代：生活、工作与思维的大变革》一书中，大数据指不用随机分析法，而采用所有数据进行分析处理的数据集合。业界普遍认同 IBM 公司对大数据 5V 特点的概括：Volume（大量）、Velocity（高速）、Variety（多样）、Value（低价值密度）、Veracity（真实）。从这些词语所表达的含义中我们可以明显看出，早期"大数据"只是对具有一定特殊性的数据做出的一种命名或者类别的划分。但随着现代信息技术及其应用的高速深度扩展，今天的大数据，至少在中国国家战略话语体系中的大数据，已经摆脱早期概念所界定的范围，成为超海量、高质量、数字化信息资源的代名词。

以数字信息技术为代表的现代信息技术已经在人类社会几乎所有领域得到了广泛且具有一定深度的应用。作为人类社会生存和发展基础的信息资源的主体形式已经是数据而不再是文献。今天中国的"大数据"名称实际上指的就是超海量、高质量并且被数字化的数据资源。

据初步的统计分析，在我国绝大多数行业领域和政府部门、企事业单位及其他社会组织中，70%甚至更多的信息资源都是数据形式的，其数量规模基本上都称得上超海量。在我国，整个国家保有的数据的规模早已是 ZB 级，很多企业和政府组织保有的数据量也动辄就是 TB 级，年生成数据几十上百 PB 的企业有很多不过是中型甚至是小型企业。有研究数据显示，2018 年，中国约产生 7.6ZB 的数据，而且将保持每年 30% 的增长，到 2025 年数据量将达到 48.6ZB[①]。这在以文献为信息资源主体的时代是不可思议的，更是无可比拟的。因为如果把号称全球文献保有量非常高的美国国会图书馆的全部馆藏数字化，那么当采用较高的分辨率时，产生的数据量大致也不过就是 136TB。而我国相当大的一部分普通企业的数据每天都在以 1TB 到 2TB 的速度增加，也就是说，最少用 68 天、最多用 136 天，这些企业就能形成相当于美国国会图书馆全部馆藏数据量。

我国绝大多数行业领域和政府部门、企事业单位及其他社会组织的数据，其数量规模在整体信息资源体系中是巨大的，其质量水平通常也是这个信息资源体系中最好的部分。这不仅表现在它们在全面、准确地反映客观事物的性质和状态方面是更加可信赖和可依靠的，还表现在它们是最易于查找和被获取、最便于利用的。这是因为与传统的文献形态的信息资源相比，数字化的数据形态的信息资源更易于被功能强大的信息系统、信息机器高速和有效地处理。

10.1.4 数据的战略价值唯有通过有序且有效的开发、利用与管理才能实现

信息资源管理学的价值实现理论认为，作为信息资源的主体，数据价值实现完全遵循信息资源价值实现的规律，数据同样需要有序且

---

① http://finance.sina.com.cn/stock/relnews/us/2019-03-29/doc-ihtxyzsm 1430082.shtml.

有效的开发、利用和科学管理，只有这样才能实现其战略价值。

数据开发是指旨在使数据处于可得可用状态而实施的所有行为或者过程；数据利用是指应用数据处置各种事务、解决各种问题，以有效地进行社会生产活动、科学研究活动、政治活动、管理活动、文化活动和生活活动的行为或者过程；数据管理则是指为实现或者放大数据的资源价值而进行的规划、组织、配置、监督、控制、协调和保管料理活动的行为或过程。

信息资源管理学的价值实现理论认为，在数据资源战略价值实现的过程中，数据利用是出发点，是目的，也是动力来源；数据开发是利用的前提，是使利用成为现实的必要条件；数据管理是数据开发、利用的保障，是数据开发、利用功效的放大器。

10.2　数据治理本质上就是信息资源管理的新形态

10.2.1　数据治理及其衍生发展原因

信息资源管理理论认为，治理是对传统管理的发展，是管理的高级形态。数据治理就是以数据价值的充分实现为目的和结果，以数据管理体制机制的优化、数据管理体系的健全完善为主要内容的规划、组织、配置、控制、协调过程。

数据治理是人类社会进入信息社会后，信息资源战略价值实现过程中一系列特殊社会关系相互作用的产物，是在数据资源逐渐成为各种组织存在和发展的基本条件、成为经济社会发展各领域主要活动的核心驱动力和保障力来源之后，逐步形成和发展起来的。

数据管理之所以需要升级为治理，固然是与大数据这个新生事物出现后同步衍生出诸多"乱象"有关，但更重要和主要的原因是，数据价值实现的规律决定了要使其产生对经济社会发展的战略价值,只依靠传统的管理已经难以彻底解决问题,治理才能对数据战略价值的实现发挥更多、更好的功效放大和保障作用。

10.2.2 数据治理的本质

从信息资源管理学的角度看,数据治理实际上就是对数据管理的再管理,是新时代信息资源管理的新形态。

数据治理实际上不是对数据管理的简单否定,相反,它是对数据管理的新发展,是一种具有新功能、新内容、新形态的数据管理,是对数据管理的再管理。

数据治理需要接受数据管理的成果,需要在此基础上破解和应对数据管理无法有效解决的一部分全局性、根本性的体制机制问题和体系性问题。数据治理重在更具全局性、根本性和体系性的方面,通过在更高和更具决定性的层面对数据价值实现的诸要素条件及其发展变化的优化调整,通过聚集力量、配置资源、协调关系、管控过程,创造使数据价值得以更充分实现的环境和条件。

10.2.3 我国数据治理的目标和基本价值取向

10.2.3.1 数据治理的目标定位

数据治理的目标也就是其所需要达成的目的和结果。总体来说,就是以治理的力量,在数据管理的基础上,进一步优化数据价值实现的关键和核心因素,确保实现高效能的数据功效的倍增。

我们认为,我国数据治理的目标应当具备如下四个方面的基本特征,或者说应当满足如下四个方面的特性要求:合法合规性,即数据治理的目的和结果都必须是合乎国家法律法规和政策的,是与党和国家的根本意志及公共利益永远保持高度契合的;科学可行性,即数据治理的目的和结果必须是符合客观规律的，是可以被信赖和依靠的，是科学合理、切实可行的，是经过努力就能实现的；高度契合性，即数据治理的目的和结果必须与国家经济社会发展的需要和要求保持高水平的匹配和适合，特别是要与国家经济社会发展资源结构优化的客观要求保持一致性；动态适应性，即数据治理的目的和结果不是一成不变的，它需要根据不断变化的国家经济社会发展的实际需要和要求，不断地进行动态的适应性调整。

综合上述数据治理目标的四个基本特性要求，我们认为，我国数据治理的目标是：根据国家经济社会发展资源结构调整的需求，遵循数据价值实现的规律，建构有利于数据开发利用与管理的体制机制和环境氛围，强化监督控制和公共服务，强化社会参与和深度合作，促进和保障数据产业健康、持续发展，切实维护公民个人和社会组织的合法权益，确保实现数据资源功效的倍增，全面支持经济社会的可持续发展。这一目标的具体内涵和要求是：

1）制定数据治理目标的基本依据是国家经济社会发展资源结构调整的客观需求，对数据实施治理的目的就是满足这种关涉国家经济社会发展全局和根本的客观需要和要求。

2）对数据进行治理的结果就是使数据资源得到有效的开发、利用和管理，数据产业获得健康、持续发展，公民和各种社会组织的合法权益得到切实维护，确保实现数据资源功效的倍增。

3）对数据实施治理的客观依据是数据资源价值实现的规律，这是数据开发、利用和管理能够真正纳入科学轨道、取得实实在在的效力和功用的保障。

4）实现数据治理目标的基本途径是建构有利于数据资源开发、利用与管理的体制机制和社会环境，强化监督控制和公共服务，强化广泛的社会参与及深度合作。

10.2.3.2 数据治理的基本价值取向

数据治理的基本价值取向实际上就是数据治理所依据的价值尺度。它由一系列反映数据价值实现规律的思想观点和知识性判断组成。

数据治理的基本价值取向体现了治理的核心主张，反映了治理主体的目标、动机、基本态度和决策意图。价值取向是治理内容中最重要的部分。我们认为，在现阶段，数据治理的基本价值取向应当包括：

1）数据治理目的和结果具有多元性特征。通过提高数据质量、提高数据可获得和可利用程度、提高数据利用效能，全面实现数据资源对国家经济社会发展的战略价值，和谐处置国家安全、产业发展和个人隐私保护关系，共同构成数据治理的目的和结果。

2）数据治理的重点会因治理层级的不同而有所区别。国家间数据治理即数据国际治理，重点解决数据的国家主权维护、跨境流动管制、域外数据管辖和隐私安全问题；国家层面的数据治理重点解决数据管理体制机制、数据权属、个人隐私保护、数据开放及广泛和深度流通利用、数据安全存在、促进和保障数据产业发展等问题；机构层面的数据治理重点解决数据与业务的关系、数据驱动业务所需要的体制机制、数据治理体系构建和运行等问题。

3）数据治理需要强有力的科学组织。数据治理组织的基本内容是：优化数据在国家、地区和机构内部资源配置中的秩序和效果，优化数据价值实现过程中各方面的协调一致关系，抑制和消除无序行为，营造有利于数据价值实现的内部和外部环境等。

4）数据治理以优化的制度建设和强有力的制度实施为基础和特征。数据治理制度兼顾与数据相关的权益保护以及对数据的广泛和深度开发利用及充分流通。

5）大力推动和鼓励开发利用数据资源。这方面的国家意志应当是：重在鼓励、推动、促进数据资源的开发利用；重在优化数据资源的配置；重在数据资源开发利用环境的优化和安全保障条件的建设。要将不科学、不合理的限制降低到最低限度；要破除垄断、鼓励公开、鼓励竞争、鼓励数据资源共享、鼓励合理保护和让渡知识产权[①]。

6）尊重和保护各种主体合法的数据资源权利。国家需要通过各种有效手段和方式，保证法人、自然人公平和平等地享受法定的数据资源权利。国家保护一切通过合法手段获得的数据资源所有权、持有权和利用权。国家依法强力保护数据资源涉及的秘密和个人隐私。对特殊群体特别是在数据资源获取方面的弱势群体和地区要给予特别保护和保障。保证和促进政务信息公开制度和政务数据开放制度的建立和完善，促进政务数据资源的共享，促进更多的社会成员无成本或低成本地享受由政府提供的数据资源服务[②]。

7）明确数据资源所有权形式。我国数据资源所有权的基本形式有国家所有权、集体所有权、私人所有权、共同所有权四种。各级国家机关和各类公共机构通过建设、购买、承继、没收、交换、受赠、国有化、调拨、征用等方式取得的数据资源所有权为国家所有；集体所有制经济组织和其他群众集体以建设、购买、承继、调拨、交换、受赠方式获得的数据资源所有权为集体所有；个人、家庭以建设、购买、承继、交换、受赠方式获得的数据资源所有权为私人所有；由国家、集体、私人多种主体成分构成的实体组织以建设、购买、承继、调拨、交换、受赠、归并方式获得的数据资源所有权为这些主体共同所有[③]。

8）明确规定不同所有权的行使规则。国家授权国务院和地方各

---

①②③　赵国俊.我国信息资源开发利用基本法律制度初探.情报资料工作，2009（3）：6-10.

级人民政府及其主管部门行使国家数据资源所有权。为国家所有的数据资源是公共数据资源，任何社会组织和个人都依法享有持有权和利用权。国家数据资源所有权行使者有义务向社会公开和开放数据资源，为公众提供数据服务，严格禁止任何社会组织和个人买卖国家数据资源所有权；为集体所有、私人所有和共同所有的数据资源是专有数据资源，任何社会组织和个人未经权利人许可，不得无偿持有和利用专有数据资源。国家鼓励专有数据资源权利人向社会开放数据资源，转让或者赠予数据资源持有权、利用权，使数据资源得到更广泛的社会利用。向国家捐赠数据资源所有权的，应当得到国家机关的奖励；国家严格保护数据资源所有权权利人所享有的知识产权。国家鼓励知识产权权利人以各种形式，向公益性数据资源开发利用实施者合理让渡知识产权，转让或者赠予数据资源持有权、利用权，促进数据资源的社会共享；在特殊情况下，出于维护国家安全与利益的特别需要，国家可以依法收购、征购、征用集体所有、私人所有和共同所有的数据资源所有权、持有权 [①]。

9）依法处置与数据相关的权属关系。数据资源所有权权利人可以依法掌握对数据资源的占有权和控制权，可以对数据资源进行营利性或非营利性开发利用并实现利益，可以通过对数据资源的使用取得收益，可以依法对数据资源进行处置；数据资源持有权权利人可以依法掌握对数据资源的部分占有权和控制权，可以在不损害数据资源所有权权利人合法权益的前提下，对数据资源进行非营利性开发利用并实现利益，通过对数据资源的使用取得收益，可以依法对数据资源进行有限度的处置，包括使用权转让、赠予、抛弃；数据资源利用权权利人可以在不损害数据资源所有权和持有权权利人合法权益的前提

---

① 赵国俊.我国信息资源开发利用基本法律制度初探.情报资料工作，2009（3）：6-10.

下，依法对数据资源进行非营利性开发利用并实现利益，通过对数据资源的使用取得收益[①]。

10）加强数据资源的建设。国家将数据资源作为战略资源加以建设。国家鼓励和支持各种法人和自然人积极参与数据资源建设，以精神奖励与税收优惠、贷款优惠、设立发展基金、财政拨款、工程示范等方式，支持和引导各种社会组织和个人投资数据资源建设事业，推动数据内容服务提供机构的业务发展。各级国家机关和其他公共机构要加强政务数据资源建设，将数据资源作为资产进行管理。国家大力促进数据产业的发展，鼓励在数据资源建设过程中推广应用现代数据技术。国家高度重视基础数据资源建设，重点加强具有战略意义的人口、企业、地理空间等基础数据库建设。对于法律法规和规章规定向相关数据服务管理机构移交的数据资源，必须按照规定定期采集和移交，集中管理，任何社会组织和个人不得据为己有[②]。

11）加强对数据资源的规划和配置。各级人民政府应当加强对数据资源的规划与宏观配置，并将其纳入本级国民经济和社会发展计划。国家对数据资源实行统一规划制度。国家根据经济社会发展对数据资源的需求及其变化规律，通过法律政策、行政措施、利益机制、市场机制对数据资源的地区分布、行业分布、人群分布、时间分布进行宏观配置。数据资源宏观配置遵行需求导向、科学布局、动态调整、均衡发展的原则[③]。

12）大力促进和保障数据产业的发展。国家积极促进数据产业的发展，不断优化产业结构，提高数据产业在整个国民经济结构中的比重。各级人民政府要研究制定促进数据产业发展的政策和规划；鼓励文化、出版、广播影视等行业发展数字化产品，提供网络化服务；促

[①][②][③]　赵国俊.我国信息资源开发利用基本法律制度初探.情报资料工作,2009（3）：6-10.

进信息咨询、市场调查等行业的发展，繁荣和规范互联网数据服务业；开展数据产业统计分析工作，完善数据资产评估制度①；鼓励数据企业参与国际竞争。

13）有力维护国家数据主权，强化数据资源的国家控制。中华人民共和国领域内的数据资源具有神圣不可侵犯的性质，禁止任何国家的任何社会组织或者个人用任何手段侵占或者破坏数据资源②。国家加强对域外数据的管制。为满足安全和执法诉求，国家需要行使数据的域外管辖权，可以直接向在境内运营的企业和其他社会组织要求调取其存于国境外的数据。国家对特定领域的数据实施限制出境或严格审查要求。珍贵数据资源、对国家具有战略意义的数据资源、在国际竞争中构成重要竞争力的数据资源，以及国家规定禁止出境的其他数据资源，不得出境（包括以互联网等形式），但依照法律规定出境展览或者因特殊需要经国务院批准出境的除外③。

14）加强数据资源保护体系的建设。中华人民共和国境内所有社会组织和个人都有保护数据资源的义务。一切数据资源的所有者、持有者、利用者对所保存的各种数据资源都要加强管理，科学保管，配置必要的设备设施，采取必要的管理与技术措施，确保安全。禁止任何社会组织和个人擅自对重要数据资源做毁灭性处置。任何社会组织和个人均不得以任何形式向外国人提供法律规定禁止外国人获取的数据资源。国家加强数据资源保护体系的建设，维护数据资源的完整与安全，维护数据的有效存在，维护数据资源的持久有效性④。国家意义的数据资源受特别保护。国家根据数据资源的不同价值划定保护等级，实现分级保护与分级管理。对于保管条件恶劣或者因其他原因被

---

①②③④　赵国俊．我国信息资源开发利用基本法律制度初探．情报资料工作，2009（3）：6-10．

认为可能导致数据资源严重损毁和不安全的，法律规定的政府部门或其他公共机构有权采取代为保管等确保数据资源完整和安全的措施。数据资源中所涉及的依法受到保护的国家秘密、社会组织秘密和个人隐私，必须确保得到法律法规规定的有效保守[①]。

10.3　我国数据治理中的问题梳理与要因分析

10.3.1　我国数据治理现状评估

数据资源开发利用和管理工作在全国已经起步并取得了一定成效，但数据治理却是一个新课题。目前，一部分机构开始进行实践探索，一部分专家学者也开始进行理论原理方面的探索研究。

全国数据治理的总体情况是，有了一个值得肯定的开始，但一切都在探索尝试当中。从基本认知到基本定位，从体制机制到方式方法，从国家层面到具体机构层面，均处于未定型、未成大气候、未见大成效的初始发展阶段。

10.3.2　我国数据治理中的主要问题

目前，初始阶段的数据治理存在大量初步发展中的各式各样的问题，其中最主要的是如下几方面：

第一，全社会总体认知水平不高，从主管部门到各种机构组织，对数据治理的基本特征、功能定位、体制机制、方式手段的认识都不够明确、不够全面、不够深刻。这样的认知水平比较严重地制约了数据治理的发展，成为数据治理最大的发展障碍，成为数据资源价值实现过程中其他各种问题得以存在的思想认识根源。

---

① 赵国俊 . 我国信息资源开发利用基本法律制度初探 . 情报资料工作，2009（3）：6-10.

数据治理之论

第二，与数据治理相关的体制机制不健全、不完备，甚至相当大一部分机构对此还没有确立意识，更缺乏自觉的实践。相关方面的体制和治理机制是数据治理要素中重中之重的核心要素，构建科学合理的体制机制也是数据治理最重要的任务和核心内容。体制机制问题不解决，其他数据治理中的问题都会因缺乏根本性的保障条件而难以解决。

第三，数据治理缺乏行之有效的抓手和依托，很多机构将治理停留在口头上，缺乏切实有效的行动。这固然与大数据特别是数据治理还是一个前所未有的新生事物有关，人们对一个尚未知其然的事物，不清楚所以然，不清楚解决问题的方法路径，找不到抓手和依托是可以理解的。但随着全国范围内数据开发、利用和管理的广泛和不断深入展开，数据治理已经迫在眉睫。客观实际要求我们必须行动起来，通过积极的实践，不断探索规律，逐步认识和掌握实现有效数据治理的方法路径。这个问题不解决，数据治理就会沦为空谈。

第四，相当大一部分机构的数据治理实际动力不足，工作流于形式、流于宣传、流于表面，实际成效不彰。数据治理是信息化领域的一场重大变革，它的成败对国家经济社会发展方式、对各行各业新业态的形成有重大影响，甚至是具有颠覆性的影响。但如同任何一场革命、一场颠覆性的深刻变革都需要逐步聚集动力一样，数据治理同样需要一个聚集力量特别是驱动力量、牵动力量的过程，需要形成汇聚动力并持续保持澎湃状态的机制。这就要求我们注重对数据治理动力机制的建构和不断完善，使数据治理成为从国家到地区、从中央到地方、从上到下，各个行业、各个机构都不敢不做、不能不做、不得不做的自觉行动。

第五，有利于数据治理发展的社会生态环境还没有真正形成。数据治理无论对国家还是对机构都是复杂的系统工程。数据治理服务服从整个国家、整个机构的发展需要和要求，同时也需要不断从国家和机构及其发展中获取发展条件。这就使数据治理的形成和发展对外部社会生态环境的优化有非常高的要求，我们需要花费巨大的气力去营造和建设这个生态环境，持续优化这个生态环境。这个生态环境既包括由各种数据基础设施、数据终端应用设备等构成的硬环境，又包括由处处事事讲数据、用数据，无数据不讲话、无数据不判断、无数据不决策、无数据不行动的思想观念和社会行为习惯、文化氛围等构成的软环境。

10.3.3　我国数据治理问题的要因分析

我国现阶段数据治理中出现的问题都属于发展中的问题，这些问题的成因中有新生事物稚嫩，需要不断在试错和挫折中走向成熟的因素，同时也有深刻的社会原因、文化原因、历史原因、技术原因。

首先，由于我国客观上并未在整体上进入信息社会而是处在向信息社会迈进的历史进程中[①]，因此，信息社会特有的资源结构还没有真正形成，数据所代表的信息资源的核心地位还没有完全确立，更谈不上稳固。因此，以信息资源价值实现为目的和结果的数据治理还缺乏充分的社会条件。中国完全进入信息社会这个人类历史上最新的社会形态需要一个比较漫长的过程，因此，不利于数据治理生存发展的社会因素也将会长期存在并持续发挥作用和产生影响。克服这些社会因素需要时间，更需要艰辛的努力，而且几乎包括所有社会成员的共同的艰辛努力。

其次，在我们中华民族的文化传统中，立字存照、勤于留痕、尊

[①]　中共中央办公厅、国务院办公厅二〇〇六年三月十九日印发的《2006-2010 年国家信息化发展战略》(中办发〔2006〕11 号) . http://www.gov.cn/gongbao/content/2006/content_315999.htm.

重记录、敬畏文献、铭刻记忆等都非常有利于信息跨时空传递、知识累积和文明传承，同时也有利于形成和积累更多、更好的数据。但其中也确实存在另外一部分不够好的文化传统。比如，我国长期处于农业社会，农业社会基本上是熟人社会，与西方人率先进入百年的工业社会不同，熟人社会中的人们"耻于"或者不习惯像工业社会这种生人社会中的人们那样，在各种交往活动中立字为据。加之长期的封建统治，统治者为了禁锢人们的思想意志、确保长治久安，往往是一方面留存记录，一方面又大张旗鼓大批量地毁弃记录。比如在中国封建社会的治史传统中，就有重视平时对文书案卷各种书面记录的收存积累，并且强调必须按照留存下来的档案文献作为修正史依据的优良传承。但同时，为了将统治者对历史的解释和判定予以固化，一旦正史修成，通常就会举行一个隆重的焚毁仪式，将这些档案文献付之一炬。在这样的文化传统环境中，数据概念、数据意识、数据是资财之源的意识就不会轻易被绝大多数社会成员接受，更难以理解并将数据治理付诸实施。

再次，数据这种信息资源的存现形式是 20 世纪中期才面世的，存在的历史非常短暂，相应地对人类的影响强度也就相对较弱，影响面也相对较小，更多社会成员对其的认知和利用需求还比较初级。对这些相对陌生的事物是进行管理还是进行治理，人们大都会觉得离自己太远。任何事物的形成和发展都需要时间，都需要一个历史过程，数据治理当然也不会例外。中国的数据资源开发利用的发展、数据治理的发展可能会是跨越性的，这种跨越可能是对特定发展阶段的跨越，但一定不是对整个历史进程的跨越。

最后，技术因素也是数据治理存在诸多问题的重要影响因子之一。大数据本身就是现代信息技术发展到智能化、超高速处理化的产物，技术也就不可避免地对数据治理的优劣产生影响，包括一部分决定性的影响。实事求是地说，数据技术中目前确实还存在一部分不够成熟的技术，对我国而言数据技术体系中明显还存在一些短板，可信可控的数据技术供应链还没有完全建成，部分技术受制于人的情况也还比较严重。因核心技术缺乏可信可控，同步形成的对数据资源的国家控制力被弱化的担心在国家层面和一些重要或者敏感机构也都具有一定的普遍性。这些技术因素不仅使数据利用受到制约性的影响，而且也因此而淡化了人们对数据治理的重要性和必要性的认识，衍生出阻碍数据治理健康发展的诸多问题。

10.4　我国数据治理中主要问题的破解之道

10.4.1　建立和完善有中国特色的数据管理体制

10.4.1.1　数据管理体制及其重要性

数据管理体制是指在数据管理过程中制度化的关系模式。体制是管理的重要因素，而且是对其他因素及其发展具有规定性影响的决定性因素。数据管理体制决定着其所关涉的多种复杂社会关系的基本形态，决定着处置这些复杂关系的基本准则和基本依据，对数据管理的效益和效果有规定性影响。数据管理的成败在相当大的程度上依赖于管理体制的合理、正确、有效。

数据资源开发、利用和管理在客观上关涉的社会关系不仅数量多，而且高度复杂且变化多端。政府部门之间的关系，政府部门与企业和其他社会组织、公民个人之间的相互关系，上下级关系，左邻右舍关系，相属或者不相属关系，政治关系，经济关系，社会关系，法律关系，治理与被治理的关系，供给与享用关系，服务提供者与服务享用者的关系，等等，不胜枚举。而且这些关系在多种复杂因素的作用下还处于不断的发展和变更当中。如果这些关系处理不好，数据资源开发、利用和管理就难以取得预定的成效。管理体制实际上就是以明确的制度形式，对有效处理这些复杂多变的社会关系的基本模式予以确定，使关系处理活动有遵循、有依托、有力度、有效能。

在客观实际工作中，数据资源开发、利用和管理中的许多问题或者乱象实际上都源于缺乏正确合理的管理体制。为什么很多问题明明白白摆着却没有人敢去过问，更不敢动手解决？有些事情，特别是能给部门团体或者个人带来收益的事情，为什么会有许多部门在伸手管、抢着伸手管？明明是没有意义的简单重复、浪费资源的事情，为什么会有部门或者个人"兢兢业业""不知疲倦"地不停在做？其中的原因主要是体制，也就是制度化的关系模式出了毛病。

10.4.1.2 我国数据管理体制的特点

迄今，我国数据管理体制仍在探索中，国家有关方面并未就国家和机构层面数据管理体制做出明确的表述。但从目前我国现实工作中实际奉行的制度安排情况看，我国数据治理体制已开始初步形成。

我国实际奉行的数据管理体制有独特之处，这主要表现在：总体上，也就是在国家层面，实行统一领导，分级负责，重属地管理；在党政机关、企事业单位和其他各种机构内部，实行直接领导，集中管理。在一定意义上，我国数据管理体制的这些特点是对我国国情特色和经济社会发展客观需求的反映。

（1）总体上"统一领导，分级负责，重属地管理"

全国总体上以统一规范制度、统一业务指导的形式进行数据资源管理。各级党委和政府直接领导数据资源开发、利用和管理工作，具体工作由本级信息化主管部门负责，同时由其对下级党政机关和辖区内的机构组织的数据开发、利用和管理工作实施业务指导。实行垂直领导的部门接受上级部门领导，同时在信息公开、数据开放等方面接受所在地领导机关的统一指导、协调；实行中央和地方双重领导的部门要在所在地党政机关的领导下开展数据资源开发、利用和管理工作，同时接受上级业务主管部门的指导。

（2）机构内部"直接领导，集中管理"

"直接领导"就是机构首长中有人负责领导机构的数据资源开发、利用和管理工作。实行 CIO 制度的机构设置由机关副职首长担任的信息主管。

"集中管理"就是在机构内部的综合办公部门（办公厅室）下面设置专兼职管理单位，或者在机构内单独设置专门部门，由其集中实施数据资源管理工作。

10.4.1.3　我国数据管理体制的优化发展设想

必须承认，目前初步形成的我国数据管理体制是有其一定优越性的，高度的集中统一与分工负责相结合的基本制度非常符合数据开发、利用和管理的特殊规律性。数据的广泛和深度共享，包括数据资源的优化配置、数据对整个国家经济社会发展战略价值的实现，都在极大程度上需要依靠这种优化体制的力量。我国现代意义的数据开发、利用和管理工作的历史不长，但所取得的成效却为世人瞩目，这就与这种体制方面的优势密不可分。

但同时也必须指出的是，目前我国数据管理体制也仍有进一步优化的必要和可能条件。一方面，应当进一步明确各级信息化主管部门在数据开发、利用和管理工作方面的职责，强化其协调职能，改变事实上存在的若干党政部门多头管理的局面，减少和避免对数据资源低水平重复建设和开发、数据资源共享水平低下等问题；另一方面，属地管理的力度还应当适当加强，数据资源管理方面的"纵强横弱"现象有其存在的理由，但也实实在在成为严重制约数据资源共享、严重制约数据资源价值实现的因素，应尽快通过管理体制的调整予以克服。需要明确：实行垂直领导的机构除了信息公开等工作之外，还应当在数据共享、数据开放等更多方面接受所在地政府的统一指导和协调。

在数据开发、利用和管理过程中，需要制度化的关系模式涉及高度复杂的内容，其中最为重要的内容是：管理机构及其职责、管理职能活动及其基本内容、数据开发和利用与管理的主要任务和分工协同关系、数据管理履职方式及其拓展等。我们初步形成的设想如下。

（1）合理设置数据管理机构

以"大部制"的精神，在国家层面撤并若干党政机构，设立权力完整、指挥统一、高效协调的中华人民共和国信息资源部（简称信息资源部）。信息资源部机构列中央人民政府组织序列，为国务院组成部门，与中央网信办合署办公，对外挂两块牌子、内部一套人马，编制列入中共中央直属机构。信息资源部主管全国的数据资源管理工作，负责全国范围内数据资源的规划、组织、监督、协调、保护与合理利用。

县及其以上地方参照中央层面的安排，设置信息资源局。

国有企业和事业单位等机构设置数据管理专兼职机构，负责机构数据资源的规划、组织、配置、监督、协调、保护与合理利用。其他机构可参照执行。

（2）强化有特殊功效的数据管理职能

管理职能通常是指管理系统所具有的职责与功能。数据治理框架下的数据管理职能与其他方面的一般管理职能相比，有一定的特殊性，可以包括规划、组织、配置、监督、控制、指挥、协调等现代科学管理的基本职能，其中最主要和有特殊效用的部分则是规划、组织、配置、控制和协调。

1）数据资源规划。

数据资源规划是指从客观需求出发，基于对未来发展趋势的分析和预测，确定数据资源建设与开发的总体目标任务、实现途径和实施方案、重要项目设计等，实现资源的优化配置。数据资源规划要从其所服务的事业建设总体目标需要出发，统筹考虑与数据资源相关的人、财、技术、数据资产和基础设施等资源状况，确定建设项目，统筹相互关系，设定合理的发展"优先级"。数据资源规划要与本地区本机构相关事业发展所处的发展阶段相适应，切合实际，能提出可操作的解决思路和路径，最终效果要体现在有利于事业发展上。

2）数据资源组织。

这里的组织职能是指将与数据资源价值实现有关的要素（人、财、物、信息、时间等）集合为一个有机整体的过程。数据资源组织工作的主要内容包括：重视并充分发挥人的决定性作用，并以优化组织结构、科学分工、合理配置人员、确立行为规范、全面培训、教育激励等方式扩大这种决定性作用的实际效果；合理配置、充分利用各种设备设施、仪器、工具、材料和能源等，保持供需间的平衡关系，厉行节约，最大限度地避免或减少浪费，降低消耗；确立正确的成本控制观念，严格执行成本控制制度，合理使用资金，力争使有限的资金投入产生尽可能大的效益和效果；充分发挥时间的利用价值，科学安排时间，合理确定时间配置，维护数据的时效；强化数据资源建设，广泛收集、认真分析加工、系统整理、有效存贮数据信息，为数据资源的充分利用奠定坚实基础。

3）数据资源配置。

数据资源配置是以人们合理的资源需求为依据，调整数据资源分布与分配状态和结果的行为或过程。资源配置是数据管理有特色的职能之一。资源配置的基本内容包括时间配置、空间配置和数量配置等。在数据资源配置过程中，市场具有主体地位，市场价格、竞争、风险机制能有效地调控数据资源在全生命周期^①中的利益关系，从而实现资源的优化配置。在市场机制不足或者失灵时，政府可以通过法律、行政和经济等手段对数据资源进行优化配置。

4）数据资源控制。

数据管理中的控制职能是指不断了解管理对象各要素的运行状态，采取措施纠正运行状态与目标之间偏差的行为或过程。数据资源控制工作的基本内容包括：明确数据资源价值实现的目标要求；根据目标要求，以有效方式确定运转过程中各要素应处的最佳状态以及各要素相互间的最佳配合关系，形成具体而明确、可以比较衡量的指标体系；通过对要素内容、形式、数量、质量、流通过程等方面具体的管制监督和调节，不断发现问题、发现差距，不断采取措施调整各要素的实际状态，使其同目标要求趋于一致。

5）数据资源协调。

数据管理中的协调职能是指统一和调解管理对象各要素所涉及的多种多样的关系，有效解决有关矛盾和问题，实现共同目标的行为或过程。协调所针对的关系中最主要的是中央和地方的关系、地方与地方的关系、部门与部门的关系、纵向专业系统与地方的关系、纵向专业系统之间的关系等。这些关系既关涉复杂的利益，也关涉多种责任，需要从整体目标、整体利益出发，以灵活多样的手段化解矛盾关系，克服困难和问题，实现和谐发展。

（3）优化数据管理的分工协同关系

多主体协同共治是治理的重要特征。为了凸显共治的效果，在数

---

① 包括数据资源产生、传递、分配、开发、利用、存贮、毁灭等全过程。

据管理过程中，必须在体制层面解决好相关方面的分工协同关系，用明确的制度将这种关系具体化、明确化，确保在分工明确的基础上，"自组织"机制能够适时到位，特别是在出现可能的漏管和混乱情形时，会有人、有部门能及时主动地"自动"补位、自动治乱。

在"分工"和"协同"两个方面中，更需要强调协同。数据开发利用和管理关涉社会关系、社会问题的高度复杂性、多样性和动态性，决定了跨域问题在数据管理过程中具有普遍性和多发性。因此，协同更是数据管理的生命力之所在。强化协同的关键是根据变化了的情况，不断及时创立新的协作规则，并且以有效的措施保证新规则被各方面了解、理解并自觉遵从。

（4）拓展数据管理履职方式

数据管理职能履行的具体方式与一般管理职能实现方式有很大区别。在体制层面，需要对数据管理履职方式进行拓展性调整。特别应当做到如下几个方面：

1）注重发挥法律法规和政策等间接方式的作用。

一般管理通常更需要依靠针对特定和具体的人或事下达行政命令的直接方式，数据管理则主要针对一部分具有全局性和根本性的问题展开，因而更需要依靠法律政策等解决普遍性问题的间接方式。

2）注重体现制度规范的重要价值。

数据管理在一定意义上就是一种更加需要凸显规范化威力的特殊管理。它非常注重发挥制度规范的价值，注意充分制定和实施各种制度、程序和标准规范。它非常需要：以制度规范作为将各种分散的要素集合为有机整体的黏合剂；以制度规范作为监督控制和协商调整的主要依据，充分发挥其约束管制、指导教育、预测激励、协调控制的作用；以制度规范来明确各种关系，建立稳定的秩序；以制度规范明确价值导向，提供方法指引；以制度规范明确后果，奖优罚劣；以制度规范明确目标，克服各种偏向。数据管理不单纯是具体哪一个或者哪几个部门的职责，而是所有部门所有层级工作人员的共同职责，因此，这是一项跨部门、跨行业、跨层级的上上下下共同参与的活动，而这种性质的活动的有效性将在更大程度上依赖于制度规范的作用。

3）强化服务而不是管制。

数据管理需要综合运用行政手段、法律手段、经济手段，需要通过带有一定强制性的管制实现管理目标。但与管制相比，更重要、更主要、更具根本性的则是服务。数据管理实际上就是一种服务，它必须真正将管理寓于服务提供之中，通过为各方面提供优质的服务，才能真正实现管理目标。

4）软硬兼施，强调"指导"。

数据管理的服务属性决定了它的有效性，主要不取决于管理主体权力威望的大小，而是管理所传达内容的真理性，也就是它在多大程度上反映了客观规律，具备多大程度的合理性、适用性。这就决定了数据管理工作在相当大的程度上是由主体方对相关方面实施的指导性活动。而且这种指导中有"强硬"的方面，但更主要的则是柔性的方面。也就是说，这种指导要求相关方面必须遵照执行的主要是基本精神、基本原则，必须严格把握的是基本目标、基本方向、基本态势。而在其他方面，则主要是管理主体基于自己对客观规律的认识，出于为对方着想、对对方有利的考虑而实施的方向导引、结果预测、方法指导，甚至就是一种非常客观的信息披露。这种靠机制、靠利益推动的"软"管理，在数据管理过程中反而常常有比刚性管理更好的实际效果。这实际上也正是数据管理主体一方更加频繁地用"指南""参考意见""参考信息""推荐方案""推荐性标准""最佳实践方案推介"等方式实施具体管理行为的重要原因。

5）用看得见与看不见的"手"实现数据资源的优化配置。

数据管理的一个主要内容和目标任务就是实现数据资源的优化配置，也就是要以全面实现数据资源的价值为目标，充分利用各种手段，调整数据资源的分布、优化数据资源结构。数据管理的主体进行数据资源配置的手段理所当然包括政府部门用看得见的"手"（也就是用行政手段、政策制度手段）直接干预、直接分配、直接调整；同时也包括利用利益机制和市场机制这只"看不见"的手，间接实现数据资源分布和结构的合理化。实际上，即使是在数据资源的分布或者分配过程中，也应当在一定程度上考虑资源实际占有者的利益诉求，以利益作为资源重新配置的驱动力之一。

10.4.2　进一步完善顺应客观发展需求的数据管理机制

10.4.2.1　数据管理机制及其特殊重要性

在管理领域，机制通常就是指一个群体工作活动体系或其组成部分之间相互作用的过程和方式。在本质上，机制实际上是对特定活动或者行为内在规律性的一种反映，真正有效的治理、真正科学意义上的治理都非常注意研究机制问题，高度关注机制的建构与完善。

数据管理机制具有强的系统性[①]、内在性[②]、客观性[③]、自动

[①] 系统性指机制是一个由特定事物或者活动的组织结构、各组成部分间的相互作用关系和功能构成的一个有机整体。这个有机整体的所有构成因素都要服从和服务于整体目标需要，相互间要有秩序地衔接配合，避免局部优化；这个有机整体的构成因素之间的相互影响是不断调整变化着的，要根据变化的情况不断进行动态的调整。

[②] 内在性指机制是事物或者活动内在的结构与机理。其形成与作用是完全由自身的发展规律决定的，是一种内运动过程，反映的是内在的规律。它不是外在直观可以观察和发现的，需要进行本质分析才能获得对规律的认识。

[③] 客观性指事物或者活动只要是客观存在的，其内部结构、功能既定，就必然会产生与之相应的机制。机制是一种客观存在，是不以任何人的意志为转移的。人们可以研究和发现客观规律、界定客观规律和有意识地按照客观规律予以完善，但不能创造客观规律。

性 ①。机制是对客观规律的反映，按照机制开展管理活动，可以更好地实现甚至放大其功能效用；机制可以提高管理活动的规范性，为工作过程与结果的合规合法奠定基础；机制可以简化管理活动，大幅减少不必要的协调和监管监控活动，提高管理活动的可靠性，为管理活动确立质量保障；机制可以大幅减少管理者应对日常例行工作问题的精力和时间，为管理活动的创新发展提供条件。

10.4.2.2 需要重点优化发展的数据管理机制

目前，我国数据管理机制还不够健全完善，如下几个方面的机制尤其需要率先实现优化发展。

（1）纳入机制

包括将数据管理纳入党和国家以及机构领导层的视野、纳入机构职能、纳入计划规划、纳入绩效考核等方面的机理和制度化的方法。

（2）动力机制

主要包括数据管理动力构成，以及确保动力持续充分供给方面的机理和作用方式。

（3）运行机制

主要包括数据管理日常运行过程中管理因素的构成，以及要素间的相互作用关系和作用方式。

（4）保障机制

主要包括数据管理过程中法律政策保障、标准规范保障、管理手段保障、人员队伍保障、安全保障、资金和物质条件保障的机理和实际运作方式。

---

① 自动性指机制一经形成，就会按一定的规律，有秩序、自发地、能动地诱导和决定事物或者活动相关主体和客体的行为。有秩序、自发、能动的影响通常需要通过制度予以确定。对相应的制度规则的调整会改变机制所形成的自动性影响的方向、力度和性质。

（5）风险规避机制

主要包括数据管理过程中对各种法律政策风险、数据和数据系统安全风险、隐私和秘密泄露风险等进行识别和采取各种有效规避和破解措施的原理和体系性方法。

（6）数据采集机制

主要是国家、地区或者机构在数据采集方面处置各相关方相互关系和作用的机理和方式。

（7）数据资产化机制

主要是将数据进行资产化处置以确保数据权能明确、数据交易流通顺畅有效的机理和方法。

（8）评价机制

是指以实现持续改进、奖优罚劣、激励创新、资源优化配置为目的，对数据开发、利用和管理过程或者结果进行价值评判的机理和方法。

10.4.3　花大气力建构和完善高效能的数据治理体系

10.4.3.1　数据治理体系及其形成

数据治理体系是指一个国家、地区或者机构支持数据价值实现运作并取得效能的一系列治理理念、治理制度、治理流程、治理方法、治理机构、治理人员的总称。

数据治理体系需要有一个正确、有效的治理方针；有确定的治理职责权限以及正确、合理的履职方式；有足够和适当的人力、物力、财力资源；有一整套实体管理制度规范、程序规范和标准规范；有将治理体系运行依据和过程追溯记录文件化的文件信息体系；有确保能不断对治理体系进行监督控制，以及能够持续对体系进行改进完善的机制。

数据治理体系实际上就是一个以数据价值实现为中心的治理体系。实际上，任何一个国家、地区、机构只要有数据治理，就都会有自己的治理体系。建构以数据价值实现为中心的治理体系并不意味着对既有客观存在的治理体系的彻底颠覆和否定，而只是对其进行优化调整和改进改造。在大多数情况下，这种优化调整和改进改造就是确立数据的充分供给和确保以数据价值实现为中心的机制。

10.4.3.2 数据治理体系的功能

数据治理体系的功能主要有四个方面：一是积极的预防，二是有效的控制，三是及时的反应，四是全面的纠正改进。这四大功能实现的机理实际上就是以积极的预防性活动、齐备有效的监察管控措施监督控制治理全过程，尽可能避免发生低效能问题。一旦发生问题或者出现失误，能"自动"及时、适时地做出反应，全面纠正和弥补各种错漏，有效纠正一切已经存在的和潜在的问题，实现数据治理工作持续性的优化改进和健康发展。

10.4.3.3 数据治理体系的运行

数据治理体系的运行的基本特点是：治理体系为所有参与治理的机构及其人员所正确理解、全面付诸实施、长久保持并行之有效；治理体系的运行成果能满足预设的目标需求；运作活动的重点在于预防问题的发生，而一旦发生问题，能迅速积极地做出反应并加以有效纠正；为检测治理体系运作情况并验证体系的有效性，要定期对治理体系进行审核评估。

10.4.3.4 数据治理体系的建构需要重点解决的问题

除了全社会上上下下必须解决对数据治理体系的认识问题之外，

应当重点解决好如下几个问题：以顶层设计的精神和基本方法，对国家、地区和主要行业的数据治理体系进行全面系统的规划；在认真梳理总结数据治理实践经验的基础上，尽快出台国家层面的数据治理体系建设的指导原则以及系列指南和标准；以国家政策制度和一系列国家标准为依据，组织全社会的机构数据治理体系进行达标认证；将数据治理体系建设和运行状况列入党政机关和国有企业以及事业单位政绩考核范围；等等。

10.4.4　全面提升我国数据治理工具选择和应用的科学化水平

治理工具是指实现治理目标的手段。治理工具的基本功能就是为治理目标的具体实施确立可以明确识别的行动路径和行动机制。在我国数据治理的实践中，存在忽视治理工具的重要作用、缺乏对治理工具的科学选择和应用自觉、采用种类过于单一的治理工具、过分强调强制性治理工具作用等方面的弊端。这些弊端对数据治理实际功效的实现已经构成严重阻碍。为此，我们有必要科学认识数据治理工具的价值，全面提升数据治理工具选择和应用的科学化水平。

10.4.4.1　治理工具箱

治理工具可以依据不同的标准划分为若干种类。其中，更具实用价值的划分就是依据治理工具的强制力程度，将其划分为强制工具、弱强制工具、非强制工具三类。

强制工具指依托法定强制性权力实现治理目标的工具，如颁布法律、法规和规章、制度和规范，颁布强制性标准，颁布强制性指令和管制措施等。

弱强制工具指有限依托法定强制性权力同时强调发挥反映客观规律的机制的力量来实现治理目标的工具，如颁布旨在进行方向导引和方法指引的软性政策制度，颁布推荐性标准，颁布软硬结合的准入规则、行业准则、行业自律规则、弱管制措施等柔性政策制度等。

非强制工具指主要依靠工具所传达内容的真理性和反映客观规律的机制的力量来实现治理目标的工具，如各种信息性工具——最佳实践推介、排行榜、信息发布、信息披露、宣传教育、方法指导、非强制性认证等，再如各种利益诱导性工具——补贴补助、特许经营、纳税优惠、设立基金、贷款协助、政府采购、物质奖励，以及双边或者多边协议等。

10.4.4.2 数据治理工具的选择与应用的优化

数据治理需要正确选择治理工具。数据治理工具的选择有特殊的规律性，以适用、可靠、经济、组合应用为核心内容的数据治理工具的选择依据是对这种特殊规律的反映。

1）适用。对于任何工具而言，适合使用需要都是最重要的。治理工具有很多具体的种类，每一种都有特定的功能和特定的适用范围。只有根据数据治理的需要和要求，选取最适用的那一种，治理工具才能充分发挥功效，助力数据治理具体目标的实现。

2）可靠。就是治理工具可以被信赖和依靠，能合法（工具被用于合法目的，应用者具备法定的使用权限）、有成效（确实能对处置特定事务、解决特定问题有预设的影响力）地解决特定问题。

3）经济。就是充分考虑工具被选用后，人力、物力、财力、时间、机会、威望、信誉等方面的投入与实际产生的效益和效果之间有合理的比例关系，争取用尽可能小的成本获得更好、更多、更正面的产出。

4）组合应用。客观存在的每一种治理工具都是各有优劣的。为了扬长避短，在实际选择应用时，应当注意在处置具体问题时组合采用若干具有功能互补性质的治理工具。实践证明，将治理工具组合应用的实际效果是最好的。

参考文献

[1] 冯惠玲，钱明辉．动态资源三角形及其重心曲线的演化研究．中国软科学，2014(12)：157-169.

[2] http://finance.sina.com.cn/stock/relnews/us/2019-03-29/doc-ihtxyzsm1430082.shtml.

[3] 赵国俊．我国信息资源开发利用基本法律制度初探．情报资料工作，2009（3）：6-10.

[4] 中共中央办公厅、国务院办公厅二〇〇六年三月十九日印发的《2006-2010 年国家信息化发展战略》（中办发〔2006〕11 号）. http://www.gov.cn/gongbao/content/2006/content_315999.htm.

图书在版编目（CIP）数据

数据治理之论 / 梅宏主编. -- 北京：中国人民大学出版社, 2020.7
ISBN 978-7-300-28232-9

Ⅰ.①数… Ⅱ.①梅… Ⅲ.①数据管理 – 研究 Ⅳ.①TP274

中国版本图书馆CIP数据核字（2020）第103860号

数据治理系列丛书

数据治理之论

主　编　梅　宏

副主编　杜小勇　吴志刚　赵俊峰　潘伟杰

Shuju Zhili Zhilun

出版发行	中国人民大学出版社	
社　　址	北京中关村大街31号	**邮政编码**　100080
电　　话	010-62511242（总编室）	010-62511770（质管部）
	010-82501766（邮购部）	010-62514148（门市部）
	010-62515195（发行公司）	010-62515275（盗版举报）
网　　址	http://www.crup.com.cn	
经　　销	新华书店	
印　　刷	北京瑞禾彩色印刷有限公司	
规　　格	160mm × 230mm　16开本	**版　　次**　2020年7月第1版
印　　张	21.25插页3	**印　　次**　2022年4月第3次印刷
字　　数	260 000	**定　　价**　118.00元